Mathematik für Physiker 4

Jörg Härterich

ISBN 978-1717214737
J. Härterich, Mathematik für Physiker 4
1. Auflage, 2020
© Alle Rechte verbleiben beim Autor
Jörg Härterich, Möllersweg 23, 44799 Bochum
Druck: siehe letzte Seite

Inhaltsverzeichnis

21. Parameterintegrale und Faltung

21.1. Wiederholung

Dieser Abschnitt enthält eine Wiederholung der wichtigsten Sätze zur mehrdimensionalen Integration. Das Lebesgue-Integral wurde in drei Schritten definiert: Zunächst für Treppenfunktionen, dann für Oberfunktionen und schließlich für Lebesgue-integrierbare Funktionen.

Definition. *(Quader)*
*Seien $a, b \in \mathbb{R}^n$ mit $a_i < b_i$. Dann heißt die Menge $\{x \in \mathbb{R}^n;\ a_i < x_i < b_i\} = (a, b)$ **offener Quader** und die Menge $\{x \in \mathbb{R}^n;\ a_i \leq x_i \leq b_i\} = [a, b]$ **abgeschlossener Quader**.*
*Jede Menge Q mit $(a, b) \subseteq Q \subseteq [a, b]$ heißt **Quader**.*
*Das **elementare Volumen** von Q ist definiert als*

$$m(Q) = (b_1 - a_1) \cdot (b_2 - a_2) \cdot \ldots \cdot (b_n - a_n) = \prod_{j=1}^{n} (b_j - a_j).$$

Definition. *(Integral von Treppenfunktionen)*
Für eine Treppenfunktion φ, die im Innern des Quaders Q_j den Wert c_j hat, definiert man

$$\int \varphi = \int_{\mathbb{R}^n} \varphi(x)\, \mathrm{d}x = \sum_{j=1}^{k} c_j\, m(Q_j).$$

Definition. *(Nullmenge)*
*Eine Menge $N \subseteq \mathbb{R}^n$ heißt **Nullmenge**, wenn es zu jedem $\varepsilon > 0$ eine endliche oder abzählbare Menge von Quadern $Q_1, Q_2, Q_3, \ldots$ gibt mit*

(i) $N \subseteq \bigcup_i Q_i$

(ii) $\sum_i m(Q_i) < \varepsilon.$

Eine Nullmenge lässt sich also durch Quader mit beliebig kleinem Gesamtvolumen überdecken.

Zu den Nullmengen gehören insbesondere die abzählbar unendlichen Mengen.

Definition. *(abzählbar unendlich)*
*Eine unendliche Menge M heißt **abzählbar (unendlich)**, falls es eine bijektive Abbildung $\mathbb{N} \to M$ gibt. Eine unendliche Menge, die nicht abzählbar ist, heißt **überabzählbar**.*

Insbesondere ist die Menge aller ganzen Zahlen und auch die Menge aller rationalen Zahlen abzählbar.

Definition. *(Oberfunktion)*
Eine Funktion $f : \mathbb{R}^n \to \mathbb{R}$ *heißt* **Oberfunktion**, *wenn es eine monoton wachsende Folge von Treppenfunktionen* φ_k *gibt mit*

(i) $\lim\limits_{k \to \infty} \varphi_k(x) = f(x)$ *für fast alle* x

(ii) es existiert ein $M > 0$ *mit* $\int \varphi_k \leq M$ *für alle* k

Die Menge aller Oberfunktionen nennen wir $L^+(\mathbb{R}^n)$, *die Folge* $(\varphi_k)_{k \in \mathbb{N}}$ *heißt* **erzeugende Folge** *von* f.

Zu den Oberfunktionen gehören zum Beispiel die stetigen Funktionen f auf einem Quader Q, denn sie sind gleichmäßig stetig und lassen sich deshalb beispielsweise durch eine Folge von Treppenfunktionen approximieren, die auf immer kleineren Quadern als Funktionswert jeweils das Minimum von f hat.

Definition. *(Lebesgue-integrierbar)*
Sei $L^1(\mathbb{R}^n)$ *die Menge aller Funktionen* $f : \mathbb{R}^n \to \mathbb{R}$, *die sich in der Form* $f = g - h$ *mit* $g, h \in L^+(\mathbb{R}^n)$ *darstellen lassen. Dann definieren wir*

$$\int f := \int g - \int h$$

und nennen f *(Lebesgue-)integrierbar.*

Satz 19.8. *(Eigenschaften des Lebesgue-Integrals)*

(i) Sei $f \in L^1(\mathbb{R}^n)$. *Dann hängt* $\int f$ *nicht davon ab, wie die Darstellung* $f = g - h$ *mit Funktionen* $g, h \in L^+(\mathbb{R}^n)$ *gewählt ist.*

(ii) $L^1(\mathbb{R}^n)$ *ist ein* $\mathbb{R}$*-Vektorraum und es ist* $\int \alpha f + \beta g = \alpha \int f + \beta \int g$

(iii) Falls $f_1, f_2 \in L^1(\mathbb{R}^n)$ *und* $f_1 \geq f_2$ *fast überall, dann ist auch* $\int f_1 \geq \int f_2$ *(Monotonie).*

(iv) Für $f \in L^1(\mathbb{R}^n)$ *ist auch* $|f| \in L^1(\mathbb{R}^n)$ *und es gilt*

$$\left| \int f \right| \leq \int |f|$$

Satz 19.10.
Sei $f : \mathbb{R}^n \to \mathbb{R}$ *eine beschränkte Funktion mit kompaktem Träger, d.h. es gibt ein* $R > 0$, *so dass* $f(x) = 0$ *für* $\|x\| \geq R$.
Falls die Menge der Punkte, in denen f *unstetig ist, eine Nullmenge bildet, dann ist* f *integrierbar.*

Satz 19.13. *(Satz von Beppo Levi)*
Sei $(f_k)_{k \in \mathbb{N}}$ *eine Folge in* $L^1(\mathbb{R}^n)$ *und fast überall gelte* $f_k(x) \leq f_{k+1}(x)$*. Weiter gebe es ein* M*, so dass*
$\int f_k \leq M$ *für alle* k*.*
Dann existiert $f(x) := \lim\limits_{k \to \infty} f_k(x)$ *fast überall und es ist* $f \in L^1(\mathbb{R}^n)$*.*

Satz 19.16. *(Satz von Lebesgue, Satz über majorisierte Konvergenz)*
Sei $(f_k)_{k \in \mathbb{N}}$ *eine Folge integrierbarer Funktionen, die fast überall auf* $\mathbb{R}^n$ *gegen eine Funktion* f *kon-vergieren. Weiter gebe es eine Funktion* $g \in L^1(\mathbb{R}^n)$*, so dass* $|f_k| \leq g$ *für alle* k*. Dann ist* $f \in L^1(\mathbb{R}^n)$ *und*
$$\int f = \lim_{k \to \infty} \int f_k.$$

Satz 20.2. *(Satz von Fubini)*
Sei $f \in L^1(\mathbb{R}^2)$ *eine Lebesgue-integrierbare Funktion. Dann gilt:*

(i) *Es gibt eine Nullmenge* $N \subset \mathbb{R}$*, so dass für* $x \in \mathbb{R} \setminus N$ *die Funktion* $h : \mathbb{R} \to \mathbb{R}$ *mit* $h(y) = f(x,y)$
(bei festgehaltenem x*) Lebesgue-integrierbar ist.*

(ii) *Die für fast alle* $x \in \mathbb{R}$ *definierte Funktion* $H : \mathbb{R} \to \mathbb{R}$ *mit*
$$H(x) = \int f(x,y)\,\mathrm{d}y$$
ist Lebesgue-integrierbar und
$$\int f = \int \left(\int f(x,y)\,\mathrm{d}y \right) \mathrm{d}x.$$

Satz 20.5. *(Vertauschung der Integrationsreihenfolge)*
Seien $f : \mathbb{R}^2 \to \mathbb{R}$ *eine Lebesgue-integrierbare Funktion. Dann gilt: Die für fast alle* $y \in \mathbb{R}$ *definier-te Funktion* $\int f(x,y)\,\mathrm{d}x$ *und die für fast alle* $x \in \mathbb{R}$ *definierte Funktion* $\int f(x,y)\,\mathrm{d}y$ *sind Lebesgue-integrierbar und es gilt*
$$\int \left(\int f(x,y)\,\mathrm{d}x \right) \mathrm{d}y = \int \left(\int f(x,y)\,\mathrm{d}y \right) \mathrm{d}x.$$

Integrierbarkeit nachweisen kann man mit

Satz 20.7. *(Satz von Tonelli)*
Sei $f : \mathbb{R}^k \times \mathbb{R}^m \to \mathbb{R}$ *eine Funktion, die auf jedem Quader* $Q \subset \mathbb{R}^k \times \mathbb{R}^m$ *integrierbar ist. Falls mindestens eines der beiden iterierten Integrale*
$$\int_{\mathbb{R}^m} \left(\int_{\mathbb{R}^k} |f(x,y)|\,\mathrm{d}x \right) \mathrm{d}y \quad \text{und} \quad \int_{\mathbb{R}^k} \left(\int_{\mathbb{R}^m} |f(x,y)|\,\mathrm{d}y \right) \mathrm{d}x$$
existiert, dann ist f *Lebesgue-integrierbar und es gilt:*
$$\int_{\mathbb{R}^{k+m}} f = \int_{\mathbb{R}^m} \left(\int_{\mathbb{R}^k} f(x,y)\,\mathrm{d}x \right) \mathrm{d}y = \int_{\mathbb{R}^k} \left(\int_{\mathbb{R}^m} f(x,y)\,\mathrm{d}y \right) \mathrm{d}x.$$

Das Verhalten mehrdimensionale Integrale unter Koordinatentransformationen beschreibt die Transformationsformel.

Satz 20.8. *(Transformationsformel)*
Sei $M \subseteq \mathbb{R}^n$ offen, $\Phi : M \to \mathbb{R}^n$ eine injektive, stetig differenzierbare Koordinatentransformation mit $\det D\Phi(x) \neq 0$ für alle $x \in M$ und $f : \Phi(M) \to \mathbb{R}$ eine auf $\Phi(M)$ integrierbare Funktion. Dann ist die Funktion $(f \circ \Phi) \cdot |\det D\Phi|$ auf M integrierbar und es gilt

$$\int_{\Phi(M)} f = \int_M (f \circ \Phi) \cdot |\det D\Phi|.$$

21.2. Parameterintegrale

Mit Hilfe des Satzes über majorisierte Konvergenz kann man sich Aussagen über parameterabhängige Integrale herleiten

Satz 21.1. *(Stetige Abhängigkeit)*
Sei $U \subset \mathbb{R}^p$ offen. Eine Funktion $f : U \times \mathbb{R}^n \to \mathbb{R}$ habe die folgenden drei Eigenschaften:

   (i) *Für alle $t \in U$ ist $f(t, \cdot)$ integrierbar.*

  (ii) *Für fast alle $x \in \mathbb{R}^n$ ist $f(\cdot, x)$ stetig.*

 (iii) *Es gibt eine integrierbare Funktion g, so dass für alle $t \in U$ gilt: $|f(t,x)| \leq g(x)$ fast überall.*

Dann ist die Funktion $F : U \to \mathbb{R}, F(t) := \int\limits_{\mathbb{R}^n} f(t,x)\,\mathrm{d}x$ stetig.

Ist man nur an der Stetigkeit von F an einer Stelle $t_0 \in U$ interessiert, so kann man U durch $B_\varepsilon(t_0) \cap U$ für ein beliebiges $\varepsilon > 0$ ersetzen.
Beweis: Um die Stetigkeit in t_0 zu zeigen, betrachtet man eine Folge $(t_k)_{k \in \mathbb{N}}$ mit $\lim\limits_{k \to \infty} t_k = t_0$. Setzt man

$$f_k(x) := f(t_k, x) \quad \text{und} \quad f_\infty(x) = f(t_0, x)$$

dann gilt wegen der Stetigkeit (ii) bezüglich t

$$\lim_{k \to \infty} f_k(x) = f_\infty(x) \text{ für alle } x \in \mathbb{R}^n.$$

Für die Funktionenfolge $(f_k)_{k \in \mathbb{N}}$ sind wegen (i) und (iii) die Voraussetzungen des Satzes 19.16 über die majorisierte Konvergenz erfüllt, denn die Funktionenfolge konvergiert punktweise fast überall und besitzt die integrierbare Majorante g. Damit darf man Integration und Grenzwertbildung vertauschen und erhält

$$\lim_{k \to \infty} F(t_k) = \lim_{k \to \infty} \int f_k(x)\,\mathrm{d}x = \int \lim_{k \to \infty} f_k(x)\,\mathrm{d}x = \int f_\infty(x)\,\mathrm{d}x = \int f(t_0, x)\,\mathrm{d}x = F(t_0)$$

Das ist aber nichts anderes als die Stetigkeit von F im Punkt t_0.

$\square$

Bemerkung: Falls die Funktion $x \mapsto f(t,x)$ überall stetig ist, dann folgt daraus die Stetigkeit der Funktion F.

Satz 21.2. *(Differenzieren unter dem Integralzeichen)*
Sei $U \subset \mathbb{R}^p$ offen, $f : U \times \mathbb{R}^n \to \mathbb{R}$ besitze die folgenden drei Eigenschaften:

(i) *Für alle $t \in U$ ist $f(t, \cdot)$ integrierbar.*

(ii) *Für alle $x \in \mathbb{R}^n$ ist $f(\cdot, x)$ auf U partiell differenzierbar nach t_m.*

(iii) *Es gibt eine integrierbare Funktion g mit $|\frac{\partial f}{\partial t_m}(t, x)| \leq g(x)$ für alle $t \in U$ und alle $x \in \mathbb{R}^n$.*

Dann ist $F : U \to \mathbb{R}, F(t) := \int_{\mathbb{R}^n} f(t, x)\, \mathrm{d}x$ partiell differenzierbar nach t_m und es gilt für alle $t_0 \in U$ dass $\frac{\partial}{\partial t_m} F(t_0) = \int_{\mathbb{R}^n} \frac{\partial f}{\partial t_m}(t_0, x)\, \mathrm{d}x$.

Ist man nur an der Differenzierbarkeit von F an einer Stelle $t_0 \in U$ interessiert, so kann man U durch $B_\varepsilon(t_0) \cap U$ für ein beliebiges kleines $\varepsilon > 0$ ersetzen.
Beweis: Wir betrachten für festes t_0 den Differenzenquotienten

$$f_k(x) = \frac{f(t_0 + h_k e_m, x) - f(t_0, x)}{h_k}$$

wobei e_m der m-te Standardbasisvektor und $(h_k)_{k \in \mathbb{N}}$ eine Nullfolge ist. Für jedes feste x erhalten wir wegen (ii)

$$\lim_{k \to \infty} f_k(x) = \frac{\partial f}{\partial t_m}(t_0, x)$$

Nach dem Mittelwertsatz der Differentialrechnung existiert zu jedem x und jedem k eine Zwischenstelle $\theta = \theta(k, x) \in (0, 1)$ mit

$$f_k(x) = \frac{\partial f}{\partial t_m}(t_0 + \frac{\theta}{k} e_m, x)$$

Nach Voraussetzung (iii) ist daher $|f_k(x)| \leq g(x)$ und wir können Satz 19.16 von der majorisierten Konvergenz auf die Funktionenfolge $(f_k)_{k \in \mathbb{N}}$ mit der Majorante g anwenden. dann ist

$$\frac{\partial F}{\partial t_m}(t_0) = \lim_{k \to \infty} \int f_k(x)\, \mathrm{d}x = \int \lim_{k \to \infty} f_k(x)\, \mathrm{d}x = \int \frac{\partial f}{\partial t_m}(t_0, x)\, \mathrm{d}x.$$

Die Stetigkeit der partiellen Ableitung folgt wiederum aus Satz 21.1 auf die Funktion $\frac{\partial f}{\partial t_m}$.

$\square$

Bemerkung: Eine analoge Aussage gilt auch für höhere Ableitungen von F, wenn die entsprechenden Majoranten existieren.

Beispiel: Wärmeleitungsgleichung
Gesucht ist eine Funktion $u : (0, \infty) \times \mathbb{R} \to \mathbb{R}$, die die Wärmeleitungsgleichung

$$u_t(t, x) = u_{xx}(t, x)$$

mit der Anfangsbedingung

$$\lim_{t \to 0+} u(t, x) = u_0(x)$$

für eine stetige Funktion $u_0 : \mathbb{R} \to \mathbb{R}$ mit kompaktem Träger erfüllt (oder schnell genug abklingt). Man kann sich u als eine Temperaturverteilung vorstellen.

Wir wollen nun nachrechnen, dass die Lösung durch die Funktion

$$u(t,x) = \int_{\mathbb{R}} \Phi(t, x - y) u_0(y) \, \mathrm{d}y$$

gegeben ist, wobei

$$\Phi(t,x) = \begin{cases} \frac{1}{\sqrt{4\pi t}} e^{-\frac{x^2}{4t}} & \text{für } t > 0 \\ 0 & \text{für } t \leq 0 \end{cases}$$

der sogenannte *Wärmeleitungskern* ist. Diese Operation nennt man auch *Faltung*, sie wird demnächst noch ausführlicher besprochen werden.
Durch Nachrechnen sieht man, dass

$$\frac{\partial \Phi}{\partial t} = \frac{\partial^2 \Phi}{\partial x^2}.$$

Um nachzurechnen, dass u wirklich eine Lösung der partiellen Differentialgleichung $u_t = u_{xx}$ ist, benutzen wir den Satz über die Differentiation von Parameterintegralen und zeigen, dass wir die partiellen Ableitungen und die Integration vertauschen dürfen:

$$\begin{aligned} \frac{\partial}{\partial t} u(t,x) &= \frac{\partial}{\partial t} \int_{\mathbb{R}} \Phi(t, x - y) u_0(y) \, \mathrm{d}y = \int_{\mathbb{R}} \frac{\partial}{\partial t} \Phi(t, x - y) u_0(y) \, \mathrm{d}y \\ &= \int_{\mathbb{R}} \frac{\partial^2}{\partial x^2} \Phi(t, x - y) u_0(y) \, \mathrm{d}y = \frac{\partial^2}{\partial x^2} \int_{\mathbb{R}} \Phi(t, x - y) u_0(y) \, \mathrm{d}y \\ &= \frac{\partial^2}{\partial x^2} u(t,x) \end{aligned}$$

Da bezüglich y integriert wird, fassen wir sowohl t als auch x als Parameter auf und prüfen nach, dass Satz 21.2 anwendbar ist.

(1) $f(t,x,y) = \Phi(t, x - y) u_0(y)$ ist für festes (t,x) integrierbar bezüglich y, denn $f(t,x,\cdot)$ ist stetig mit kompaktem Träger und damit auch beschränkt. Wir können uns also auf Satz 19.10 berufen

(2) f ist für festes y partiell differenzierbar nach t und zweimal partiell differenzierbar nach x, denn Φ ist sogar unendlich oft differenzierbar nach t und x.

(3) Für die partiellen Ableitungen $\frac{\partial f}{\partial t}$, $\frac{\partial f}{\partial x}$ und $\frac{\partial^2 f}{\partial x^2}$ gibt es integrierbare Majoranten, aber nur, wenn man sich auf $t \geq 0$ mit $t_0 > 0$ einschränkt. Da man t_0 aber beliebig klein wählen kann, gilt die Differentialgleichung für alle $t > 0$.

Man kann auch höhere Ableitungen auf ähnliche Weise mit der Integration vertauschen und auf diese Weise zeigen, dass u für $t > 0$ sogar unendlich oft differenzierbar ist (und das, obwohl die Anfangsbedingung nicht einmal differenzierbar sein musste!).
Die Behauptung, dass $\lim_{t \to 0+} u(t,x) = u_0(x)$ stellen wir noch etwas zurück und werden sie im Zusammenhang mit Dirac-Folgen im kommenden Kapitel beweisen.

21.3. Die Funktionenräume L^1, L^2 und L^∞

Eine fundamentale Rolle spielt in der Quantenmechanik der Raum L^2 der quadratintegrierbaren Funktionen. Die Wellenfunktionen, die man dort benutzt, um Quantenzustände zu beschreiben, sind im allgemeinen komplexwertig.
Daher soll zunächst noch einmal an eine Bemerkung aus Kapitel 19 erinnert werden, wo die Lebesgue-Integrierbarkeit komplexwertiger Funktionen $f : \mathbb{R}^n \to \mathbb{C}$ durch die Zerlegung in Real-

und Imaginärteil erklärt wurde. Eine komplexwertige Funktion ist demnach integrierbar, wenn sowohl ihr Real- als auch ihr Imaginärteil integrierbar ist. Für $f(x) = f_1(x) + if_2(x)$ mit reellwertigen integrierbaren Funktionen f_1 und f_2 ist dann

$$\int f = \int f_1 + i \int f_2.$$

Wegen

$$|f(x)| = \sqrt{|f_1(x)|^2 + |f_2(x)|^2} \leq |f_1(x)| + |f_2(x)|$$

ist mit f auch $|f|$ integrierbar.

Satz 21.3.
Sei $f : \mathbb{R}^n \to \mathbb{C}$ eine integrierbare Funktion. Dann ist auch der komplexe Betrag $|f|$ von f integrierbar und es gilt

$$\left| \int f \right| \leq \int |f|.$$

Beweis: Schreibt man

$$\int f = \left| \int f \right| e^{i\varphi}$$

in Polardarstellung, dann ist

$$\left| \int f \right| = e^{-i\varphi} \int f = \int (e^{-i\varphi} f) \in \mathbb{R}.$$

Für jede komplexe Zahl $z \in \mathbb{C}$ gilt die Ungleichung Re $z \leq |z|$, daher folgt daraus

$$\left| \int f \right| = \text{Re} \int (e^{-i\varphi} f) = \int \text{Re}\,(e^{-i\varphi} f) \leq \int |e^{-i\varphi} f| \leq \int \underbrace{|e^{-i\varphi}|}_{=1} \cdot |f| \leq \int |f|.$$

$\square$

Bemerkung: Wie für reellwertige Funktionen können wir natürlich auch über messbare Mengen anstelle des gesamten $\mathbb{R}^n$ integrieren, indem wir

$$\int_\Lambda f = \int_{\mathbb{R}^n} \chi_A \cdot f$$

setzen.

Neben den integrierbaren Funktionen spielen Funktionen eine wichtige Rolle, deren Quadrat integrierbar ist.

Definition. *(Der Raum $L^2(A)$)*
Es sei $A \subseteq \mathbb{R}^n$ eine messbare Menge und $f : A \to \mathbb{R}$ oder $f : A \to \mathbb{C}$ eine Funktion, die für jeden Quader $Q \subset \mathbb{R}^n$ auf $Q \cap A$ integrierbar ist. Die Funktion f gehört dann zum Funktionenraum $L^2(A)$, falls $\int_A |f(x)|^2 \,\mathrm{d}x < \infty$ ist. Wir setzen dann

$$\|f\|_{L^2} = \left(\int_A |f(x)|^2 \,\mathrm{d}x \right)^{\frac{1}{2}}.$$

Besonders wichtig sind für die Physik die quadratintegrierbaren Funktionen $f \in L^2(\mathbb{R}^3)$ auf ganz $\mathbb{R}^3$, mit denen in der Quantenmechanik Zustände von Elementarteilchen beschrieben werden. Dass $\|\cdot\|_{L^2}$ eine Norm auf der Menge $L^2(A)$ ist, und dass $L^2(A)$ überhaupt einen Vektorraum bildet, ist übrigens zunächst nicht klar, sondern erfordert einigen Aufwand.

Will man Lebesgue-integrierbare Funktionen betrachten, die „beschränkt" sind, muss man diesen Begriff abschwächen, da man den Funktionswert einer Funktion an einem einzelnen Punkt beliebig groß machen könnte, ohne die Funktion im Lebesgueschen Sinne „wirklich" zu ändern. Das Abändern einer Funktion auf einer Nullmenge sollte also keinen Einfluss haben. Man betrachtet daher Funktionen, die außerhalb einer geeigneten Nullmenge beschränkt sind.

Definition. *(Der Raum $L^\infty(A)$)*
Der Funktionenraum L^∞ enthält alle Funktionen $f : A \to \mathbb{R}$ oder $f : A \to \mathbb{C}$, die für jeden Quader $Q \subset \mathbb{R}^n$ auf $Q \cap A$ integrierbar sind und für die eine Nullmenge N sowie eine Konstante C existieren, so dass

$$|f(x)| \le C \ \text{ ist für alle } x \in A \setminus N.$$

Man setzt für solche Funktionen

$$\|f\|_{L^\infty} = \inf\{C; \ |f(x)| \le C \text{ für fast alle } x \in A\}.$$

Bemerkung: Die Zahl $\|f\|_{L^\infty}$ ist also die bestmögliche Schranke an $|f|$, die man durch Herausnehmen einer Nullmenge aus dem Definitionsbereich erreichen kann. Umgekehrt heißt das: Falls $f \in L^\infty(A)$ ist, dann gilt für fast alle $x \in A$ die Abschätzung $|f(x)| \le \|f(x)\|_{L^\infty}$.
Eine andere Art Darstellung ist

$$\|f\|_{L^\infty} = \inf_{N \text{ Nullmenge}} \sup\{|f(x)|; \ x \in A \setminus N\}.$$

Satz 21.4.
Sei $A \subset \mathbb{R}^n$ eine messbare Menge. Dann bilden die Funktionenräume $L^1(A)$, $L^2(A)$ und $L^\infty(A)$ jeweils einen (reellen oder komplexen) Vektorraum.

Beweis: Da die Menge aller Funktionen $f : A \to \mathbb{R}$ bzw. $f : A \to \mathbb{C}$ einen Vektorraum bilden, müssen wir nur das Unterraumkriterium nachprüfen, d.h. wir müssen zeigen, dass mit $f, g \in L^1(A)$ auch $\lambda f \in L^1(A)$ und $f + g \in L^1(A)$ liegt (und analog für $f, g \in L^2(A)$ bzw. $f, g \in L^\infty(A)$).
Dass die Lebesgue-integrierbaren Funktionen $f, g \in L^1(\mathbb{R}^n$ einen Vektorraum bilden, wurde schon in Satz 19.8 (ii) gezeigt. Diese Eigenschaft überträgt sich auf $L^1(A)$, denn $f \in L^1(A)$ wird zu einer Funktion aus $L^1(\mathbb{R}^n)$, wenn man sie außerhalb von A durch Null fortsetzt.

Für $f, g \in L^2(A)$ ist unmittelbar klar, dass $\lambda f \in L^2(A)$ liegt. Es genügt daher zu zeigen, dass $f + g \in L^2(A)$ ist. Wegen

$$\left(|f(x)| - |g(x)|\right)^2 \ge 0 \Leftrightarrow |f(x)|^2 + |g(x)|^2 \ge 2|f(x)g(x)|$$

ist für festes x

$$|f(x) + g(x)|^2 = |f(x)^2 + g(x)^2 + 2f(x)g(x)| \le |f(x)|^2 + |g(x)|^2 + 2|f(x)g(x)|$$
$$\le 2|f(x)|^2 + 2|g(x)|^2.$$

Damit ist

$$\int_A |f+g|^2 \, \mathrm{d}x \le 2 \int_A |f|^2 \, \mathrm{d}x + 2 \int_A |g|^2 \, \mathrm{d}x \,.$$

Da die rechte Seite nach Voraussetzung endlich ist, existiert auch das Integral auf der linken Seite und es ist somit $f + g \in L^2(A)$.

Für $f, g \in L^\infty(A)$ ist wieder unmittelbar klar, dass $\lambda f \in L^\infty(A)$, denn es gibt eine Nullmenge N_f und eine Konstante C_f, so dass $|f(x)| \le C_f$ ist für alle $x \in A \setminus N_f$. Dann ist $|\lambda f| \le |\lambda| C_f$ außerhalb von N_f ebenfalls beschränkt.

Analog gibt es eine Nullmenge N_g und eine Konstante C_g so dass $|g(x)| \le C_g$ für alle $x \in A \setminus N_g$. Setzt man $N = N_f \cup N_g$, dann ist N ebenfalls eine Nullmenge und für $x \in A \setminus N$ ist $|f(x) + g(x)| \le C_f + C_g$. Damit ist $f + g \in L^\infty(A)$. $\square$

Als Nächstes soll gezeigt werden, dass die oben definierten Normen $\| \cdot \|_{L^1}$, $\| \cdot \|_{L^2}$ und $\| \cdot \|_{L^\infty}$ tatsächlich Normen auf den entsprechenden Vektorräumen sind. Hier gibt es allerdings ein Problem. Für eine Norm wird verlangt, dass $\|f\|_{L^1} = 0$ genau dann der Fall ist, wenn $f = 0$ ist, das heißt

$$\|f\|_{L^1} = 0 \Rightarrow f(x) = 0 \text{ für alle } x \,.$$

Im allgemeinen gilt aber nur

$$\|f\|_{L^1} = 0 \Rightarrow f(x) = 0 \text{ für } \textbf{fast} \text{ alle } x \,.$$

Diese Schwierigkeit lässt sich allerdings „wegdefinieren", indem man Funktionen als „gleich" betrachtet, wenn sie sich nur auf einer Nullmenge unterscheiden. Technisch benutzt man dazu den Begriff der Äquivalenzrelation, der in gewissem Sinne eine Verallgemeinerung der Gleichheit darstellt.

Definition. *(Äquivalenzrelation)*
*Eine **Äquivalenzrelation** auf einer Menge M ist eine Relation, die für gewisse Elemente der Menge besteht. Wir schreiben $a \sim b$, wenn a und b äquivalent sind. Dabei müssen die folgenden drei Eigenschaften erfüllt sein:*

(i) $a \sim a$ (Reflexivität)

(ii) $a \sim b \Leftrightarrow b \sim a$ (Symmetrie)

(iii) $a \sim b$ und $b \sim c \Rightarrow a \sim c$ (Transitivität)

*Die Mengen von äquivalenten Objekten bezeichnet man als **Äquivalenzklassen**. Ein konkretes Element einer Äquivalenzklasse nennt man einen **Repräsentanten** der Äquivalenzklasse.*

Beispiele: Aus der Schule sind schon einige Äquivalenzrelationen bekannt.

1. Kongruenz von Dreiecken

2. Ähnlichkeit von Dreiecken

3. „Restklassen modulo m": zwei natürliche Zahlen sind äquivalent, falls sie bei der Division durch m denselben Rest ergeben

In unserem Fall betrachten wir folgende Äquivalenzrelation:

$$f \sim g \Leftrightarrow \{x; \ f(x) \ne g(x) \text{ ist eine Nullmenge} \}$$

Dass es sich um eine Äquivalenzrelation handelt, sieht man leicht ein. Streng genommen müsste man nun statt Funktionen aus L^1, L^2 oder L^∞ immer Äquivalenzklassen von Funktionen betrachten. Für praktische Zwecke rechnet man aber mit Repräsentanten der Äquivalenzklassen und es reicht, im Hinterkopf zu haben, dass man Funktionen auf einer Nullmenge abändern darf, wenn man sie als Elemente von L^1, L^2 oder L^∞ betrachtet bzw. dass Funktionen immer noch als gleich gelten, wenn sie sich nur auf einer Nullmenge unterscheiden.
Ab jetzt betrachten wir die Funktionenräume L^1, L^2 und L^∞ immer in diesem Sinne.

Der Vektorraum $L^2(A)$ besitzt zusätzlich noch ein Skalarprodukt:

Satz 21.5. *(L^2-Skalarprodukt)*
Sei $A \subseteq \mathbb{R}^n$ eine messbare Menge. Dann ist auf $L^2(A)$ durch

$$\langle f, g \rangle_{L^2} = \int_A f \cdot g \, \mathrm{d}x$$

bzw. im komplexwertigen Fall durch

$$\langle f, g \rangle_{L^2} = \int_A f \cdot \overline{g} \, \mathrm{d}x$$

ein Skalarprodukt gegeben. Dieses Skalarprodukt erzeugt gerade die L^2-Norm, d.h. es ist

$$\|f\|_{L^2} = \sqrt{\langle f, f \rangle_{L^2}} = (\langle f, f \rangle_{L^2})^{1/2} \ .$$

Beweis: Wir müssen die drei Eigenschaften eines Skalarprodukts nachprüfen:

(i) Linearität
Es ist im komplexen Fall

$$\langle \alpha f_1 + \beta f_2, g \rangle_{L^2} = \int_A (\alpha f_1 + \beta f_2) \cdot \overline{g} \, \mathrm{d}x = \alpha \int_A f_1 \cdot \overline{g} \, \mathrm{d}x + \beta \int_A f_2 \cdot \overline{g} \, \mathrm{d}x = \alpha \langle f_1, g \rangle_{L^2} + \beta \langle f_2, g \rangle_{L^2} \ .$$

(ii) Symmetrie
Es ist (wieder im komplexen Fall)

$$\langle f, g \rangle_{L^2} = \int_A f \cdot \overline{g} \, \mathrm{d}x = \int_A \overline{g \cdot \overline{f}} \, \mathrm{d}x = \overline{\int_A g \cdot \overline{f} \, \mathrm{d}x} = \overline{\langle g, f \rangle_{L^2}}$$

(iii) positive Definitheit
Es ist

$$\langle f, f \rangle_{L^2} = \int_A |f|^2 \, \mathrm{d}x \geq 0$$

da der Integrand nicht-negativ ist. Das Integral verschwindet genau dann, wenn $|f|^2$ fast überall Null ist, d.h. wenn f fast überall Null ist. Dann ist f aber im oben beschriebenen L^2-Sinn die Nullfunktion.

$\square$

Bemerkung: Für ein Skalarprodukt auf einem euklidischen oder unitären Vektorraum gilt die Cauchy-Schwarz-Ungleichung (siehe Satz 13.1)

$$|\langle f, g \rangle| \le \|f\| \cdot \|g\|.$$

Wendet man diese Ungleichung auf die reellen Funktionen $|f|$ und $|g|$ aus $L^2(A)$ an, so erhält man die Ungleichung

$$\langle |f|, |g| \rangle_{L^2} = \int_A |fg|\,\mathrm{d}x = \|f \cdot g\|_{L^1} \le \|f\|_{L^2} \cdot \|g\|_{L^2}.$$

Insbesondere ist $|f \cdot g|$ eine integrierbare Funktion auf A.
Die Ungleichung $\|f \cdot g\|_{L^1} \le \|f\|_{L^2} \cdot \|g\|_{L^2}$ heißt auch **Hölder-Ungleichung für L^2**.

Satz 21.6. *(Normen)*
Sei $A \subseteq \mathbb{R}^n$ eine messbare Menge. Dann sind die Vektorräume

▶ *$L^1(A)$ mit der Norm $\|f\|_{L^1} = \displaystyle\int_A |f|\,\mathrm{d}x$,*

▶ *$L^2(A)$ mit der Norm $\|f\|_{L^2} = \left(\displaystyle\int_A |f|^2\,\mathrm{d}x \right)^{1/2}$ und*

▶ *$L^\infty(A)$ mit der Norm $\|f\|_{L^\infty} = \inf\{C;\ |f(x)| \le C \text{ für fast alle } x\}$*

normierte Vektorräume.

Beweis: Es ist leicht einzusehen, dass $\|f\|_{L^p} \ge 0$ ist für $p = 1, 2, \infty$ und dass $\|f\|_{L^p} = 0$ in jedem der drei Fälle impliziert, dass f fast überall verschwindet. Da wir ja eigentlich Äquivalenzklassen von Funktionen betrachten, die sich auf Nullmengen unterscheiden dürfen, bedeutet das, dass aus $\|f\|_{L^p} = 0$ direkt $f = 0$ folgt.
Die Homogenität $\|\lambda f\|_{L^p} = |\lambda|\|f\|_{L^p}$ ergibt sich ebenfalls in allen drei Fällen direkt aus der Definition der jeweiligen Norm.
Es bleibt noch, die Dreiecksungleichung zu zeigen.

$p = 1$: Hier kann man punktweise die Dreiecksungleichung in $\mathbb{R}$ bzw. $\mathbb{C}$ anwenden und erhält für jedes $x \in A$
$$|f(x) + g(x)| \le |f(x)| + |g(x)|.$$

Die Dreiecksungleichung in $L^1(A)$ ergibt sich nun einfach durch Integration dieser Ungleichung über A.

$p = 2$: Zunächst ist mit der Dreiecksungleichung in $\mathbb{R}$ bzw. $\mathbb{C}$
$$|f(x) + g(x)|^2 = |f(x) + g(x)| \cdot |f(x) + g(x)| \le |f(x)| \cdot |f(x) + g(x)| + |g(x)| \cdot |f(x) + g(x)|.$$

Durch Integration und mit Hilfe der Cauchy-Schwarz-Ungleichung erhält man

$$\begin{aligned}
\|f + g\|_{L^2}^2 = \int |f + g|^2\,\mathrm{d}x &\le \int |f||f + g| + |g||f + g|\,\mathrm{d}x \\
&= \langle |f|, |f + g| \rangle_{L^2} + \langle |g|, |f + g| \rangle_{L^2} \\
&\le (\|f\|_{L^2} + \|g\|_{L^2})\|f + g\|_{L^2}.
\end{aligned}$$

Wenn fast überall $|f + g| = 0$ ist, dann ist die Ungleichung auf jeden Fall erfüllt, ansonsten kann man durch den Faktor $\|f+g\|_{L^2}$ dividieren und erhält daraus die Dreiecksungleichung.

$p = \infty$: Es gibt Nullmengen N_f und N_g, so dass

$$|f(x)| \leq \|f\|_{L^\infty} \text{ für } x \in A \setminus N_f$$
$$|g(x)| \leq \|g\|_{L^\infty} \text{ für } x \in A \setminus N_g$$

Außerhalb der Nullmenge $N = N_f \cup N_g$ gilt daher

$$|f(x) + g(x)| \leq |f(x)| + |g(x)| \leq \|f(x)\|_{L^\infty} + \|g\|_{L^\infty}.$$

Aus der Definition von $\| \cdot \|_{L^\infty}$ folgt daraus

$$\|f + g\|_{L^\infty} \leq \|f(x)\|_{L^\infty} + \|g\|_{L^\infty}.$$

$\square$

Die Funktionenräume L^1, L^2 und L^∞ sind aber nicht nur normierte Vektorräume. Es gilt sogar:

Satz 21.7. *(Satz von Fischer-Riesz)*
Die Vektorräume L^1, L^2 und L^∞ mit den zugehörigen Normen $\|\cdot\|_{L^1}$, $\|\cdot\|_{L^2}$ und $\|\cdot\|_{L^\infty}$ sind vollständig, d.h. es handelt sich jeweils um einen Banachraum.

Beweis: Wir betrachten nur die Fälle L^1 und L^∞, der Beweis für L^2 verläuft ähnlich wie der für L^1 unter Benutzung von „majorisierter Konvergenz in L^2" (siehe Übungsaufgabe).
Sei also $(f_k)_{k\in\mathbb{N}}$ eine beliebige Cauchy-Folge in $L^1(X)$. Wir werden zunächst zeigen, dass eine Teilfolge dieser Cauchy-Folge gegen eine Grenzfunktion konvergiert, und später folgern, dass die gesamte Folge gegen dieselbe Grenzfunktion konvergiert. Es ist eine allgemeine Eigenschaft von Cauchy-Folgen, die mit L^1 nichts zu tun hat, dass aus der Konvergenz einer Teilfolge bereits auf die Konvergenz der gesamten Folge geschlossen werden kann.
Wir wählen als erstes eine Teilfolge $(f_{k_j})_{j\in\mathbb{N}}$ mit der Eigenschaft, dass $\|f_{k_j} - f_{k_{j-1}}\|_{L^1} \leq 2^{-j}$ ist und setzen

$$u_1(x) = f_{k_1}(x) \text{ sowie } u_j(x) = f_{k_j}(x) - f_{k_{j-1}}(x) \text{ für } j \geq 2.$$

Damit ist

$$\sum_{j=1}^{\ell} u_j(x) = f_{k_\ell}(x)$$

und daher

$$\lim_{\ell\to\infty} f_{k_\ell}(x) = \lim_{\ell\to\infty} \sum_{j=1}^{\ell} u_j(x) = \sum_{j=1}^{\infty} u_j(x).$$

Wenn man sich einen Kandidaten für den Grenzwert der Folge $(f_{k_\ell})_{\ell\in\mathbb{N}}$ beschaffen möchte, kann man daher die Konvergenz der Reihe auf der rechten Seite untersuchen. Wir wollen zeigen, dass diese Reihe für fast alle x absolut konvergiert, indem wir nachweisen, dass die Funktionen

$$v_\ell(x) = \sum_{j=1}^{\ell} |u_j(x)|$$

die Voraussetzungen des Satzes von Beppo Levi erfüllen. Zunächst ist recht offensichtlich, dass die Funktionenfolge monoton wachsend ist, da jeweils ein positiver Term hinzukommt. Außerdem liegt v_ℓ als Summe von Funktionen aus L^1 ebenfalls in L^1. Als letzte Voraussetzung muss man noch die gleichmäßige Beschränktheit der Integrale überprüfen:

$$\int |v_\ell| = \int \sum_{j=1}^{\ell} |u_j(x)| = \sum_{j=1}^{\ell} \|u_j\|_{L^1} = \|f_{k_1}\|_{L^1} + \sum_{j=2}^{\ell} \underbrace{\|f_{k_j} - f_{k_{j-1}}\|_{L^1}}_{\leq 2^{-j}} \leq \|f_{k_1}\|_{L^1} + 1 = M.$$

Nach dem Satz von Beppo Levi existiert für fast alle x der Grenzwert

$$v(x) = \lim_{\ell \to \infty} v_\ell(x) = \sum_{j=1}^{\infty} |u_j(x)|,$$

die Reihe $\sum |u_j(x)|$ ist also für fast alle x absolut konvergent und damit auch konvergent. Wir können also für fast alle x

$$f(x) = \sum_{j=1}^{\infty} u_j(x) = \lim_{\ell \to \infty} f_{k_\ell}(x)$$

setzen. Es bleibt noch zu zeigen, dass $(f_{k_\ell})_{\ell \in \mathbb{N}}$ bezüglich der L^1-Norm gegen f konvergiert, dass also $\|f_{k_\ell} - f\|_{L^1} \to 0$ konvergiert. Dazu benutzt man den Satz über majorisierte Konvergenz. Punktweise konvergiert $f_{k_\ell} - f$ fast überall gegen Null, denn so war f ja gerade definiert. Eine integrierbare Majorante lässt sich auch finden, denn

$$|f_{k_\ell}(x)| = |u_1(x) + u_2(x) + \ldots + u_\ell(x)| \leq |u_1(x)| + |u_2(x)| + \ldots + |u_\ell(x)| = v_\ell(x) \leq v(x)$$

und damit

$$|f_{k_\ell}(x) - f(x)| \leq |f_{k_\ell}(x)| + |f(x)| \leq v(x) + v(x) = 2v(x).$$

Die Voraussetzungen des Satzes über majorisierte Konvergenz sind also erfüllt, daher konvergiert

$$\int |f_{k_\ell} - f| \to \int 0 = 0 \Rightarrow \lim_{\ell \to \infty} \|f_{k_\ell} - f\|_{L^1} = 0.$$

Als letztes soll noch gezeigt werden, dass nicht nur eine Teilfolge, sondern die gesamte Folge $(f_k)_{k \in \mathbb{N}}$ in L^1 gegen f konvergiert. Wie oben erwähnt liegt dies daran, dass eine Cauchy-Folge mit einer konvergenten Teilfolge immer auch als Ganzes konvergent ist.
Sei dazu ein beliebiges $\varepsilon > 0$ vorgegeben. Dann findet man einerseits ein $N = N(\varepsilon)$, so dass $\|f_m - f_n\|_{L^1} < \frac{\varepsilon}{2}$ für $m, n \geq N$ und andererseits ein $J \in \mathbb{N}$ so groß, dass $\|f - f_{k_J}\|_{L^1} < \frac{\varepsilon}{2}$ und $k_J \geq N$ ist, dann gilt für alle $n \geq N$:

$$\|f - f_n\|_{L^1} \leq \|f - f_{k_J}\|_{L^1} + \|f_{k_J} - f_n\|_{L^1} < \frac{\varepsilon}{2} + \frac{\varepsilon}{2} = \varepsilon.$$

Die gesamte Folge konvergiert also in L^1 gegen f.

Diese Argumentation lässt sich mit geringen Modifikationen auch für L^2 durchführen, indem man eine Aussage zu majorisierter Konvergenz in L^2 verwendet.
Für L^∞ muss man dagegen anders vorgehen:
Man definiert die „Ausnahme"-Nullmengen $N_k = \{x; |f_k(x)| > \|f\|_{L^\infty}\}$ und $N_{kl} = \{x; |f_k - f_l| > \|f_k - f_l\|_{L^\infty}\}$. Die (abzählbare) Vereinigung N dieser Nullmengen ist ebenfalls eine Nullmenge. Für jedes $x \notin N$ ist $(f_k(x))_{k \in \mathbb{N}}$ eine beschränkte, gleichmäßig konvergente Folge. Die Folge konvergiert daher außerhalb von N gegen eine beschränkte Funktion. Diese Grenzfunktion liegt damit in L^∞.

$\square$

„Nebenbei" haben wir noch etwas anderes bewiesen:

Satz 21.8.
Ist $(f_k)_{k\in\mathbb{N}}$ eine Cauchy-Folge in L^1, so enthält $(f_k)_{k\in\mathbb{N}}$ eine Teilfolge $(f_{k_j})_{j\in\mathbb{N}}$, die fast überall punktweise konvergiert. Insbesondere enthält jede in L^1 konvergente Funktionenfolge eine Teilfolge, die fast überall konvergiert.
Eine analoge Aussage gilt auch für Funktionenfolgen in L^2: Eine konvergente Funktionenfolge in L^2 bzw. eine Cauchy-Folge in L^2 enthält immer eine Teilfolge, die für fast alle x gegen die Grenzfunktion konvergiert.

Man muss also zwei Einschränkungen hinnehmen, um von L^1- bzw. L^2-Konvergenz zu punktweiser Konvergenz zu gelangen:

- man muss die Folge „ausdünnen" und zu einer Teilfolge übergehen und

- unter Umständen noch alle x aus einer Nullmenge ausschließen.

Für die Physik spielt der Fall $p = 2$ die wichtigste Rolle. Da ein Hilbertraum ein vollständiger, normierter Vektorraum ist, dessen Norm von einem Skalarprodukt erzeugt wird, ergibt sich aus den drei Sätzen 21.4, 21.6 und 21.7 über die Vektorraumstruktur, die Norm und die Vollständigkeit von $L^2(A)$:

Satz 21.9.
Für jede messbare Teilmenge $A \subseteq \mathbb{R}^n$ ist $L^2(A)$ mit dem Skalarprodukt $\langle f, g \rangle = \displaystyle\int_A f(x)\overline{g(x)}\,dx$ ein Hilbertraum.

Bemerkung: Funktionen in L^1 bzw. L^2 sind im allgemeinen nicht stetig, aber jede dieser Funktionen lässt sich durch eine stetige Funktion mit kompaktem Träger approximieren, d.h. zu jedem $f \in L^1(A)$ und jedem $\varepsilon > 0$ existiert eine stetige Funktion g, die außerhalb einer kompakten Menge verschwindet, so dass $\|f - g\|_{L^1} < \varepsilon$. Dies werden wir im nächsten Abschnitt beweisen. Die Aussage ist im jedoch falsch für Funktionen in L^∞ (man betrachte zum Beispiel $f \equiv 1$).

21.4. Faltung und Diracfolgen

Definition. *(Faltung)*
*Für integrierbare Funktionen $f, g : \mathbb{R}^n \to \mathbb{R}$ ist die **Faltung** von f und g definiert durch*

$$(f * g)(x) := \int_{\mathbb{R}^n} f(x - y)g(y)\,dy$$

für alle x, für die dieses Integral existiert.

Zunächst ist unklar, für welche x dieses Integral überhaupt existiert. Wenn die Funktionen f, g integrierbar sind, dann lässt sich diese Frage jedoch positiv beantworten:

Satz 21.10. *(Faltung in L^1)*
Seien $f \in L^1(\mathbb{R}^n)$ und $g \in L^1(\mathbb{R}^n)$. Dann ist auch $f * g \in L^1(\mathbb{R}^n)$ und es gilt

$$\|f * g\|_{L^1} \leq \|f\|_{L^1} \cdot \|g\|_{L^1}$$

Insbesondere existiert $(f * g)(x)$ für fast alle x.

Beweis: Mit f und g sind auch $|f|$ und $|g|$ integrierbar Nach dem Satz von Tonelli ist dann auch $F(x,y) = f(x)g(y)$ integrierbar im $\mathbb{R}^{2n}$, denn

$$\left| \int\limits_{\mathbb{R}^{2n}} F(x,y)\,\mathrm{d}x\,\mathrm{d}y \right| \leq \int\limits_{\mathbb{R}^n}\int\limits_{\mathbb{R}^n} |f(x)g(y)|\,\mathrm{d}x\,\mathrm{d}y$$

$$= \left(\int\limits_{\mathbb{R}^n} |f(x)|\,\mathrm{d}x \right) \left(\int\limits_{\mathbb{R}^n} |g(y)|\,\mathrm{d}y \right) = \|f\|_{L^1} \cdot \|g\|_{L^1} < \infty.$$

Nun ist $f(x-y)g(y) = F(\Phi(x,y))$ mit der Abbildung

$$\Phi : \mathbb{R}^{2n} \to \mathbb{R}^{2n} \text{ und } \Phi(x,y) = (x-y, y)$$

Die Ableitung von Φ ist

$$D\Phi(x,y) = \begin{pmatrix} E_n & -E_n \\ 0 & E_n \end{pmatrix}.$$

Die Determinante dieser Blockdiagonalmatrix ist $\det E_n \cdot \det E_n = 1$. Nach dem Transformationssatz ist dann auch die Funktion $F \circ \Phi$ auf $\mathbb{R}^{2n}$ integrierbar.

Aus dem Satz von Fubini folgt wegen der Integrierbarkeit von $F \circ \Phi$, dass das Integral

$$\int\limits_{\mathbb{R}^n} f(x-y)g(y)\,\mathrm{d}y$$

für fast alle x existiert und dass

$$\int\limits_{\mathbb{R}^n} \left| \int\limits_{\mathbb{R}^n} f(x-y)g(y)\,\mathrm{d}y \right| \mathrm{d}x \leq \int\limits_{\mathbb{R}^n} \left(\int\limits_{\mathbb{R}^n} |f(x-y)g(y)|\,\mathrm{d}y \right) \mathrm{d}x$$

$$= \int\limits_{\mathbb{R}^{2n}} |F(\Phi(x,y))| \cdot \underbrace{|\det D\Phi(x,y)|}_{=1}\,\mathrm{d}x\,\mathrm{d}y$$

$$= \int\limits_{\mathbb{R}^{2n}} |F(x,y)|\,\mathrm{d}x\,\mathrm{d}y = \|f\|_{L^1} \cdot \|g\|_{L^1}$$

Die Faltung ist also für fast alle x wohldefiniert und die Funktion $x \mapsto (f * g)(x)$ ist Lebesgueintegrierbar.

$\square$

Satz 21.11.
Die Faltung genügt ähnlichen Rechenregeln wie die Multiplikation von Zahlen:

(i) $f * (\alpha g + \beta h) = \alpha f * g + \beta f * h$ *für Funktionen* $f, g, h \in L^1(\mathbb{R}^n)$.

(ii) *Die Faltung ist kommutativ, d.h* $f * g = g * f$ *für Funktionen* $f, g \in L^1(\mathbb{R}^n)$.

(iii) *Die Faltung ist assoziativ, d.h.* $(f * g) * h = f * (g * h)$ *für Funktionen* $f, g, h \in L^1(\mathbb{R}^n)$.

Beweis: Wir beweisen nur die Kommutativität, das Distributivgesetz lässt sich problemlos nachrechnen und die Assoziativität bleibt als Übungsaufgabe.
Wie wir oben gezeigt haben, ist für fast alle x

$$(f * g)(x) := \int\limits_{\mathbb{R}^n} f(x-y)g(y)\,\mathrm{d}y$$

Mit der Substitution $\eta = x - y$ und der Transformationsformel folgt

$$\int_{\mathbb{R}^n} f(x-y)g(y)\,\mathrm{d}y = \int_{\mathbb{R}^n} f(\eta)g(x-\eta)\,\mathrm{d}\eta = (g * f)(x).$$

$\square$

Auch wenn die Funktion f in L^2 liegt und g integrierbar ist, lässt sich die Faltung immer durchführen.

Satz 21.12. *(Faltung in L^2)*
Sei $f \in L^2(\mathbb{R}^n)$, $g \in L^1(\mathbb{R}^n)$. Dann gilt $f * g \in L^2(\mathbb{R}^n)$ und

$$\|f * g\|_{L^2} \leq \|f\|_{L^2} \cdot \|g\|_{L^1}$$

Beweis: Zunächst ergibt sich direkt aus der Definition der Funktionenräume, dass $|f|^2 \in L^1(\mathbb{R}^n)$ und $|g|^{1/2} \in L^2(\mathbb{R}^n)$ liegt. Außerdem folgt aus Satz 21.10 über die Faltung in L^1, dass für festes x die Funktion $y \mapsto |f(x-y)| \cdot |g(y)|^{1/2}$ in $L^2(\mathbb{R}^n)$ liegt, denn

$$\int \left(|f(x-y)| \cdot |g(y)|^{1/2} \right)^2 \mathrm{d}y = \int |f(x-y)|^2 \cdot |g(y)|\,\mathrm{d}y = (|f|^2 * |g|)(x)$$

ist die Faltung von zwei Funktionen aus $L^1(\mathbb{R}^n)$. Somit ist

$$\|f * g\|_{L^2}^2 = \int |(f*g)(x)|^2\,\mathrm{d}x = \int \left| \int f(x-y)g(y)\,\mathrm{d}y \right|^2 \mathrm{d}x$$

$$\leq \int \left| \int \underbrace{|f(x-y)| \cdot |g(y)|^{1/2}}_{\in L^2} \cdot \underbrace{|g(y)|^{1/2}}_{\in L^2}\,\mathrm{d}y \right|^2 \mathrm{d}x$$

$$\overset{\text{Cauchy-Schwarz}}{\leq} \int \left(\left(\int \underbrace{|f(x-y)|^2}_{\in L^1} |g(y)|\,\mathrm{d}y \right)^{1/2} \left(\int |g(y)|\,\mathrm{d}y \right)^{1/2} \right)^2 \mathrm{d}x$$

$$= \int \left(\left((|f|^2 * |g|)(x) \right)^{1/2} \cdot \|g\|_{L^1}^{1/2} \right)^2 \mathrm{d}x$$

$$= \int (\underbrace{|f|^2}_{\in L^1} * \underbrace{|g|}_{\in L^1})(x)\,\mathrm{d}x \cdot \|g\|_{L^1}$$

$$\overset{\text{Satz 21.10}}{=} \|f^2\|_{L^1} \cdot \|g\|_{L^1} \cdot \|g\|_{L^1} = \|f\|_{L^2}^2 \cdot \|g\|_{L^1}^2 = \|f\|_{L^2}^2 \cdot \|g\|_{L^1}^2.$$

Daraus folgt die Abschätzung.
Streng genommen wird auch die Existenz der zu Beginn hingeschriebenen Integrale erst im Nachhinein durch die folgenden Abschätzungen und die Cauchy-Schwarz-Ungleichung gerechtfertigt.

$\square$

Bemerkung:

1. Dass man durch die Faltung einer quadrat-integrierbaren Funktion mit einer integrierbaren Funktion g wieder eine quadrat-integrierbare Funktion erhält, benutzen wir später bei der Fourier-Transformation von Funktionen $f \in L^2$ (genauer: $f \in L^1 \cap L^2$).

2. Auch für $f \in L^\infty(\mathbb{R}^n)$ gilt eine ähnliche Aussage: Ist $g \in L^1(\mathbb{R}^n)$, dann ist $f * g \in L^\infty(\mathbb{R}^n)$ und

$$\|f * g\|_{L^\infty} \leq \|f\|_{L^\infty} \cdot \|g\|_{L^1}.$$

Wir wenden den Satz 21.1 über die Stetigkeit von Parameterintegralen auf die Faltung zweier Funktionen an. und zeigen nun, dass die Faltung mit einer stetigen Funktion eine L^1-Funktion „stetig macht".

Satz 21.13.
Sei $g : \mathbb{R}^n \to \mathbb{R}$ stetig und beschränkt und $h \in L^1(\mathbb{R}^n)$. Dann ist die Faltung $g * h$ eine stetige Funktion.

Beweis: Wir zeigen, dass $f(x,y) = g(x-y)h(y)$ die Bedingungen des Satzes über die stetige Abhängigkeit bei Parameterintegralen erfüllt.

(i) Für festes $x \in \mathbb{R}^n$ ist die Funktion $y \mapsto g(x-y)h(y)$ integrierbar über $\mathbb{R}^n$, da h stetig und beschränkt ist.

Um dies zu sehen, kann man die Funktionenfolge $\psi_m(y) = g_m(x-y)h(y)$ betrachten, wobei

$$g_m(x-y) = \begin{cases} g(x-y) & \text{für } \|x\| \leq m \\ 0 & \text{für } \|x\| > m \end{cases}$$

Die so konstruierte Funktionenfolge konvergiert punktweise gegen $g(x-y)h(y)$ und besitzt die integrierbare Majorante $\sup_{x \in \mathbb{R}^n} |g(x)| \cdot h(y)$. Nach dem Satz über die majorisierte Konvergenz ist dann auch $y \mapsto g(y)h(x-y)$ integrierbar.

(ii) Die Stetigkeit der Funktion $x \mapsto g(x-y)h(y)$ für festes $y \in \mathbb{R}^n$ folgt direkt aus der Stetigkeit von g.

(iii) als Majorante kann man die Funktion $M : \mathbb{R}^m \to \mathbb{R}$ mit $M(y) = \sup_{x \in \mathbb{R}^n} |g(x)| \cdot h(y)$ wählen, denn dann ist

$$|f(x,y)| = |g(x-y)h(y)| \leq M(y) \quad \text{für alle } x \in \mathbb{R}^m \text{ und alle } y \in \mathbb{R}^n$$

und M ist genau wie g integrierbar.

Da alle Voraussetzungen des vorigen Satzes erfüllt sind, folgt die Stetigkeit der Funktion

$$x \mapsto \int g(x-y)h(y)\,\mathrm{d}y = (g * h)(x).$$

$\square$

Aus dem entsprechenden Satz 21.2 über die Differenzierbarkeit von Parameterintegralen erhält man Aussagen über die Differenzierbarkeit von $g * h$. Eine Konsequenz dieses Satzes besteht darin, dass man Funktionen durch Faltung „glätten" kann, d.h. auch für unstetiges g ist $g * h$ differenzierbar schon dann, wenn nur h differenzierbar ist. Genauer gilt:

Satz 21.14.
Sei g stetig differenzierbar, $h \in L^1$ und es seien sowohl g als auch die partiellen Ableitungen von g alle beschränkt. Dann ist die Faltung $g * h$ eine stetig differenzierbare Funktion.

Beweis: Wie im Beweis von Satz 21.13 zeigt man, dass $f(x,y) = g(x-y)h(y)$ die Bedingungen von Satz 21.2 erfüllt.

(i) wurde schon im Beweis von Satz 21.13 gezeigt.

(ii) Die partielle Differenzierbarkeit von f für festes y folgt direkt aus der partiellen Differenzierbarkeit von g. Es ist $\frac{\partial f}{\partial x_m}(x, y) = \frac{\partial g}{\partial x_m}(x - y)h(y)$.

(iii) Die Funktion $M : \mathbb{R}^m \to \mathbb{R}$ mit $M(y) = \sup_{x \in \mathbb{R}^n} \max_k \left| \frac{\partial g}{\partial x_k}(x) \right| \cdot h(y)$ ist eine geeignete Majorante, denn es ist

$$\left| \frac{\partial f}{\partial x_m}(x, y) \right| = \left| \frac{\partial g}{\partial x_m}(x - y) \cdot h(y) \right| \leq M(y) \quad \text{für alle } x \in \mathbb{R}^m \text{ und alle } y \in \mathbb{R}^n$$

und M ist genau wie h integrierbar.

Damit ist zunächst die partielle Differenzierbarkeit von $g * h$ gezeigt. Da die partiellen Ableitungen alle Voraussetzungen des vorigen Satzes 21.13 erfüllen, ist

$$x \mapsto \int g(x - y)h(y) \, \mathrm{d}y$$

eine stetig differenzierbare Funktion.

$\square$

Man kann natürlich genauso auch höhere (partielle) Ableitungen betrachten. Dazu sei an eine Notation aus dem letzten Semester erinnert: Unter einem *Multiindex* versteht man ein n-Tupel $\alpha = (\alpha_1, \dots, \alpha_n)$ mit $\alpha_j \in \mathbb{N} \cup \{0\}$ und definiert

$$|\alpha| := \sum_{i=1}^n \alpha_i, \quad D^\alpha g := \frac{\partial^{\alpha_1} \dots \partial^{\alpha_n} g}{\partial x_1^{\alpha_1} \dots \partial x_n^{\alpha_n}}.$$

$D^\alpha g$ heißt also, dass g α_1-mal nach x_1, α_2-mal nach x_2 etc. differenziert wird. Für $k \in \mathbb{N} \cup \{0\}$ definieren wir den Funktionenraum

$$BC^k(\mathbb{R}^n) := \{g \in C^k(\mathbb{R}^n) : \sup_{x \in \mathbb{R}^n} |D^\alpha g(x)| < \infty \text{ für alle } \alpha \text{ mit } |\alpha| \leq k\}$$

der k-mal stetig differenzierbaren Funktionen mit beschränkten Ableitungen. Insbesondere ist $BC^0(\mathbb{R}^n)$ der Vektorraum der beschränkten, stetigen Funktionen.
Den Vektorraum BC^k kann man mit einer Norm

$$\|g\|_{BC^k} := \sum_{|\alpha| \leq k} \|D^\alpha g\|_\infty$$

versehen. Sowohl BC^0 als auch $BC^k(\mathbb{R}^n)$ sind vollständig, also Banachräume.
In Bezug auf die Faltung mit Funktionen aus $BC^k(\mathbb{R}^n)$ gilt:

Satz 21.15.
Sei $g \in BC^k(\mathbb{R}^n)$ für ein $k \in \mathbb{N} \cup \{0\}$ und $h \in L^1(\mathbb{R}^n)$. Dann gilt:

(i) $g * h \in BC^k(\mathbb{R}^n)$ *und*

(ii) $D^\alpha(g * h) = (D^\alpha g) * h$

(iii) $\|g * h\|_{BC^k} \leq \|g\|_{BC^k} \cdot \|h\|_{L^1}$

Diracfolgen

In der Physik wird häufig die sogenannte δ-Funktion benutzt, die gar keine Funktion im mathematisch strengen Sinne ist. Sie wird mathematisch sauber als „Distribution" in der Theorie der verallgemeinerten Funktionen eingeführt. Ihre Eigenschaften kann man jedoch auch sehr gut anhand von Faltungsintegralen verstehen.

Definition. *(Diracfolge)*
Eine Folge $(d_k)_{k \in \mathbb{N}}$ *von Funktionen* $d_k \in L^1(\mathbb{R}^n)$ *heißt* **Diracfolge***, falls gilt*

(i) $d_k(x) \geq 0$ *für alle* $k \in \mathbb{N}$ *und alle* x

(ii) $\int_{\mathbb{R}^n} d_k(x) = 1$ *für alle* $k \in \mathbb{N}$

(iii) *Für jede Kugel* $B_r(0)$ *gilt* $\displaystyle\lim_{k \to \infty} \int_{\mathbb{R}^n \setminus B_r(0)} d_k = 0.$

Interpretiert man d_k als eine Massenverteilung, dann ist die Gesamtmasse konstant in k, konzentriert sich aber für wachsendes k immer mehr in der Nähe des Ursprungs.

Beispiele:

1. Die Folge $d_k(x) = \frac{k}{\pi(1+k^2 x^2)}$ ist eine Dirac-Folge auf $\mathbb{R}$ (siehe Übungsaufgabe)

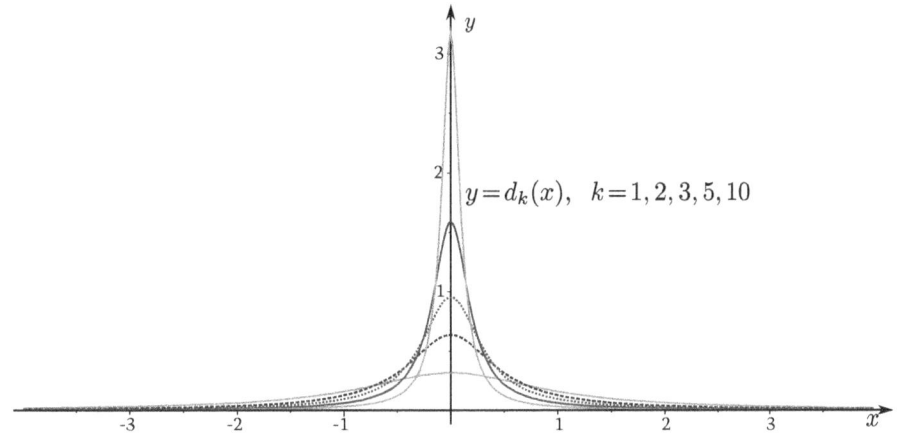

$y = d_k(x), \quad k = 1, 2, 3, 5, 10$

2. Die Folge $d_k(x) = \frac{k^n}{(2\pi)^{n/2}} e^{-\|kx\|_2^2/2}$ ist eine Dirac-Folge auf $\mathbb{R}^n$.

Eine recht allgemeine Methode, Dirac-Folgen zu konstruieren, besteht darin eine geeignete Funktion d_1 zu wählen und die weiteren Funktionen $d_2, d_3, \ldots$ durch Skalierung aus d_1 zu gewinnen. Dazu ersetzt man zunächst x durch kx und multipliziert die Funktion anschließend mit dem Faktor k^n um sicherzustellen, dass die Normierung $\int_{\mathbb{R}^n} d_k(x) = 1$ für alle $k \in \mathbb{N}$ erfüllt ist. Nach dem Transformationssatz ist nämlich

$$\int_{\mathbb{R}^n} d_k(x)\,\mathrm{d}x = \int k^n d_1(kx)\,\mathrm{d}x = \int d_1(y)\,\mathrm{d}y,$$

wenn man die Koordinaten-Transformation $y = kx$ mit $\det \frac{\partial y}{\partial x} = \det(kE_n) = k^n$ anwendet.

Ein spezielles Beispiel für dieses Vorgehen ist die folgende *Hutfunktion* oder C^∞-*Abschneide-funktion* $g : \mathbb{R} \to \mathbb{R}$ mit

$$g(r) = \begin{cases} \exp\left(-\dfrac{1}{1-r^2}\right) & \text{für } |r| < 1 \\ 0 & \text{für } |r| \geq 1 \end{cases}$$

Diese Funktion ist unendlich oft differenzierbar und verschwindet außerhalb des Intervalls $(-1,1)$ mitsamt ihren Ableitungen.

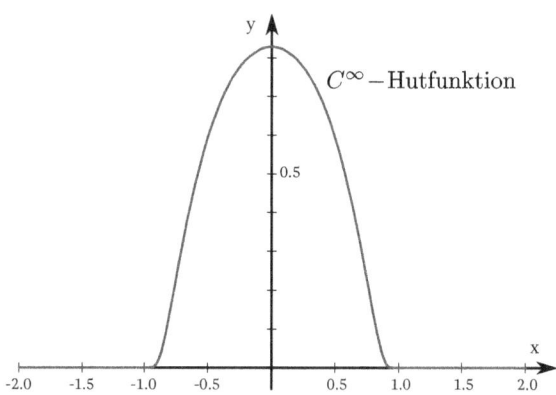

Definiert man nun $d_k : \mathbb{R}^n \to \mathbb{R}$ durch

$$d_k(x) = ck^n g(\|kx\|)$$

wobei $c = \left(\displaystyle\int_{\mathbb{R}^n} g(\|x\|)\right)^{-1}$ so gewählt ist, dass die Normierungsbedingung für alle k erfüllt ist, dann erhält man eine Dirac-Folge, die aus C^∞-Funktionen mit immer kleinerem Träger besteht, genauer ist $d_k(x) = 0$ für $\|x\| > \frac{1}{k}$.

Der nächste Satz besagt, dass man durch Faltung mit einer Diracfolge jede L^1-Funktion approximieren kann. Zusätzlich werden dabei „schöne" Eigenschaften der Diracfolge wie Differenzierbarkeit oder kompakter Träger auf die Folge approximierender Funktionen übertragen.

Satz 21.16. *(L^1-Approximationssatz)*
Sei $\varphi \in L^1(\mathbb{R}^n), \varphi \geq 0$ *und* $\|\varphi\|_{L^1} = 1$. *Für* $k = 1, 2, 3, \ldots$ *sei*

$$\varphi_k(x) := k^n \, \varphi(kx), \; x \in \mathbb{R}^n$$

eine Dirac-Folge der oben beschriebenen Bauart.
Dann gilt für jede Funktion $f \in L^1(\mathbb{R}^n)$

$$\lim_{k \to \infty} \|f * \varphi_k - f\|_{L^1} = 0.$$

Beweis: Wir beweisen den Satz zunächst für Treppenfunktionen und gehen dann zu Oberfunktionen und Lebesgue-integrierbaren Funktionen über. Dazu zeigen wir jeweils, dass zu einem beliebigen vorgegebenen $\varepsilon > 0$ immer $\|f * \varphi_k - f\|_{L^1} < \varepsilon$ gilt, wenn k groß genug gewählt wird, d.h. wenn φ_k stark genug bei $x = 0$ konzentriert ist.

1. Schritt: f ist eine Treppenfunktion
  Es genügt hier sogar, die charakteristische Funktion χ_Q eines Quaders Q zu betrachten, die Aussage für Treppenfunktionen ergibt sich dann aus der Linearität des Integrals.

Um $\|\chi_Q - \chi_Q * \varphi_k\|_{L^1}$ abzuschätzen schreiben wir zunächst mit Hilfe der Eigenschaft (ii) von Dirac-Folgen

$$\chi_Q(x) = \int \chi_Q(x)\varphi_k(y)\,\mathrm{d}y.$$

Daraus folgt

$$
\begin{aligned}
\|\chi_Q - \chi_Q * \varphi_k\|_{L^1} &= \int_{\mathbb{R}^n} \left| \int_{\mathbb{R}^n} \chi_Q(x)\varphi_k(y) - \chi_Q(x-y)\varphi_k(y)\,\mathrm{d}y \right|\,\mathrm{d}x \\
&= \int_{\mathbb{R}^n} \left| \int_{\mathbb{R}^n} \varphi_k(y)\left(\chi_Q(x) - \chi_Q(x-y)\right)\,\mathrm{d}y \right|\,\mathrm{d}x \\
&\le \int_{\mathbb{R}^n} \left(\int_{\mathbb{R}^n} \varphi_k(y)\left|\chi_Q(x) - \chi_Q(x-y)\right|\,\mathrm{d}y \right)\,\mathrm{d}x
\end{aligned}
$$

da $\varphi_k(y) \ge 0$. Es ist

$$
|\chi_Q(x) - \chi_Q(x-y)| = \begin{cases} 1 & \text{für } x \in (Q \cup (y+Q)) \setminus (Q \cap (y+Q)) \\ 0 & \text{sonst} \end{cases}
$$

wobei $y + Q$ der um den Vektor y verschobene Quader ist.

Sei nun $\varepsilon > 0$ beliebig vorgegeben. Wir wählen $r > 0$ so klein, dass

$$\int_{\mathbb{R}^n} |\chi_Q(x) - \chi_Q(x-y)|\,\mathrm{d}x < \varepsilon$$

ist für alle $y \in B_r(0)$. Dass das funktioniert kann man nachrechnen oder sich an folgender Skizze plausibel machen.

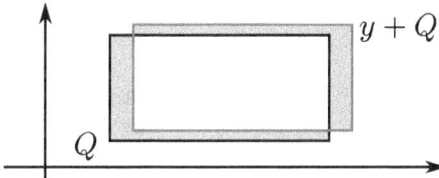

Nun vertauschen wir oben mit Hilfe des Satzes von Fubini die Integrationsreihenfolge und zerlegen das äußere (y-)Integral in ein Integral über die Kugel $B_r(0)$ sowie ein Integral über das Komplement dieser Kugel:

$$
\begin{aligned}
\|\chi_Q - \chi_Q * \varphi_k\|_{L^1} &\le \int_{\mathbb{R}^n} \left(\int_{\mathbb{R}^n} \varphi_k(y)\left|\chi_Q(x) - \chi_Q(x-y)\right|\,\mathrm{d}x \right)\,\mathrm{d}y \\
&= \int_{B_r(0)} \left(\int_{\mathbb{R}^n} \varphi_k(y)\left|\chi_Q(x) - \chi_Q(x-y)\right|\,\mathrm{d}x \right)\,\mathrm{d}y \\
&\quad + \int_{\mathbb{R}^n \setminus B_r(0)} \left(\int_{\mathbb{R}^n} \varphi_k(y)\left|\chi_Q(x) - \chi_Q(x-y)\right|\,\mathrm{d}x \right)\,\mathrm{d}y \\
&\le \underbrace{\int_{B_r(0)} \varphi_k(y)\varepsilon\,\mathrm{d}y}_{\le \varepsilon} + 2\,\mathrm{vol}(Q)\left(\int_{\mathbb{R}^n \setminus B_r(0)} \varphi_k(y)\,\mathrm{d}y \right)
\end{aligned}
$$

Mit Hilfe von Eigenschaft (iii) der Dirac-Folge kann auch der zweite Term beliebig klein gemacht werden, d.h. für hinreichend große k ist $\|\chi_Q - \chi_Q * \varphi_k\|_{L^1} \le 2\varepsilon$.

2. Schritt: $f \in L^+(\mathbb{R}^n)$ ist eine Oberfunktion

Sei $\varepsilon > 0$ vorgegeben. Wir können zu f eine Treppenfunktionen ψ mit $\|f - \psi\|_{L^1} < \frac{\varepsilon}{3}$ finden, zum Beispiel, indem wir eine geeignete Funktion aus der erzeugenden Folge nehmen. Für diese Treppenfunktion gilt nach Schritt 1

$$\|\psi - \psi * \varphi_k\|_{L^1} < \frac{\varepsilon}{3}$$

wenn k hinreichend groß ist. Mit Hilfe der L^1-Dreiecksungleichung folgt nun unter Benutzung von Satz 21.10

$$\begin{aligned}
\|f - f * \varphi_k\|_{L^1} &\leq \|f - \psi\|_{L^1} + \|\psi - \psi * \varphi_k\|_{L^1} + \|\psi * \varphi_k - f * \varphi_k\|_{L^1} \\
&< \frac{\varepsilon}{3} + \frac{\varepsilon}{3} + \|(\psi - f) * \varphi_k\|_{L^1} \\
&\leq \frac{2\varepsilon}{3} + \underbrace{\|\psi - f\|_{L^1}}_{<\frac{\varepsilon}{3}} \cdot \underbrace{\|\varphi_k\|_{L^1}}_{=1} < \varepsilon.
\end{aligned}$$

3. Schritt: $f \in L^1(\mathbb{R}^n)$

Sei wieder $\varepsilon > 0$ vorgegeben. Wir können Oberfunktionen $g, h \in L^+(\mathbb{R}^n)$ finden, so dass $f = g - h$. Für alle hinreichend großen k gilt nach Schritt 2

$$\|g - g * \varphi_k\|_{L^1} \leq \frac{\varepsilon}{2} \quad \text{und} \quad \|h - h * \varphi_k\|_{L^1} \leq \frac{\varepsilon}{2}.$$

Dann ist aber auch

$$\begin{aligned}
\|f - f * \varphi_k\|_{L^1} &= \|g - h - (g - h) * \varphi_k\|_{L^1} \\
&= \|g - g * \varphi_k - h + h * \varphi_k\|_{L^1} \\
&\leq \|g - g * \varphi_k\|_{L^1} + \|h - h * \varphi_k\|_{L^1} < \varepsilon. \qquad \square
\end{aligned}$$

Beispiel: Für die Funktion $f : \mathbb{R} \to \mathbb{R}$ mit

$$f(x) = \begin{cases} |x| & \text{für } |x| \leq 2 \\ 3 - \frac{1}{4}x^2 & \text{für } 2 \leq x \leq 4 \\ 0 & \text{sonst} \end{cases}$$

ist die Faltung mit zwei Funktionen aus der Diracfolge $d_k(x) = \frac{k}{1+k^2x^2}$ dargestellt. Es ist deutlich zu erkennen, wie die Unstetigkeiten und Knickstellen „geglättet" werden.

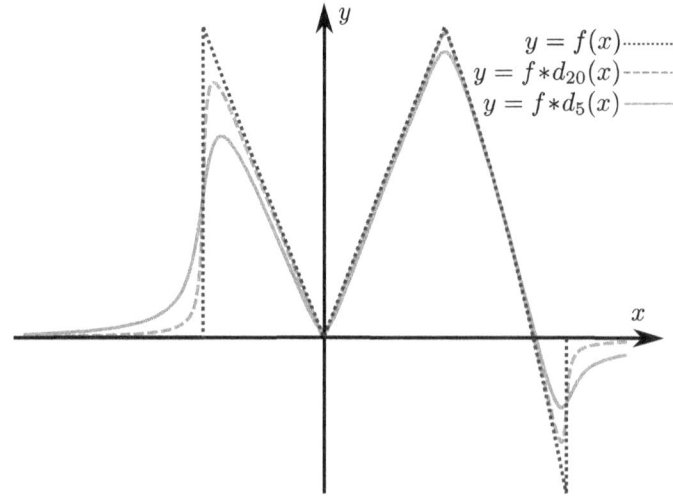

Bemerkung: Eine analoge Aussage gilt auch für $f \in L^2$. In diesem Fall ist

$$\lim_{k \to \infty} \|f * \varphi_k - f\|_{L^2} = 0.$$

Wenn f nicht nur Lebesgue-integrierbar, sondern (gleichmäßig) stetig und beschränkt ist, dann ist die Konvergenz sogar gleichmäßig.

Satz 21.17.
Sei $\varphi \in L^1(\mathbb{R}^n), \varphi \geq 0$ und $\|\varphi\|_{L^1} = 1$. Für $\varepsilon > 0$ sei

$$\varphi_k(x) := k^n \, \varphi(kx), \ x \in \mathbb{R}^n$$

eine Dirac-Folge der oben beschriebenen Bauart.
Dann gilt für jede gleichmäßig stetige, beschränkte Funktion $f \in BC^0(\mathbb{R}^n)$

$$\lim_{k \to \infty} \|f * \varphi_k - f\|_\infty = 0.$$

Beweis: Sei $\varepsilon > 0$ vorgegeben.
Wegen der gleichmäßigen Stetigkeit gibt es ein $r > 0$, so dass

$$\|f(x - y) - f(x)\| < \frac{\varepsilon}{2} \text{ für } \|y\| < r \text{ und alle } x \in \mathbb{R}^n.$$

Wir zerlegen $f * \varphi_k(x) - f(x)$ in zwei Teile, die aus verschiedenen Gründen beide „klein" sind.

$$
\begin{aligned}
|(f * \varphi_k)(x) - f(x)| &= \left| \int_{\mathbb{R}^n} (f(x - y) - f(x)) \, \varphi_k(y) \, \mathrm{d}y \right| \\[2mm]
&\leq \int_{\mathbb{R}^n} |f(x - y) - f(x)| \, \varphi_k(y) \, \mathrm{d}y \\[2mm]
&\leq \int_{B_r(0)} |f(x - y) - f(x)| \, \varphi_k(y) \, \mathrm{d}y + \int_{\mathbb{R}^n \setminus B_r(0)} |f(x - y) - f(x)| \, \varphi_k(y) \, \mathrm{d}y \\[2mm]
&\leq \frac{\varepsilon}{2} + 2\|f\|_\infty \cdot \int_{\mathbb{R}^n \setminus B_r(0)} \varphi_k(y) \, \mathrm{d}y
\end{aligned}
$$

Aus den Eigenschaften der Diracfolge folgt, dass für hinreichend große k

$$\int_{\mathbb{R}^n \setminus B_r(0)} \varphi_k(y) \, \mathrm{d}y < \frac{\varepsilon}{4\|f\|_\infty}$$

ist. Insgesamt ist dann $|(f * \varphi_k)(x) - f(x)| < \varepsilon$ für alle x und $f * \varphi_k - f$ konvergiert für $k \to \infty$ gleichmäßig gegen 0. $\qquad\square$

In diesem Sinne kann man also die physikalische „δ-Funktion" als Grenzwert einer Dirac-Folge auffassen:

$$f(x) = \int f(y)\delta(x - y) \, \mathrm{d}y = \lim_{k \to \infty} \int f(y)\varphi_k(x - y) \, \mathrm{d}y$$

Man kann hier zumindest formal auch einige der Rechenregeln, die in der Physik für die „δ-Funktion" benutzt werden, plausibel machen. Beispielsweise könnte man in Analogie zu (∗) annehmen, dass für die „Ableitung der δ-Funktion" gilt:

$$\int f(y)\delta'(x - y) \, \mathrm{d}y = \lim_{k \to \infty} \int f(y)\varphi_k'(x - y) \, \mathrm{d}y = -\lim_{k \to \infty} \int f'(y)\varphi_k(x - y) \, \mathrm{d}y = -f'(x)$$

falls f und φ_k so glatt sind, dass partielle Integration möglich ist, und das Produkt $f \cdot \varphi_k$ so schnell abklingt, dass bei der partiellen Integration keine Randterme auftreten oder diese zumindest für $k \to \infty$ verschwinden.

Definition. *(dichte Teilmenge)*
*Sei M eine Teilmenge eines normierten Vektorraums V. Eine Menge $W \subset M$ heißt **dicht** in M, falls es zu jedem $x \in M$ und jedem $\varepsilon > 0$ ein $w \in W$ mit $\|x - w\| < \varepsilon$ gibt.*

Beispiel: Die Menge der rationalen Zahlen $\mathbb{Q}$ ist eine dichte Teilmenge der reellen Zahlen $\mathbb{R}$. Ebenso ist die Menge der irrationalen Zahlen $\mathbb{R} \setminus \mathbb{Q}$ eine dichte Teilmenge von $\mathbb{R}$. Obwohl die rationalen Zahlen eine lebesguesche Nullmenge sind, bilden sie in Bezug auf die Dichtheit eine „große" Menge. Man erkennt also, dass hier zwei relativ unabhängige Konzepte vorliegen, mit denen man „große" und „kleine" Mengen unterscheiden kann.

Bemerkung: Wenn eine Menge W dicht in M liegt, dann kann man jedes Element aus M durch eine Folge aus W approximieren: Zu $x \in M$ gibt es eine Folge $(w_n)_{n \in \mathbb{N}}$ mit $w_n \in W$ und

$$\lim_{n \to \infty} w_n = x$$

Anders ausgedrückt: Liegt W dicht in M, dann ist $M \subset \overline{W}$ enthalten im Abschluss von W (siehe Kapitel 14), denn in jeder beliebig kleinen Umgebung eines Punktes $x \in M$ liegen noch Elemente von W.
Wenn M selbst abgeschlossen ist und W dicht in M liegt, dann ist $\overline{W} = M$, denn es folgt durch Abschlussbildung aus $W \subset M$ sofort auch $\overline{W} \subset \overline{M} = M$.
Ist M speziell ein Funktionenraum (zum Beispiel L^2), dann sucht man oft nach dichten Teilmengen, die aus „schöneren" Funktionen bestehen, zum Beispiel aus differenzierbaren Funktionen. In diesem Fall kann man jede Funktion des ursprünglichen Funktionenraums durch eine Folge von „schöneren" Funktionen approximieren. In vielen Fällen lassen sich dann Eigenschaften durch einen Grenzwertprozess von der dichten Teilmenge auf den gesamten Funktionenraum übertragen.
Beispielsweise liegen die Treppenfunktionen dicht in der Menge der Oberfunktionen und das Integral über Oberfunktionen wurde durch einen Grenzübergang mit Hilfe des Integrals über Treppenfunktionen sinnvoll definiert.

Sei $f : \mathbb{R}^n \to \mathbb{R}$ eine Funktion. Dann heißt

$$\operatorname{supp}(f) := \overline{\{x \in \mathbb{R}^n : f(x) \neq 0\}}$$

Träger von f.

Definition.
Der Funktionenraum

$$C_0^0(\mathbb{R}^n) := \{f \in C^0(\mathbb{R}^n);\ f \text{ besitzt kompakten Träger}\}$$

enthält die stetigen Funktionen mit kompaktem Träger. Der Funktionenraum

$$C_0^\infty(\mathbb{R}^n) := \{f \in C^\infty(\mathbb{R}^n);\ f \text{ besitzt kompakten Träger}\}$$

enthält die glatten Funktionen mit kompaktem Träger.

Zu jeder Funktion $f \in C_0^0(\mathbb{R}^n)$ existiert also eine Zahl $R > 0$, so dass $f(x) = 0$ ist für $\|x\| \geq R$. Weil alle Normen auf dem $\mathbb{R}^n$ äquivalent sind, spielt es keine Rolle, welche Norm man genau wählt, eine andere Norm ändert höchstens das notwendige R um einen gewissen Faktor.

Satz 21.18. (*C_0^0 liegt dicht in L^1*)
$C_0^0(\mathbb{R}^n)$ und sogar $C_0^\infty(\mathbb{R}^n)$ liegen dicht in $L^1(\mathbb{R}^n)$, d.h. zu jedem $f \in L^1(\mathbb{R}^n)$ und jeder kleinen Zahl $\varepsilon > 0$ gibt es eine stetige Funktion $g \in C_0^0(\mathbb{R}^n)$ bzw. $g \in C_0^\infty(\mathbb{R}^n)$, so dass

$$\|f - g\|_{L^1} < \varepsilon.$$

Beweis: Man geht in zwei Schritten vor: Zunächst verschafft man sich eine Treppenfunktion, die in der L^1-Norm schon sehr nahe an f liegt, die aber natürlich im allgemeinen nicht stetig ist. Aus dieser Treppenfunktion macht man durch Faltung dann eine stetige Funktion, die in der L^1-Norm ebenfalls sehr wenig von der Treppenfunktion abweicht. Man approximiert also zunächst f durch eine Treppenfunktion ψ, so dass $\|f - \psi\|_{L^1} < \frac{\varepsilon}{2}$ ist. Für diese Treppenfunktion ψ betrachtet man nun die Faltung $\psi * d_k$ mit einer Diracfolge, deren Glieder zu $C_0^0(\mathbb{R}^n)$ oder zu $C_0^\infty(\mathbb{R}^n)$ gehören. Für hinreichend großes k ist dann $\|\psi - \psi * d_k\|_{L^1} < \frac{\varepsilon}{2}$ und mit Hilfe der Dreiecksungleichung folgt direkt

$$\|f - \psi * d_k\|_{L^1} \leq \|f - \psi\|_{L^1} + \|\psi - \psi * d_k\|_{L^1} < \varepsilon.$$

man kann also $g = \psi * d_k$ wählen.

$\square$

Bemerkung: Auf ähnliche Weise zeigt man, dass die glatten Funktionen mit kompaktem Träger aus C_0^∞ auch in $L^2(\mathbb{R}^n)$ dicht liegen. Für $L^\infty(A)$ mit einer messbaren Teilmenge $A \subset \mathbb{R}^n$ hingegen gilt dieses Resultat nicht mehr.

Nach diesem Kapitel sollten Sie

... die Definition der Räume $L^2(A)$ und $L^\infty(A)$ kennen und für $A = [0,1]$, $A = \mathbb{R}$ und $A = \mathbb{R}^n$ Funktionen angeben können, die zu $L^2(A)$ bzw. nicht zu $L^2(A)$ gehören

... die Höldersche Ungleichung bzw. Cauchy-Schwarz-Ungleichung für L^2-Funktionen kennen und anwenden können

... den Zusammenhang zwischen L^1-Konvergenz und punktweiser Konvergenz einer Funktionenfolge angeben können

... Definition und Rechenregeln der Faltung kennen

... den Begriff der Diracfolge anhand eines Beispiels erklären können

... beschreiben können, wie man Funktionen durch Faltung „glättet"

... wissen, was eine dichte Teilmenge ist und erklären können, warum $C_0^0(\mathbb{R}^n)$, $C_0^1(\mathbb{R}^n)$ und $C_0^\infty(\mathbb{R}^n)$ im Raum $L^1(\mathbb{R}^n)$ dicht liegen

Aufgaben zu Kapitel 21

1. Wir betrachten für $n = 1, 2, 3$ die Abbildung $r : \mathbb{R}^n \to \mathbb{R}$ mit

$$r(x_1, \ldots, x_n) = \|x\|_2 = \sqrt{\sum_{i=1}^{n} x_i^2}.$$

   Für welche $\alpha \in \mathbb{R}$ ist die Abbildung $r^\alpha \chi_{\{r \geq 1\}} \in L^2(\mathbb{R}^n)$ und für welche ist $r^\alpha \chi_{\{r \leq 1\}} \in L^2(\mathbb{R}^n)$?

   Bestimmen Sie für die entsprechenden α die Integrale $\int |r^\alpha \chi_{\{r \geq 1\}}|^2 \, \mathrm{d}x$ und $\int |r^\alpha \chi_{\{r \leq 1\}}|^2 \, \mathrm{d}x$.

   Zusatz: Behandeln Sie den allgemeinen Fall $n \in \mathbb{N}$.

   Der Flächeninhalt der $(n-1)$-dimensionalen Sphäre vom Radius r beträgt $\dfrac{2\pi^{\frac{n}{2}} r^{n-1}}{\Gamma(\frac{n}{2})}$.

2. Zeigen Sie, dass die Inklusion $L^\infty([0,1]) \subset L^2([0,1]) \subset L^1([0,1])$ gilt, das heißt, jede Funktion aus $L^\infty([0,1])$ gehört auch zu $L^2([0,1])$ und jede Funktion aus $L^2([0,1])$ auch zu $L^1([0,1])$. Leiten Sie außerdem für eine beliebige Funktion $u \in L^\infty([0,1])$ die explizite Abschätzung

$$\|u\|_{L^1} \leq \|u\|_{L^2} \leq \|u\|_\infty$$

   her.

3. Zeigen Sie, dass zwischen den Räumen $L^q(\mathbb{R}^n)$ und $L^p(\mathbb{R}^n)$ mit $1 \leq p < q \leq \infty$ keine Enthaltenseinsrelation gilt, genauer:
   Es gibt Funktionen u, v mit $u \in L^q(\mathbb{R}^n) \setminus L^p(\mathbb{R}^n)$ und $v \in L^p(\mathbb{R}^n) \setminus L^q(\mathbb{R}^n)$.
   Beweisen Sie diese Behauptung für den Spezialfall $n = 1$, $p = 1$ und $q = 2$.

   Hinweis: Betrachten Sie Funktionen der Bauart $u(x) = 1/|x|^\alpha$ und experimentieren Sie mit dem Wachstumsverhalten bei 0 bzw. dem Abklingverhalten für $|x| \to \infty$

4. Punktweise Konvergenz impliziert nicht Konvergenz in der L^1-Norm
   Finden Sie eine Folge von Funktionen $f_n : [0,1] \to \mathbb{R}$, so dass punktweise $\lim\limits_{n\to\infty} f_n(x) = 0$ gilt, es aber keine Funktion $f : [0,1] \to \mathbb{R}$ mit $\lim\limits_{n\to\infty} \|f_n - f\|_{L^1} = 0$ gibt.

5. Sei A eine messbare Teilmenge des $\mathbb{R}^n$ und $(f_k)_{k\in\mathbb{N}}$ bzw. $(g_k)_{k\in\mathbb{N}}$ seien zwei Funktionenfolgen mit $f_k \in L^2(A)$, $g_k \in L^\infty(A)$ und $\|g_k\|_{L^\infty} \leq M$ für alle $k \in \mathbb{N}$ und eine Zahl $M > 0$. Weiter gebe es ein $f \in L^2(A)$ so dass $\|f_k - f\|_{L^2} \to 0$ sowie eine Funktion $g \in L^\infty(A)$, so dass g_k punktweise gegen g konvergiert.
   Zeigen Sie, dass dann

$$\lim_{k\to\infty} \|f_k g_k - fg\|_{L^2} = 0.$$

6. Majorisierte Konvergenz in L^2
   Sei $(f_k)_{k\in\mathbb{N}}$ eine Folge von Funktionen in L^2 so dass $f_k(x) \to f(x)$ für fast alle x. Außerdem sei $|f_k(x)| \leq g(x)$ für alle k, alle x und eine Funktion $g \in L^2$.

   Zeigen Sie: Dann liegt $f \in L^2$ und $\|f_k - f\|_{L^2} \to 0$.

   Zeigen Sie außerdem durch ein Gegenbeispiel, dass die Aussage für L^∞ statt L^2 falsch ist.

   Bemerkung: Diese Variante des Satzes über majorisierte Konvergenz kann man benutzen, um den Beweis der Vollständigkeit von L^1 auf den Raum L^2 zu übertragen.

7. (a) Zeigen Sie, dass $(f * g) * h = f * (g * h)$ für alle $f, g, h \in L^1$.

   (b) Sei $g = \chi_{[-1,1]}$ die charakteristische Funktion des Intervalls $[-1, 1] \subset \mathbb{R}$. Berechnen Sie die Faltungsprodukte $g * g$ und $g * g * g$.

8. Zeigen Sie, dass die Funktionen $d_k(x) = \dfrac{k}{\pi(1 + k^2 x^2)}$ auf $X = \mathbb{R}$ eine Diracfolge bilden. Skizzieren Sie einige Schaubilder.
   Überlegen Sie sich außerdem eine „ähnliche" Diracfolge in $\mathbb{R}^2$.

9. Eine Möglichkeit, das Rechnen mit der „δ-Funktion" zu legitimieren, besteht darin, Diracfolgen $(\varphi_k)_{k \in \mathbb{N}}$ zu verwenden. Man nimmt an, dass die Funktionen φ_k gerade (bzw. im $\mathbb{R}^n$ radialsymmetrisch) und hinreichend glatt sind und setzt

$$\int_{\mathbb{R}^n} \delta(x) f(x) \, \mathrm{d}x = \lim_{k \to \infty} \int_{\mathbb{R}^n} \varphi_k(x) f(x) \, \mathrm{d}x = \lim_{k \to \infty} \int_{\mathbb{R}^n} \varphi_k(0-x) f(x) \, \mathrm{d}x = \lim_{k \to \infty} (\varphi_k * f)(0) = f(0).$$

Wie sind die Identitäten

$$\int_{\mathbb{R}^n} \delta(x - x_0) f(x) \, \mathrm{d}x = f(x_0), \quad \delta(ax) = \frac{1}{|a|^n} \delta(x) \quad \text{und} \quad \delta(g(x)) = \frac{\delta(x - x_0)}{|g'(x_0)|}$$

zu verstehen und wie kann man sie mit Diracfolgen in „herkömmliche" Gleichungen übersetzen?
Anmerkung: In der letzten Gleichung ist $x \in \mathbb{R}$ und g sei eine differenzierbare, streng monotone Funktion, die genau eine Nullstelle x_0 besitze.

10. Diracfolgen und Approximationssatz von Weierstraß

   (a) Die *Landau-Kerne* sind für $k = 1, 2, 3, \ldots$ definiert durch

   $$L_k(x) = \begin{cases} \dfrac{1}{C_k}(1 - x^2)^k & \text{für } x \in [-1, 1] \\ 0 & \text{für } |x| > 1 \end{cases}$$

   mit Konstanten $C_k = \int\limits_{-1}^{1} (1 - x^2)^k \, \mathrm{d}x$. Zeigen Sie dass $(L_k)_{k \in \mathbb{N}}$ eine Diracfolge ist und dass $f_k = L_k * f$ für jedes $k \in \mathbb{N}$ und jedes $f \in L^1([-\frac{1}{2}, \frac{1}{2}], \mathbb{R})$ ein Polynom ist.

   (b) Beweisen Sie mit Hilfe von (a) den Approximationssatz von Weierstraß: *Jede stetige Funktion $g : [-\frac{1}{2}, \frac{1}{2}] \to \mathbb{R}$ lässt sich gleichmäßig durch Polynome approximieren.*

Hinweis: Sie dürfen dabei verwenden, dass für eine Diracfolge $(\varphi_k)_{k \in \mathbb{N}}$ und jede beschränkte stetige Funktion $f \in BC^0(\mathbb{R})$ die Funktionenfolge $f_k = \varphi_k * f$ auf jedem Intervall $[-R, R]$ gleichmäßig gegen f konvergiert, d.h. für jedes feste $R > 0$ ist

$$\lim_{k \to \infty} \max_{x \in [-R, R]} |(\varphi_k * f)(x) - f(x)| = 0.$$

11. Zeigen Sie: Für $f, g \in L^2(\mathbb{R}^n)$ ist $f * g \in BC^0(\mathbb{R}^n)$ und $\lim\limits_{|x| \to \infty} (f * g)(x) = 0$.
   Hinweis: Wählen Sie Folgen $(f_k)_{k \in \mathbb{N}}$ und $(g_k)_{k \in \mathbb{N}}$ in $C_0^0(\mathbb{R}^n)$ mit $f_k \to F$ in L^2 und $g_k \to g$ in L^2. Zeigen Sie dann, dass $(f_k * g_k)(x)$ für jedes x eine Cauchy-Folge in $\mathbb{R}$ ist und dass $f_k * g_k$ eine Cauchy-Folge in $BC^0(\mathbb{R}^n)$ ist.

22. Fourieranalysis

In der Fourieranalysis geht es darum, Funktionen durch eine Überlagerung einfacher periodischer Funktionen darzustellen. Historisch entwickelte sie sich aus der Theorie der Fourier-Reihen, die der französische Mathematiker Fourier 1822 erstmal untersuchte. Dabei werden 2π-periodische Funktionen als Grenzwert einer Summe von Sinus- und Cosinusfunktionen aufgefasst. Daraus hat sich als „kontinuierliche" Version die Fourier-Transformation entwickelt, die eng mit der Lebesgue-Integrationstheorie verknüpft ist. Daher beginnen wir die Darstellung der Fourieranalysis mit der Fourier-Transformation und kommen erst anschließend auf Fourier-Reihen zu sprechen. Sowohl Fourier-Transformation als auch Fourier-Reihen haben vielfältige Anwendungen in der Physik, der Signalverarbeitung und zahlreichen Gebieten der Mathematik.

22.1. Die Fourier-Transformation

Definition. *(Fourier-Transformation)*
*Zu einer integrierbaren Funktion $f : \mathbb{R}^n \to \mathbb{R}$ (oder auch $f : \mathbb{R}^n \to \mathbb{C}$) ist die **Fourier-Transformierte** $\widehat{f} : \mathbb{R}^n \to \mathbb{C}$ definiert durch*

$$\widehat{f}(\xi) := \frac{1}{(2\pi)^{n/2}} \int_{\mathbb{R}^n} f(x)e^{-i\langle x,\xi \rangle} \, \mathrm{d}x \, .$$

Die Existenz dieses Integrals ergibt sich aus dem Satz über die majorisierte Konvergenz, da $|f|$ integrierbar, $e^{-i\langle x,\xi \rangle}$ stetig und beschränkt ist und da durch $f_k(x) = f(x)e^{-i\langle x,\xi \rangle} \cdot \chi_{\|x\|\leq k}$ eine Folge von integrierbaren Funktionen definiert wird, die punktweise gegen $f(x)e^{-i\langle x,\xi \rangle}$ konvergiert.

Oft, zum Beispiel in MAPLE, wird die Fouriertransformation ohne den Vorfaktor $\frac{1}{(2\pi)^{n/2}}$ definiert, gelegentlich findet man auch die Definition

$$\widehat{f}(\xi) = \int_{\mathbb{R}^n} f(x)e^{-2\pi i\langle \xi,x \rangle} \, \mathrm{d}x \, .$$

Unsere Version besitzt den Vorteil, dass die inverse Fourier-Transformation eine ganz analoge Darstellung besitzt und der Satz von Plancherel eine besonders einfache Form annimmt. Bei den beiden anderen Varianten ändern sich viele Sätze und Rechenregeln, allerdings nur um Konstanten bzw. Vorfaktoren.

Da der Integrand $f(x)e^{-i\langle \xi,x \rangle}$ eine stetige Funktion von ξ ist, ist $\widehat{f}$ nach Satz 21.1 über die Stetigkeit von Parameterintegralen stetig in ξ. Weiter ist

$$\left| \widehat{f}(\xi) \right| \leq \frac{1}{(2\pi)^{n/2}} \int_{\mathbb{R}^n} \left| f(x)e^{-i\langle \xi,x \rangle} \right| \, \mathrm{d}x = \frac{1}{(2\pi)^{n/2}} \|f\|_{L^1},$$

die Fourier-Transformierte einer L^1-Funktion ist also auch beschränkt und liegt damit insgesamt in BC^0.

Beispiele:

1. Die Fourier-Transformierte der Funktion $f(x) = e^{-\|x\|_2^2/2}$ ist $\hat{f}(\xi) = e^{-\|\xi\|_2^2/2}$ (siehe Übungsaufgabe 1 zu diesem Kapitel)

2. Sei $f \in L^1(\mathbb{R}^n)$ eine Funktion mit Fourier-Transformierter $\widehat{f}$. Definiert man für eine reelle Zahl $\lambda > 0$ die Funktion $g(x) = f(\lambda x)$, dann ist die Fourier-Transformierte dazu

$$\widehat{g}(\xi) = \frac{1}{(2\pi)^{n/2}} \int_{\mathbb{R}^n} f(\lambda x) e^{-i\langle x, \xi \rangle} \, dx$$

$$\stackrel{y=\lambda x}{=} \frac{1}{\lambda^n} \frac{1}{(2\pi)^{n/2}} \int_{\mathbb{R}^n} f(y) e^{-i\langle y, \xi \rangle / \lambda} \, dy = \frac{1}{\lambda^n} \widehat{f}\left(\frac{\xi}{\lambda}\right)$$

Dabei wird der Transformationssatz speziell mit der Skalierung $y = \lambda x = \Phi(x)$ auf die Funktion $F(y) = f(y) e^{-i\langle y, \xi \rangle / \lambda}$ angewandt.

Insbesondere ist also beispielsweise für $g(x) = e^{-\lambda^2 \|x\|_2^2 / 2}$ die Fourier-Transformierte

$$\widehat{g}(\xi) = \frac{1}{\lambda^n} e^{-\|\xi\|_2^2 / (2\lambda^2)}$$

und speziell für $\lambda = \sqrt{2}$ ist $g(x) = e^{-\|x\|_2^2}$ mit der Fourier-Transformierten

$$\widehat{g}(\xi) = \frac{1}{2^{n/2}} e^{-\|\xi\|_2^2 / 4}.$$

3. Die Fourier-Transformierte der Funktion $f : \mathbb{R} \to \mathbb{R}$ mit $f(x) = e^{-|x|}$ ist

$$
\begin{aligned}
\widehat{f}(\xi) &= \frac{1}{\sqrt{2\pi}} \int_{\mathbb{R}} e^{-|x|} e^{-ix\xi} \, dx \\
&= \frac{1}{\sqrt{2\pi}} \int_0^\infty e^{-x} \left(e^{ix\xi} + e^{-ix\xi} \right) \, dx \\
&= \frac{1}{\sqrt{2\pi}} \lim_{R \to \infty} \int_0^R \left(e^{-x(1-i\xi)} + e^{-x(1+i\xi)} \right) \, dx \\
&= \frac{1}{\sqrt{2\pi}} \lim_{R \to \infty} \left[\frac{e^{-x(1-i\xi)}}{-1+i\xi} + \frac{e^{-x(1+i\xi)}}{-1-i\xi} \right]_{x=0}^R = \sqrt{\frac{2}{\pi}} \frac{1}{1+\xi^2}
\end{aligned}
$$

4. Sei $f : \mathbb{R} \to \mathbb{R}$ die charakteristische Funktion des Intervalls $[-1, 1]$. Dann ist $f \in L^1(\mathbb{R})$, wir können also die Fourier-Transformierte bestimmen:

$$\widehat{f}(\xi) = \frac{1}{\sqrt{2\pi}} \int_{\mathbb{R}} \chi_{[-1,1]} e^{-ix\xi} \, dx = \frac{1}{\sqrt{2\pi}} \int_{-1}^1 e^{-ix\xi} \, dx = \frac{1}{\sqrt{2\pi}} \left[\frac{e^{-ix\xi}}{-i\xi} \right]_{x=-1}^1 = \sqrt{\frac{2}{\pi}} \frac{\sin \xi}{\xi}$$

In diesem Fall ist die Fourier-Transformierte *keine* Lebesgue-integrierbare Funktion auf $\mathbb{R}$ mehr.

Eine der wichtigsten Eigenschaften der Fouriertransformation besteht darin, dass sie die Differentiation in eine Multiplikation „im Fourier-Raum" überführt:

Satz 22.1. *(Fouriertransformation und Ableitung)*
Ist $f \in C_0^1(\mathbb{R}^n)$ dann gilt für $1 \le k \le n$:

$$\widehat{\frac{\partial f}{\partial x_k}}(\xi) = i\xi_k \widehat{f}(\xi).$$

Beweis: Folgt durch Einsetzen und partielles Integrieren, genauer:
Sei $\tilde{x} = (x_1, x_2, \ldots, x_{k-1}, x_{k+1}, \ldots, x_n)$ der Vektor der „übrigen" Variablen außer x_k und setzt man analog $\tilde{\xi} = (\xi_1, \ldots, \xi_{k-1}, \xi_{k+1}, \ldots, \xi_n)$, dann ist

$$\widehat{\frac{\partial f}{\partial x_k}}(\xi) = \frac{1}{(2\pi)^{n/2}} \int_{\mathbb{R}^n} \frac{\partial f}{\partial x_k} e^{-i\langle x, \xi \rangle} \, \mathrm{d}x$$

$$= \frac{1}{(2\pi)^{n/2}} \int_{\mathbb{R}^{n-1}} \int_{\mathbb{R}} \frac{\partial f}{\partial x_k} e^{-i\langle x, \xi \rangle} \, \mathrm{d}x_k \, \mathrm{d}\tilde{x}$$

$$= \frac{1}{(2\pi)^{n/2}} \int_{\mathbb{R}^{n-1}} \int_{\mathbb{R}} \frac{\partial f}{\partial x_k} e^{-i x_k \xi_k} \, \mathrm{d}x_k \, e^{-i\langle \tilde{x}, \tilde{\xi} \rangle} \mathrm{d}\tilde{x}$$

$$\overset{\text{part.Int.}}{=} -\frac{1}{(2\pi)^{n/2}} \int_{\mathbb{R}^{n-1}} \int_{\mathbb{R}} f(x)(-i\xi_k) e^{-i x_k \xi_k} \, \mathrm{d}x_k \, e^{-i\langle \tilde{x}, \tilde{\xi} \rangle} \mathrm{d}\tilde{x}$$

$$= i\xi_k \frac{1}{(2\pi)^{n/2}} \int_{\mathbb{R}^n} f(x) e^{-i\langle x, \xi \rangle} \, \mathrm{d}x$$

$$= i\xi_k \widehat{f}(\xi) \qquad \qquad \square$$

Bemerkung: Eigentlich muss f keinen kompakten Träger besitzen. Es genügt, wenn $f \in C^1$ liegt mit $f, \frac{\partial f}{\partial x_k} \in L^1$. Allerdings muss man sich dann für die partielle Integration noch überlegen, dass $\lim\limits_{|x_k| \to \infty} f(x) = 0$ ist.
Analog erhält man induktiv für höhere Ableitungen in Multiindex-Schreibweise:

Satz 22.2.
Ist $f \in C_0^m(\mathbb{R}^n)$ dann gilt für $1 \leq |\alpha| \leq m$: $\widehat{D^\alpha f}(\xi) = i^{|\alpha|} \xi^\alpha \widehat{f}(\xi)$.

Beweis: Ergibt sich mit vollständiger Induktion aus dem vorhergehenden Satz.

$\square$

Satz 22.3. *(Fouriertransformation und Translation)*
Sei $a \subset \mathbb{R}^n$. Definiere für $f \in L^1(\mathbb{R}^n)$ die Funktion $g \in L^1(\mathbb{R}^n)$ durch $g(x) = f(x+a)$. Dann ist $\widehat{g}(\xi) = e^{+i\langle a, \xi \rangle} \widehat{f}(\xi)$.

Beweis: siehe Übungsaufgaben.

$\square$

Satz 22.4. *(Fouriertransformation und Faltung)*
Seien $f, g \in L^1(\mathbb{R}^n)$ mit Fourier-Transformierten $\widehat{f}$ und $\widehat{g}$.

(i) Dann ist

$$\widehat{f * g} = (2\pi)^{n/2} \widehat{f} \cdot \widehat{g}$$

(ii) $\widehat{f} \cdot g$ und $f \cdot \widehat{g}$ sind Lebesgue-integrierbar und es gilt

$$\int_{\mathbb{R}^n} \widehat{f} \cdot g \, \mathrm{d}x = \int_{\mathbb{R}^n} f \cdot \widehat{g} \, \mathrm{d}x$$

Beweis:

(i) Nach Definition der Faltung ist $(f * g)(x) = \int\limits_{\mathbb{R}^n} f(y)g(x - y)\,\mathrm{d}y$ und daher

$$
\begin{aligned}
\widehat{f * g} &= \frac{1}{(2\pi)^{n/2}} \int_{\mathbb{R}^n} \int_{\mathbb{R}^n} f(y)g(x - y)e^{-i\langle x,\xi\rangle}\,\mathrm{d}y\,\mathrm{d}x \\
&= \frac{1}{(2\pi)^{n/2}} \int_{\mathbb{R}^n} \int_{\mathbb{R}^n} g(x - y)e^{-i\langle(x-y),\xi\rangle}\,\mathrm{d}x\,e^{-i\langle y,\xi\rangle}f(y)\,\mathrm{d}y \\
&= \int_{\mathbb{R}^n} \widehat{g}(\xi)e^{-i\langle y,\xi\rangle}f(y)\,\mathrm{d}y \\
&= (2\pi)^{n/2}\widehat{f}(\xi)\widehat{g}(\xi)
\end{aligned}
$$

(ii) Da die Fourier-Transformierten beschränkte, stetige Funktionen sind, ist $f \cdot \widehat{g}$ als das Produkt einer integrierbaren Funktion mit einer Funktion, die in L^∞ liegt, wieder integrierbar.

Außerdem ist nach dem Satz von Fubini

$$
\int\limits_{\mathbb{R}^n} \widehat{f} \cdot g\,\mathrm{d}x = \int\limits_{\mathbb{R}^n} \int\limits_{\mathbb{R}^n} \frac{1}{(2\pi)^{n/2}} f(y)e^{-i\langle x,y\rangle}g(x)\,\mathrm{d}y\,\mathrm{d}x = \int\limits_{\mathbb{R}^n} f(y) \cdot \widehat{g}(y)\,\mathrm{d}y
$$

$\square$

Beispiel: Ist $f = \chi_{[-1,1]}$, dann gilt für $g = f * f$

$$
g(x) = \max\{2 - |x|, 0\}
$$

und wegen $\widehat{f}(\xi) = \sqrt{\dfrac{2}{\pi}}\dfrac{\sin\xi}{\xi}$ und $n = 1$ ist

$$
\widehat{g}(\xi) = \sqrt{2\pi}\,\widehat{f}(\xi) \cdot \widehat{f}(\xi) = 2\sqrt{\frac{2}{\pi}}\left(\frac{\sin\xi}{\xi}\right)^2 .
$$

Typischerweise benutzt man die Fourier-Transformierte, um bestimmte Rechnungen durchzuführen und möchte nach diesen Rechnungen wieder in die ursprüngliche Darstellung zurückkehren.

Beispielsweise kann man mit Hilfe der Fourier-Transformation lineare gewöhnliche Differentialgleichungen in algebraische Gleichungen transformieren oder von einer partiellen Differentialgleichungen zu einer Familie von gewöhnlichen Differentialgleichungen gelangen. Die Lösung dieses vereinfachten Problems liefert dann die Fourier-Transformierte der eigentlich gesuchten Lösung. In diesem Zusammenhang spricht man in der Physik davon, die Gleichung im Impulsraum (in der Quantenmechanik oder Elektrodynamik) oder im Frequenzraum (wenn es um Schwingungen und Wellen geht) zu lösen.

Der folgende Satz sagt nun, wie man aus einer Fourier-Transformierten wieder die ursprüngliche Funktion erhält.

Satz 22.5. *(Umkehrformel)*
Sei $f \in L^1(\mathbb{R}^n)$ *eine Funktion deren Fourier-Transformierte ebenfalls in* $L^1(\mathbb{R}^n)$ *liegt. Dann gilt (eventuell nach Abändern von* f *auf einer Nullmenge)* $f \in BC^0(\mathbb{R}^n)$ *und*

$$
f(x) = \frac{1}{(2\pi)^{n/2}} \int_{\mathbb{R}^n} \widehat{f}(\xi)e^{i\langle\xi,x\rangle}\,\mathrm{d}\xi \qquad \text{für alle } x \in \mathbb{R}^n .
$$

Bemerkung: Falls f schon stetig ist, entfällt natürlich das Abändern auf einer Nullmenge und die Umkehrformel liefert direkt aus der Fouriertransformierten $\widehat{f}$ wieder die Ausgangsfunktion f.

Beweis: Wir benutzen die Tatsache, dass wir die Umkehrformel für Gauß-Funktionen $e^{-\alpha\|x\|^2}$ bereits explizit verifiziert haben und versuchen f mit Hilfe einer Diracfolge als eine „kontinuierliche Superposition" von translatierten und skalierten Gaußfunktionen darzustellen.

Dazu betrachten wir die Dirac-Folge aus Gaußfunktionen

$$d_k(x) = \frac{k^n}{(2\pi)^{n/2}} e^{-\frac{k^2\|x\|_2^2}{2}}$$

mit den Fourier-Transformierten (nach Beispiel 2 weiter oben)

$$\psi_k(\xi) = \widehat{d_k}(\xi) = \frac{1}{(2\pi)^{n/2}} e^{-\frac{\|\xi\|_2^2}{2k^2}}\,.$$

Da ψ_k wieder eine Gaußfunktion ist, verifiziert man, dass $\widehat{\psi_k} = d_k$ ist. Nun ist nach Satz 21.16

$$\lim_{k\to\infty} \|f * d_k - f\|_{L^1} = 0.$$

Andererseits ist

$$
\begin{aligned}
(f * d_k)(x) &= \int_{\mathbb{R}^n} f(x-y) d_k(y)\,\mathrm{d}y \\
&= \int_{\mathbb{R}^n} f(x+y) d_k(y)\,\mathrm{d}y \quad \text{wegen der Symmetrie von } d_k \\
&= \int_{\mathbb{R}^n} f(x+y) \widehat{\psi_k}(y)\,\mathrm{d}y \\
&= \int_{\mathbb{R}^n} \widehat{f(x+y)}\,\psi_k(y)\,\mathrm{d}y \quad \text{nach Satz 22.4 (ii)} \\
&= \int_{\mathbb{R}^n} \widehat{f}(y) e^{i\langle x,y\rangle} \psi_k(y)\,\mathrm{d}y \quad \text{nach Satz 22.3} \\
&= \frac{1}{(2\pi)^{n/2}} \int_{\mathbb{R}^n} \widehat{f}(\xi) e^{i\langle \xi,x\rangle} e^{-\frac{\|\xi\|_2^2}{2k^2}}\,\mathrm{d}\xi
\end{aligned}
$$

Der Integrand konvergiert für $k \to \infty$ punktweise gegen $\widehat{f}(\xi) e^{i\langle\xi,x\rangle}$ und da wegen

$$\left| \widehat{f}(\xi) e^{i\langle\xi,x\rangle} e^{-\frac{\|\xi\|_2^2}{2k^2}} \right| \le \left| \widehat{f}(\xi) \right|$$

eine integrierbare Majorante existiert, gilt nach dem Satz über die majorisierte Konvergenz

$$\lim_{k\to\infty} (f * d_k)(x) - \lim_{k\to\infty} \frac{1}{(2\pi)^{n/2}} \int_{\mathbb{R}^n} \widehat{f}(\xi) e^{i\langle\xi,x\rangle} e^{-\frac{\|\xi\|_2^2}{2k^2}}\,\mathrm{d}\xi = \frac{1}{(2\pi)^{n/2}} \int_{\mathbb{R}^n} \widehat{f}(\xi) e^{i\langle\xi,x\rangle}\,\mathrm{d}\xi\,.$$

Da $\|f * d_k - f\|_{L^1} \to 0$ gibt es eine Teilfolge $(k_j)_{j\in\mathbb{N}}$, so dass für fast alle x gilt

$$\lim_{j\to\infty} (f * d_{k_j})(x) = f(x)\,.$$

Für diese x ist dann

$$f(x) = \frac{1}{(2\pi)^{n/2}} \int_{\mathbb{R}^n} \widehat{f}(\xi) e^{i\langle\xi,x\rangle}\,\mathrm{d}\xi\,.$$

Da f die Fourier-Transformierte der Funktion $\tilde{f}(\xi) = \widehat{f}(-\xi)$ ist, ist f automatisch stetig und gleichmäßig beschränkt, also in $BC^0(\mathbb{R}^n)$.

$\square$

Bemerkung: Die Umkehrformel zeigt auch, dass Funktionen aus $L^1(\mathbb{R}^n)$ durch ihre Fourier-Transformierte eindeutig bestimmt sind, d.h. gilt $\hat{f} = \hat{g}$, dann stimmen auch f und g fast überall überein. Betrachte dazu die Funktion $h = f - g$ mit Fourier-Transformierter $\hat{f} - \hat{g} = 0$. Dann ist nach dem Umkehrsatz auch $h = 0$ fast überall, d.h. $f = g$ fast überall.

Beispiele:

1. Wendet man die Umkehrformel an auf die Funktion $g = \chi_{[-1,1]} * \chi_{[-1,1]}$, d.h.

$$g(x) = \max\{2 - |x|, 0\}$$

mit Fourier-Transformierter

$$\widehat{g}(\xi) = 2\sqrt{\frac{2}{\pi}}\left(\frac{\sin\xi}{\xi}\right)^2$$

folgt

$$g(x) = \frac{1}{\sqrt{2\pi}}\int_{\mathbb{R}} 2\sqrt{\frac{2}{\pi}}\left(\frac{\sin\xi}{\xi}\right)^2 e^{ix\xi}\, d\xi$$

und insbesondere für $x = 0$

$$2 = g(0) = \frac{1}{\sqrt{2\pi}}\int_{\mathbb{R}} 2\sqrt{\frac{2}{\pi}}\left(\frac{\sin\xi}{\xi}\right)^2 d\xi.$$

Mit Hilfe der Fourier-Transformation erhält man so den Wert des uneigentlichen Integrals

$$\int_{-\infty}^{\infty}\left(\frac{\sin\xi}{\xi}\right)^2 d\xi = \pi.$$

2. Die Fourier-Transformierte der Funktion $f(x) = e^{-|x|}$ haben wir berechnet

$$\widehat{f}(\xi) = \sqrt{\frac{2}{\pi}}\frac{1}{1+\xi^2}.$$

Nach der Umkehrformel ist dann

$$f(x) = \frac{1}{\sqrt{2\pi}}\int_{\mathbb{R}}\sqrt{\frac{2}{\pi}}\frac{1}{1+\xi^2}e^{ix\xi}\, d\xi$$

Aus Symmetriegründen ist auch

$$f(x) = \frac{1}{\sqrt{2\pi}}\int_{\mathbb{R}}\sqrt{\frac{2}{\pi}}\frac{1}{1+\xi^2}e^{-ix\xi}\, d\xi$$

und durch Addition der beiden Gleichungen erhält man

$$f(x) = \frac{1}{\pi}\int_{\mathbb{R}}\frac{\cos(x\xi)}{1+\xi^2}\, d\xi \quad \Rightarrow \quad \int_{-\infty}^{\infty}\frac{\cos(a\xi)}{1+\xi^2}\, d\xi = \pi e^{-|a|}.$$

Der folgende Satz zeigt, dass die Fourier-Transformierte einer beliebigen integrierbaren Funktion für $\|\xi\| \to \infty$ abklingt. Das stellt allerdings nicht sicher, dass $\hat{f}$ auch selbst integrierbar ist.

Satz 22.6. *(Riemann-Lebesgue-Lemma)*

Ist $f \in L^1(\mathbb{R}^n)$, dann gilt $\lim\limits_{\|\xi\| \to \infty} \left| \hat{f}(\xi) \right| = 0$.

Beweis: Man benutzt hier eine oft verwendete Taktik: Zunächst betrachtet man nicht beliebige L^1-Funktionen, sondern glattere Funktionen, die man beispielsweise partiell integrieren kann. In einem zweiten Schritt versucht man dann, durch einen Approximationsprozess das Resultat auf allgemeine L^1-Funktionen zu übertragen, für die man eben nicht direkt eine partielle Integration durchführen kann.

1. Schritt: Sei zunächst $f \in C_0^2(\mathbb{R}^n)$, d.h. f sei zweimal stetig differenzierbar und verschwinde außerhalb einer kompakten Menge.

Dann gilt nach Satz 22.1

$$\left| \xi_k^2 \hat{f}(\xi) \right| = \left| \widehat{\frac{\partial^2 f}{\partial x_k^2}}(\xi) \right| \leq (2\pi)^{-\frac{n}{2}} \left\| \frac{\partial^2 f}{\partial x_k^2} \right\|_{L^1} \quad \text{für alle } k$$

$$\Rightarrow \left| (1 + \|\xi\|_2^2) \hat{f}(\xi) \right| \leq C \quad \forall \xi \in \mathbb{R}^n$$

$$\Rightarrow \left| \hat{f}(\xi) \right| \leq \frac{C}{1 + \|\xi\|_2^2} \overset{\|\xi\| \to \infty}{\longrightarrow} 0 .$$

2. Schritt: Sei nun $f \in L^1(\mathbb{R}^n)$ und $\varepsilon > 0$ beliebig. Wähle dann eine Funktion $g \in C_0^2(\mathbb{R}^n)$ mit $\|f - g\|_{L^1} < \frac{1}{2}(2\pi)^{n/2} \cdot \varepsilon$. Das geht zum Beispiel, indem man $g = f * d_k$ wählt mit einer Funktion d_k aus einer C_0^2-Diracfolge und hinreichend großem k.

Nach Schritt 1 gibt es ein $R = R(\varepsilon) > 0$, so dass $|\hat{g}(\xi)| < \varepsilon/2$ ist für alle ξ mit $\|\xi\| > R$. Daher ist für $\|\xi\| > R$

$$\begin{aligned} |\hat{f}(\xi)| &\leq \left| \widehat{(f-g)}(\xi) \right| + |\hat{g}(\xi)| \\ &\leq (2\pi)^{-\frac{n}{2}} \|f - g\|_{L^1} + |\hat{g}(\xi)| \\ &< (2\pi)^{-\frac{n}{2}} \cdot \frac{1}{2}(2\pi)^{n/2} \cdot \varepsilon + \frac{\varepsilon}{2} = \varepsilon . \end{aligned}$$

Da es zu jedem ε ein passendes $R(\varepsilon) > 0$ gibt, folgt

$$\lim_{\|\xi\| \to \infty} |\hat{f}(\xi)| = 0 .$$

$\square$

Kombiniert man das Riemann-Lebesgue-Lemma mit Satz 22.1, kann man zeigen, dass die Fourier-Transformierte von stetig differenzierbaren Funktionen für $\|\xi\| \to \infty$ mindestens so schnell wie $\frac{1}{\|\xi\|}$ abklingt. Generell führt eine höhere Differenzierbarkeit zu einem schnelleren Abklingen der Fourier-Transformierten.

22.2. Die Fourier-Transformation in L^2

Wir wollen als Nächstes die Fourier-Transformation auf Funktionen aus $L^2(\mathbb{R}^n)$ ausdehnen. Dies wird beispielsweise in der Quantenmechanik benutzt, um von der Ortsdarstellung der Schrödinger-Gleichung zur Impulsdarstellung überzugehen.

Aus den Übungen wissen wir, dass nicht alle Funktionen aus $L^2(\mathbb{R}^n)$ auch zu $L^1(\mathbb{R}^n)$ gehören. Die ursprüngliche Definition lässt sich also nicht sinnvoll auf alle L^2-Funktionen anwenden. Stattdessen nutzt man wieder ein Approximationsargument: In der „Nähe" jeder L^2-Funktion liegen Funktionen aus der Menge $L^1(\mathbb{R}^n) \cap L^2(\mathbb{R}^n)$, für die die Fourier-Transformierte definiert ist. Durch einen geeigneten Grenzübergang (bezüglich der L^2-Norm) kann man dann auch für $f \in L^2(\mathbb{R}^n) \setminus L^1(\mathbb{R}^n)$ eine „Fourier-Transformierte" definieren. Wir beginnen zunächst mit der Approximation.

Satz 22.7.
Sei $f \in L^1(\mathbb{R}^n) \cap L^2(\mathbb{R}^n)$. Dann gibt es zu jedem $\varepsilon > 0$ eine Funktion $\varphi \in C_0^\infty(\mathbb{R})$, so dass gleichzeitig

$$\|f - \varphi\|_{L^1} < \varepsilon \quad \text{und} \quad \|f - \varphi\|_{L^2} < \varepsilon.$$

Beweis: Wir multiplizieren f mit einer Gaußfunktion $\varphi_k(x) = e^{-\|x\|_2^2/k}$, um ein starkes Abklingen für $\|x\| \to \infty$ zu erreichen. Weil die Glockenkurve mit wachsendem k immer „breiter" wird und erst für größere $\|x\|$ deutlich abklingt, konvergiert $\varphi_k(x) \to 1$ punktweise für $k \to \infty$. Daher konvergiert einerseits

$$\|f - f \cdot \varphi_k\|_{L^1} = \int |f - f \cdot \varphi_k| = \int |f(x)| \cdot |1 - \varphi_k(x)| \, dx \longrightarrow 0$$

nach dem Satz über monotone Konvergenz mit $|f|$ als Majorante. Andererseits strebt auch

$$\|f - f \cdot \varphi_k\|_{L^2}^2 = \int |f(x) - f(x) \cdot \varphi_k(x)|^2 \, dx = \int |f(x)|^2 \cdot |1 - \varphi_k(x)|^2 \, dx \longrightarrow 0$$

ebenfalls wegen des Satzes über monotone Konvergenz. Wählt man also k groß genug, dann ist

$$\|f - f \cdot \varphi_k\|_{L^1} < \frac{\varepsilon}{2} \quad \text{und} \quad \|f - f \cdot \varphi_k\|_{L^2} < \frac{\varepsilon}{2}.$$

Weil $C_0^\infty(\mathbb{R}^n)$ in $L^2(\mathbb{R}^n)$ dicht liegt (siehe Bemerkung nach Satz 21.16), gibt es eine C_0^∞-Funktion ψ, so dass $\|f - \psi\|_{L^2} < \min(\frac{\varepsilon}{2}, \frac{\varepsilon}{2\|\varphi_k\|_{L^2}})$.
Um zu sehen, dass die Funktion $\varphi := \psi \cdot \varphi_k$ die geforderten Eigenschaften hat, beachtet man zunächst, dass wegen

$$|f(x)\varphi_k(x) - \psi(x)\varphi_k(x)| \leq |f(x) - \psi(x)| \cdot \underbrace{|\varphi_k(x)|}_{\leq 1} \leq |f(x) - \psi(x)|$$

gilt:

$$\|f\varphi_k - \psi\varphi_k\|_{L^2}^2 = \int |f(x)\varphi_k(x) - \psi(x)\varphi_k(x)|^2 \leq \|f - \psi\|_{L^2}^2$$

Mit Hilfe der Cauchy-Schwarz-Ungleichung folgt dann auch

$$\|f\varphi_k - \psi\varphi_k\|_{L^1} \leq \|f - \psi\|_{L^2} \cdot \|\varphi_k\|_{L^2} < \frac{\varepsilon}{2}.$$

Insgesamt ist dann für $p = 1$ und für $p = 2$

$$\|f - \psi\varphi_k\|_{L^p} \leq \|f - f \cdot \varphi_k\|_{L^p} + \|f\varphi_k - \psi\varphi_k\|_{L^p} < \varepsilon.$$

$\square$

Interessant ist, dass die Fourier-Transformation die L^2-Norm erhält:

Satz 22.8. *(Isometrieeigenschaft)*
Ist $f \in L^1(\mathbb{R}^n) \cap L^2(\mathbb{R}^n)$, dann gehört auch $\hat{f}$ zu L^2 und es ist

$$\|f\|_{L^2} = \|\hat{f}\|_{L^2}.$$

Beweis:

1. Schritt: Sei $f \in C_0^\infty$.
Nach Satz 22.2 klingt die Fouriertransformierte von f für $\|\xi\| \to \infty$ schneller ab als $\|\xi\|^{n+1}$ und gehört damit zu $L^1(\mathbb{R}^n)$.

Wir setzen $g(x) = \overline{\hat{f}(x)}$. Dann ist

$$\hat{g}(\xi) = \frac{1}{(2\pi)^{n/2}} \int_{\mathbb{R}^n} \overline{\hat{f}(x)} e^{-i\langle x,\xi\rangle}\, dx = \frac{1}{(2\pi)^{n/2}} \int_{\mathbb{R}^n} \overline{\hat{f}(x) e^{i\langle x,\xi\rangle}}\, dx = \overline{f}(\xi)$$

unter Benutzung des Umkehrsatzes und wegen der Stetigkeit von f. Dann ist aber

$$\|\hat{f}\|_{L^2}^2 = \int \hat{f}\cdot\overline{\hat{f}} = \int \hat{f}g = \int f\hat{g} = \int f\cdot\overline{f} = \|f\|_{L^2}^2.$$

2. Schritt: Sei $f \in L^1(\mathbb{R}^n) \cap L^2(\mathbb{R}^n)$.
Betrachte eine Folge $(\varphi_k)_{k\in\mathbb{N}}$ von Funktionen aus C_0^∞, die sowohl in der L^1- als auch in der L^2-Norm gegen f konvergieren. Dann gilt auch

$$\begin{aligned}
\|\varphi_k\|_{L^2}^2 - \|f\|_{L^2}^2 &= \int \varphi_k\overline{\varphi_k} - f\overline{f}\\
&= \int (\varphi_k - f)\overline{\varphi_k} + f(\overline{\varphi_k} - \overline{f})\\
&\le \int |(\varphi_k - f)\overline{\varphi_k}| + \int |f(\overline{\varphi_k} - \overline{f})|\\
&\le \underbrace{\|\varphi_k - f\|_{L^2}}_{\to 0}\|\overline{\varphi_k}\|_{L^2} + \|f\|_{L^2}\underbrace{\|\overline{\varphi_k} - \overline{f}\|_{L^2}}_{\to 0} \longrightarrow 0
\end{aligned}$$

Außerdem gilt nach Schritt 1 für alle k,ℓ

$$\|\widehat{\varphi_k} - \widehat{\varphi_\ell}\|_{L^2} = \|\varphi_k - \varphi_\ell\|_{L^2}$$

Da die Folge $(\varphi_k)_{k\in\mathbb{N}}$ konvergent und daher eine Cauchy-Folge ist, muss auch die Folge $(\widehat{\varphi_k})_{k\in\mathbb{N}}$ der Fourier-Transformierten eine Cauchy-Folge sein und wegen der Vollständigkeit von L^2 bezüglich der L^2-Norm gegen eine (noch unbekannte) Funktion $g \in L^2$ konvergieren. Wir wollen natürlich zeigen, dass $g = \hat{f}$ ist, denn dann wissen wir, dass $\hat{f} \in L^2$ liegt. Dazu benutzen wir die L^1-Konvergenz der Folge $(\varphi_k)_{k\in\mathbb{N}}$: Wegen der Abschätzung

$$\left|\widehat{\varphi_k}(\xi) - \hat{f}(\xi)\right| \le \frac{1}{(2\pi)^{n/2}}\|\varphi_k - f\|_{L^1} \longrightarrow 0$$

vom Anfang des Kapitels folgt die punktweise Konvergenz von $\widehat{\varphi_k}$ gegen $\hat{f}$. Damit muss aber $\hat{f} = g$ sein und es gilt

$$\|f\|_{L^2} = \lim_{k\to\infty}\|\varphi_k\|_{L^2} = \lim_{k\to\infty}\|\widehat{\varphi_k}\|_{L^2} = \|\hat{f}\|_{L^2}$$

$\square$

Nun können wir die Fourier-Transformation auf den Raum der quadrat-integrierbaren Funktionen fortsetzen.

Satz 22.9. *(Satz von Plancherel)*
Es gibt eine eindeutig bestimmte bijektive, lineare Abbildung

$$\mathcal{F} : L^2(\mathbb{R}^n) \to L^2(\mathbb{R}^n)$$

mit folgenden Eigenschaften:

(i) $\|\mathcal{F}f\|_{L^2} = \|f\|_{L^2}$ *für alle* $f \in L^2(\mathbb{R}^n)$,

(ii) $\mathcal{F}f = \widehat{f}$ *für alle* $f \in L^1(\mathbb{R}^n) \cap L^2(\mathbb{R}^n)$,

(iii) $\mathcal{F}^{-1}f$ *ist die inverse Fourier-Transformierte von* f *für alle* $f \in L^1(\mathbb{R}^n) \cap L^2(\mathbb{R}^n)$.

Beweisskizze: Man betrachtet eine Folge $(\varphi_k)_{k \in \mathbb{N}}$ von Funktionen aus $L^1(\mathbb{R}^n) \cap L^2(\mathbb{R}^n)$, die gegen eine vorgegebene Funktion $f \in L^2(\mathbb{R}^n)$ konvergiert.
Für die φ_k existiert die Fourier-Transformierte $\widehat{\varphi}_k$ und die Folge $(\widehat{\varphi}_k)_{k \in \mathbb{N}}$ der Fourier-Transformierten ist wie die Folge $(\varphi_k)_{k \in \mathbb{N}}$ selbst eine Cauchy-Folge in $L^2(\mathbb{R}^n)$. Da $L^2(\mathbb{R}^n)$ vollständig ist, konvergiert die Folge bezüglich der L^2-Norm gegen eine Funktion g. Diese Funktion nennt man dann $\mathcal{F}f$. Zu zeigen wäre noch, dass $\mathcal{F}f$ nicht von der Wahl der Folge $(\varphi_k)_{k \in \mathbb{N}}$ abhängt und dass die Abbildung $\mathcal{F}$ surjektiv ist (die Injektivität folgt aus der Längentreue von $\mathcal{F}$). Die Längentreue wiederum ist eine direkte Konsequenz aus dem vorhergehenden Satz 22.8, denn diese Eigenschaft überträgt sich von den φ_k auf f.

Bemerkung:

1. Dieser Satz ist für die mathematische Formulierung der Quantenmechanik ungemein wichtig, denn in diesem Kontext besagt er, dass man für *jede* Wellenfunktion von der Ortsdarstellung in die Impulsdarstellung übergehen kann (und umgekehrt).

2. Man schreibt meist wieder $\widehat{f}$ statt $\mathcal{F}f$ und nennt $\mathcal{F}f$ die Fourier-Transformierte von f. Zu beachten ist aber, dass für $f \in L^2(\mathbb{R}^n) \setminus L^1(\mathbb{R}^n)$ die Fourier-Transformierte $\mathcal{F}f$ nicht mehr durch die Formel

$$\widehat{f}(\xi) = \frac{1}{(2\pi)^{n/2}} \int_{\mathbb{R}^n} f(x) e^{-i\langle x,\xi\rangle} \, \mathrm{d}x,$$

beschrieben wird. Insbesondere muss dieses Integral nicht unbedingt existieren, die Fouriertransformierte $\mathcal{F}f$ ist nicht mehr unbedingt stetig und die Funktion $\mathcal{F}f$ ist nur fast überall festgelegt. Man muss also sehr vorsichtig sein, wenn man Aussagen für einzelne Punkte x machen möchte. Allerdings kann man zum Beispiel für $f \in L^2(\mathbb{R})$ immerhin zeigen, dass

$$\mathcal{F}f = \lim_{R \to \infty} \frac{1}{(2\pi)^{n/2}} \int_{|x| \le R} f(x) \cdot e^{-i\langle x,\xi\rangle} \, \mathrm{d}x$$

ist, wobei der Grenzwert in L^2 aufgefasst wird, d.h.

$$\lim_{R \to \infty} \left\| \mathcal{F}f - \frac{1}{(2\pi)^{n/2}} \int_{|x| \le R} f(x) \cdot e^{-i\langle x,\xi\rangle} \, \mathrm{d}x \right\|_{L^2} = 0.$$

Satz 22.10.
Sind $u, v \in L^2(\mathbb{R}^n)$ mit Fourier-Transformierten $\mathcal{F}u$ und $\mathcal{F}v$, dann gilt

$$\int (\mathcal{F}u)v = \int u(\mathcal{F}v).$$

Beweis: Betrachte Folgen $(u_k)_{k \in \mathbb{N}}$ und $(v_k)_{k \in \mathbb{N}}$ in $L^1(\mathbb{R}^n) \cap L^2(\mathbb{R}^n)$. Für diese Funktionen gilt nach Satz 22.4 (ii) bereits

$$\int \widehat{u_j} v_j = \int u_j \widehat{v_j}.$$

Durch einen Grenzübergang soll diese Gleichung nun auch auf Funktionen aus L^2 übertragen werden. Unter Benutzung der Cauchy-Schwarz-Ungleichung erhält man dann

$$\left| \int (\mathcal{F}u)v - u(\mathcal{F}v) \right|$$

$$= \left| \int (\mathcal{F}u)(v - v_j) + (\mathcal{F}u - \widehat{u_j})v_j + u_j(\widehat{v_j} - \mathcal{F}v) + (u_j - u)\mathcal{F}v \right|$$

$$\leq \int |\mathcal{F}u(v - v_j)| + \int |\mathcal{F}u - \widehat{u_j}v_j| + \int |u_j(\widehat{v_j} - \mathcal{F}v)| + \int |(u_j - u)\mathcal{F}v|$$

$$\leq \|\mathcal{F}u\|_{L^2} \cdot \underbrace{\|v - v_j\|_{L^2}}_{\to 0} + \underbrace{\|\mathcal{F}u - \widehat{u_j}\|_{L^2}}_{\to 0} \cdot \|v_j\|_{L^2}$$

$$+ \|u_j\|_{L^2} \cdot \underbrace{\|\widehat{v_j} - (\mathcal{F}v)\|_{L^2}}_{\to 0} + \underbrace{\|u_j - u\|_{L^2}}_{\to 0} \cdot \|\mathcal{F}v\|_{L^2}.$$

Da dieser Ausdruck beliebig klein wird, wenn j nur groß genug ist, muss

$$\left| \int (\mathcal{F}u)v - u(\mathcal{F}v) \right| = 0$$

sein. $\square$

Bemerkung: Man kann die Heisenbergsche Unschärferelation als eine Ungleichung auffassen, in der eine Funktion und ihre Fouriertransformierte vorkommen, siehe Übungsaufgabe.

22.3. Fourierreihen

Wir betrachten in diesem Abschnitt periodische Funktionen, die wir durch eine Zerlegung in „elementare" periodische Funktionen, nämlich Sinus-, Cosinus-, bzw. komplexe Exponentialfunktionen als Überlagerung von (unendlich vielen) einfacheren periodischen Funktionen darstellen wollen.

Die betrachteten Funktionen sind in diesem Abschnitt immer 2π-periodisch, aber auch für p-periodische Funktionen kann man eine analoge Zerlegung durchführen. Falls nämlich $g : \mathbb{R} \to \mathbb{C}$ eine p-periodische Funktion ist, d.h. $g(t + p) = g(t)$ ist für alle $t \in \mathbb{R}$, dann rechnet man leicht nach, dass $f(t) := g(\frac{pt}{2\pi})$ eine 2π-periodische Funktion ist.

Satz 22.11.
Sei $f : \mathbb{R} \to \mathbb{C}$ eine 2π-periodische integrierbare Funktion. Dann gilt für alle $a, b \in \mathbb{R}$ und $k \in \mathbb{Z}$

$$\int\limits_a^b f(x)\, dx = \int\limits_{a+2k\pi}^{b+2k\pi} f(x)\, dx \quad und \quad \int\limits_a^{a+2k\pi} f(x)\, dx = \int\limits_0^{2k\pi} f(x)\, dx.$$

Beweis: Die erste Behauptung ergibt sich sofort mit Hilfe der Substitution $y = x + 2k\pi$ aus der Periodizität von f.
Wir zeigen nun noch, dass die zweite Identität aus der ersten folgt. Sei dazu $a \in \mathbb{R}$ beliebig und $k = 1$ (den Fall $k > 1$ kann man mit Vollständiger Induktion analog behandeln). Dann gibt es ein $j \in \mathbb{Z}$, so dass

$$2\pi j \le a < 2\pi(j+1) \Rightarrow 2\pi j \le a < 2\pi j + 2\pi \le a + 2\pi.$$

Daher ist

$$\int\limits_a^{a+2\pi} f(x)\, dx = \int\limits_a^{2\pi(j+1)} f(x)\, dx + \int\limits_{2\pi(j+1)}^{a+2\pi} f(x)\, dx = \int\limits_{a-2\pi j}^{2\pi} f(x)\, dx + \int\limits_0^{a+2\pi-2\pi(j+1)} f(x)\, dx = \int\limits_0^{2\pi} f(x)\, dx.$$

schematisch:

Definition. *(trigonometrisches Polynom)*
*Ein **trigonometrisches Polynom** vom Grad $\le n$ ist eine Funktion $T : \mathbb{R} \to \mathbb{C}$ der Form*

$$T(x) = \sum_{k=-n}^{n} c_k\, e^{ikx}$$

mit komplexen Koeffizienten c_k.

Bemerkung: Die trigonometrischen Polynome vom Grad $\le n$ bilden einen komplexen Vektorraum $\mathcal{T}_n$ und

$$\mathcal{T}_n = \operatorname{span}\{e^{ikx};\ -n \le k \le n\}.$$

Sei $\langle \cdot, \cdot \rangle$ das Skalarprodukt für komplexwertige Funktionen auf $[0, 2\pi]$, definiert durch

$$\langle f, g \rangle := \int_0^{2\pi} f(x)\, \overline{g(x)}\, dx$$

Die Einschränkung von $\langle \cdot, \cdot \rangle$ auf $\mathcal{T}_n$ macht $\mathcal{T}_n$ zu einem endlich-dimensionalen hermiteschen Vektorraum. Wir setzen zur Abkürzung

$$e_k(x) := \frac{1}{\sqrt{2\pi}} e^{ikx} \quad \text{für } k = 0, \pm 1, \pm 2, \dots$$

Die Funktionen e_k mit $-n \le k \le n$ bilden eine Orthonormal-Basis in $\mathcal{T}_n$, denn wie man leicht nachrechnet ist

$$\int_0^{2\pi} e^{ikx} e^{-i\ell x}\, dx = \begin{cases} 2\pi & \text{falls } k = \ell \\ 0 & \text{falls } k \ne \ell \end{cases}.$$

Die Koeffizienten c_k eines trigonometrischen Polynoms T sind durch T eindeutig bestimmt, denn es gilt:

$$c_k = \langle \sum_{j=-n}^{n} c_j e_j, e_k \rangle = \langle \sum_{j=-n}^{n} c_j \frac{1}{\sqrt{2\pi}} e^{ijx}, \frac{1}{\sqrt{2\pi}} e^{ikx} \rangle = \frac{1}{2\pi} \int_0^{2\pi} T(x) e^{-ikx} \, \mathrm{d}x$$

Beispiele: Spezielle trigonometrische Polynome, die bei der Theorie der Fourier-Reihen eine besondere Rolle spielen, sind

1. der **Dirichlet-Kern:** $D_n := \sum_{k=-n}^{n} e^{ikx}$

2. der **Féjer-Kern:** $F_n := \frac{1}{n+1} (D_0 + D_1 + \ldots + D_n)$

Definition. *Im Folgenden sei immer*

$$\sum_{k=-\infty}^{\infty} c_k e^{ikx} = \lim_{N \to \infty} \sum_{k=-N}^{N} c_k e^{ikx}.$$

Falls durch eine solche *trigonometrische Reihe* eine Funktion $f : \mathbb{R} \to \mathbb{C}$ definiert wird, dann ist f automatisch 2π-periodisch.

Satz 22.12.
Sei $f : \mathbb{R} \to \mathbb{C}$ Grenzwert einer gleichmäßig konvergenten trigonometrischen Reihe, d.h.

$$f(x) = \sum_{k=-\infty}^{\infty} c_k e^{ikx} = \lim_{N \to \infty} \sum_{k=-N}^{N} c_k e^{ikx}.$$

Dann ist

$$c_k = \frac{1}{2\pi} \int_{-\pi}^{\pi} f(x) e^{-ikx} \, \mathrm{d}x.$$

Beweis: Wenn $\sum_{k=-N}^{N} c_k e^{ikx}$ für $N \to \infty$ gleichmäßig gegen $f(x)$ konvergiert, dann darf man Integration und Grenzwertbildung vertauschen. Dies gilt auch noch nach Multiplikation mit einer Funktion $e^{-i\ell x}$. Gliedweise Integration liefert dann mit Hilfe der Orthogonalität

$$\int_0^{2\pi} f(x) e^{-i\ell x} \, \mathrm{d}x = \int_0^{2\pi} \lim_{N \to \infty} \sum_{k=-N}^{N} c_k e^{ikx} e^{-i\ell x} \, \mathrm{d}x = \lim_{N \to \infty} \int_0^{2\pi} \sum_{k=-N}^{N} c_k e^{i(k-\ell)x} \, \mathrm{d}x = 2\pi c_\ell.$$

$\square$

Im Fall von reellwertigen Funktionen kann man die Fourier-Reihe auch in einer reellwertigen Version darstellen. Es ist

$$\begin{aligned}
\sum_{k=-\infty}^{\infty} c_k e^{ikx} &= \sum_{k=-\infty}^{\infty} c_k \left(\cos(kx) + i \sin(kx) \right) \\
&= c_0 + \sum_{k=1}^{\infty} c_k \cos(kx) + c_{-k} \cos(-kx) + i c_k \sin(kx) + i c_{-k} \sin(-kx) \\
&= c_0 + \sum_{k=1}^{\infty} \underbrace{(c_k + c_{-k})}_{=a_k} \cos(kx) + \underbrace{i(c_k - c_{-k})}_{=b_k} \sin(kx)
\end{aligned}$$

Man schreibt meist $\frac{a_0}{2}$ statt c_0, da sich dann die Formel, mit der man a_0 berechnet, nicht von der Formel für die anderen a_k unterscheidet.

Für $k \geq 1$ kann man die *reellen Fourier-Koeffizienten* a_k bzw. b_k auch wieder direkt durch Integration bestimmen:

$$a_k = c_k + c_{-k} \ = \ \frac{1}{2\pi} \int_{-\pi}^{\pi} f(x) \left(e^{-ikx} + e^{ikx} \right) \, \mathrm{d}x = \frac{1}{\pi} \int_{-\pi}^{\pi} f(x) \cos(kx) \, \mathrm{d}x,$$

$$b_k = i(c_k - c_{-k}) \ = \ \frac{i}{2\pi} \int_{-\pi}^{\pi} f(x) \left(e^{-ikx} - e^{ikx} \right) \, \mathrm{d}x = \frac{1}{\pi} \int_{-\pi}^{\pi} f(x) \sin(kx) \, \mathrm{d}x.$$

Umgekehrt ergeben sich die komplexen Fourier-Koeffizienten aus den reellen als

$$c_k = \frac{1}{2} \left(a_k - ib_k \right) \ \text{und} \ c_{-k} = \frac{1}{2} \left(a_k + ib_k \right).$$

Nachdem klar ist, dass für eine Funktion f, die gleichmäßiger Limes einer trigonometrischen Reihe ist, die Koeffizienten c_k wie oben aus f berechnet werden können, wenden wir uns nun der umgekehrten Fragestellung zu und beginnen mit einer vorgegebenen Funktion f zu der wir mit Hilfe von Satz 22.12 eine Funktionenreihe definieren.

Definition. *(Fourier-Reihe)*
*Als **Fourierreihe** Sf einer 2π-periodischen Funktion f bezeichnet man die Folge der Fourierpolynome $S_n f$*

$$Sf(x) \ = \ \sum_{k=-\infty}^{\infty} c_k(f) \, e^{ikx} \ = \ \lim_{n \to \infty} S_n f(x) \ \text{mit} \ S_n f(x) = \sum_{k=-n}^{n} c_k(f) \, e^{ikx}.$$

Bemerkungen:

1. Insbesondere kann eine Fourierreihe auch dann konvergent sein, wenn die beiden Reihen $\sum_{k=0}^{\infty} c_k(f) \, e^{ikx}$ und $\sum_{k=-\infty}^{0} c_k(f) e^{ikx}$ einzeln für sich jeweils nicht konvergieren.

2. Ob die so definierte Funktionenreihe (punktweise oder gleichmäßig) gegen f konvergiert, ist noch völlig offen und wird erst später untersucht.

3. Wenn f eine reellwertige Funktion ist, dann ist

$$S_n f(x) = \frac{a_0}{2} + \sum_{k=1}^{n} a_k \cos(kx) + b_k \sin(kx).$$

Die Darstellung mit $\frac{a_0}{2}$ hat den Vorteil, dass sich a_0 so durch dieselbe Formel berechnen lässt wie die a_k mit $k \geq 1$.

Beispiel: Betrachte die 2π-periodische Funktion, die auf dem Intervall $[0, 2\pi]$ gegeben ist durch

$$f(x) = \begin{cases} -x, & \text{falls } x \in [-\pi, 0] \\ x, & \text{falls } x \in [0, \pi] \end{cases}$$

Das Schaubild der Funktion f sieht also folgendermaßen aus:

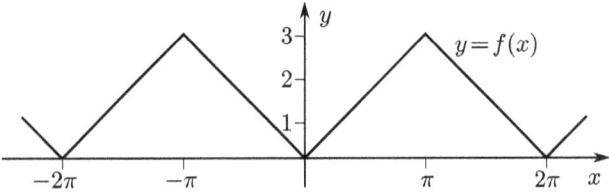

Dann ist

$$b_k = \frac{1}{\pi} \int_{-\pi}^{\pi} \underbrace{f(x)\sin(kx)}_{\text{ungerade Funktion}} \, \mathrm{d}x = 0$$

und

$$a_k = \frac{1}{\pi} \int_0^{2\pi} f(x)\cos(kx)\,\mathrm{d}x = \frac{1}{\pi}\int_{-\pi}^0 -x\cos(kx)\,\mathrm{d}x + \frac{1}{\pi}\int_0^\pi x\cos(kx)\,\mathrm{d}x = \frac{2((-1)^k - 1)}{k^2}.$$

Damit ergibt sich als reelle Fourier-Reihe

$$Sf(x) = \frac{\pi}{2} - \frac{4}{\pi}\left(\frac{\cos x}{1^2} + \frac{\cos 3x}{3^2} + \frac{\cos 5x}{5^2} + \cdots \right)$$

Das folgende Schaubild zeigt zwei Partialsummen dieser Fourierreihe.

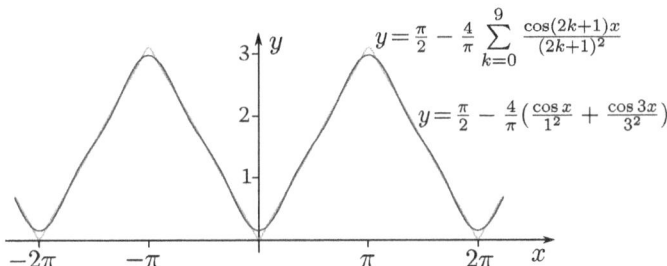

Die Reihe konvergiert auf jeden Fall für alle $x \in \mathbb{R}$, da sie die konvergente Majorante $\sum_{k=1}^\infty \frac{1}{(2k+1)^2}$ besitzt. Dass die Reihe wirklich punktweise gegen $f(x)$ konvergiert, werden wir später noch sehen.

Bemerkung: Es gibt Beispiele *stetiger* Funktionen für die $S_n f(x) \not\to f(x)$ konvergiert für manche $x \in [0, 2\pi]$.

Definition. *(Faltung)*
Seien $f, g : \mathbb{R} \to \mathbb{C}$ 2π-periodisch, d.h. $f(x + 2\pi) = f(x)$ für alle $x \in \mathbb{R}$ und integrierbar auf $[0, 2\pi]$. Dann definiert man die **Faltung** *von f und g durch*

$$(f * g)(x) := \frac{1}{2\pi} \int_0^{2\pi} f(y)\, g(x - y)\,\mathrm{d}y$$

man integriert also nur über eine Periode.

Bemerkung: Wie bei der Konvolution auf $\mathbb{R}^n$ ist die Faltung kommutativ ($f * g = g * f$) und assoziativ, d.h. $f * (g * h) = (f * g) * h$.

Satz 22.13. *(Rechenregeln für Fourier-Koeffizienten)*
Seien $f, g : \mathbb{R} \to \mathbb{C}$ integrierbare 2π-periodische Funktionen mit Fourier-Koeffizienten $c_k(f)$ bzw. $c_k(g)$.

(i) *Es ist $c_k(f + g) = c_k(f) + c_k(g)$ und für jedes $\lambda \in \mathbb{C}$ ist $c_k(\lambda f) = \lambda c_k(f)$.*

(ii) *$f * g$ ist 2π-periodisch mit Fourier-Koeffizienten*

$$c_k(f * g) = c_k(f) \cdot c_k(g).$$

(iii) *Falls f stetig differenzierbar ist, dann ist*

$$c_k(f') = ikc_k(f).$$

(iv) *Falls $h(t) = f(t - a)$ für ein $a \in \mathbb{R}$, dann ist*

$$c_k(h) = e^{-ika}c_k(f).$$

Beweis:
(i), (iii): Nachrechnen
(ii), (iv): Übungsaufgabe   □

Natürlich stellt sich nun der Frage, ob die Fourier-Reihe einer Funktion f auch gegen diese Funktion konvergiert. Hierzu gibt es mehrere Antworten, die davon abhängen,

▶ aus welchem Funktionenraum die Funktion f stammt und

▶ bezüglich welcher Norm man die Konvergenz misst.

Zwei Ergebnisse sollen dazu präsentiert werden: Die Konvergenz im quadratischen Mittel für $f \in L^2$ und die punktweise Konvergenz der Fourier-Reihe, wenn f links- und rechtsseitig stetig differenzierbar ist.

Wir beginnen mit einem eher abstrakten Zugang, der im 2. Semester im Kapitel über Orthonormal-Systeme schon angedeutet wurde. Die Partialsummen der Fourier-Reihe traten damals als beste Approximation einer stetigen Funktion durch Funktionen aus einem gewissen Untervektorraum des Funktionenraums $C^0([0, 2\pi], \mathbb{C})$ auf. Die Funktionen $e_k(x) = \frac{1}{\sqrt{2\pi}}e^{ikx}$ bilden in diesem Vektorraum ein Orthonormalsystem.

Satz 13.6 über die Orthogonalprojektion besagte dort, dass für einen Vektorraum V mit Skalarprodukt und einen endlich-dimensionalen Untervektorraum U mit Orthonormalbasis $\{e_1, e_2, \ldots, e_n\}$ zu jedem Vektor $v \in V$ ein eindeutiger Vektor $P_U v \in U$ existiert, so dass $\|P_U v - v\| = \min_{u \in U} \|u - v\|$ ist und $P_U v = \sum_{k=1}^{n} \langle v, e_k \rangle e_k$.

Im Zusammenhang mit Fourier-Reihen ist V der Hermitesche Vektorraum $L^2([0, 2\pi])$ der 2π-periodischen quadratintegrierbaren Funktionen und die Funktionen $e_k = \frac{1}{\sqrt{2\pi}}e^{ikx}$ mit $k \in \mathbb{Z}$ bilden ein Orthonormalsystem in V.

Insbesondere erhält man für die Orthogonalprojektion auf den $(2n+1)$-dimensionalen Unterraum $U = \text{span}\,(e_{-n}, \dots, e_n)$ gerade

$$P_U f = \sum_{k=-n}^{n} \langle f, e_k \rangle e_k = \sum_{k=-n}^{n} \int_0^{2\pi} f(s) \frac{1}{\sqrt{2\pi}} e^{-iks}\, ds\, \frac{1}{\sqrt{2\pi}} e^{ikx} = \sum_{k=-n}^{n} c_k(f) e^{ikx} = (S_n f)(x),$$

die Partialsumme der Fourierreihe von f.

Definition. *(Vollständiges Orthonormalsystem)*
*Sei H ein Hilbertraum. Dann heißt eine Orthonormalsystem $B \subset H$ **Orthonormalbasis** von H oder auch **vollständiges Orthonormalsystem**, wenn der von B aufgespannte Unterraum (d.h die Menge aller endlichen Linearkombinationen von Vektoren aus B) in H dicht liegt.*
Das bedeutet, dass es zu jedem $x \in H$ eine Folge $(v_k)_{k \in \mathbb{N}}$ gibt mit $v_k \in \text{span}(B)$ und

$$\lim_{k \to \infty} \|v_k - x\|_H = 0.$$

Bemerkung: Jeder Hilbertraum H besitzt eine Orthonormalbasis. Falls H eine abzählbare, dichte Teilmenge besitzt (man nennt H dann separabel), dann besitzt H auch eine abzählbare Orthonormalbasis. Das ist in den meisten Hilberträumen, die in der Physik eine Rolle spielen, der Fall. Ein Orthonormalsystem ist i.a. allerdings *keine* Basis von H im Sinne der linearen Algebra (dann müsste jeder Vektor als *endliche* Linearkombination von Basisvektoren darstellbar sein).

Satz 22.14.
Sei H ein Hilbertraum und $B = \{v_1, v_2, \dots\}$ ein abzählbares Orthonormalsystem. Dann gilt:

(i) *Für jedes $f \in H$ gilt die **Besselsche Ungleichung***

$$\sum_{k=1}^{\infty} |\langle f, v_k \rangle|^2 \le \|f\|_H^2.$$

(ii) *Für jedes $f \in H$ ist die Reihe $g = \sum_{k=1}^{\infty} \langle f, v_k \rangle v_k$ konvergent in H und $\langle f - g, v_k \rangle = 0$ für alle k.*

Bemerkung: Im Fall $H = L^2([0, 2\pi])$ mit dem Orthogonalsystem $\{e_k = \frac{1}{\sqrt{2\pi}} e^{ikx};\ k \in \mathbb{Z}\}$ und $\langle f, e_k \rangle = c_k(f)$ bedeutet die Besselsche Ungleichung

$$2\pi \sum_{k=-\infty}^{\infty} |c_k|^2 \le \|f\|_{L^2}^2.$$

Beweis:

(i) Es ist

$$0 \le \left\| f - \sum_{k=1}^{n} \langle f, v_k \rangle\, v_k \right\|^2$$

$$= \left\langle f - \sum_{k=1}^{n} \langle f, v_k \rangle\, v_k,\ f - \sum_{k=1}^{n} \langle f, v_k \rangle\, v_k \right\rangle$$

$$= \|f\|^2 - \sum_{k=1}^{n} \langle \langle f, v_k \rangle v_k, f \rangle - \sum_{k=1}^{n} \langle f, \langle f, v_k \rangle v_k \rangle + \sum_{j=1}^{n} \sum_{k=1}^{n} \langle \langle f, v_j \rangle v_j, \langle f, v_k \rangle v_k \rangle$$

Vereinfacht man die kompliziert aussehenden Summen durch

$$\sum_{k=1}^{n} \langle \langle f, v_k \rangle v_k, f \rangle + \sum_{k=1}^{n} \langle f, \langle f, v_k \rangle v_k \rangle = \sum_{k=1}^{n} \langle f, v_k \rangle \langle v_k, f \rangle + \sum_{k=1}^{n} \overline{\langle f, v_k \rangle} \langle f, v_k \rangle$$

$$= 2 \sum_{k=1}^{n} \langle f, v_k \rangle \overline{\langle f, v_k \rangle} = 2 \sum_{k=1}^{n} |\langle f, v_k \rangle|^2$$

und

$$\sum_{j,k=1}^{n} \langle \langle f, v_j \rangle v_j, \langle f, v_k \rangle v_k \rangle = \sum_{j,k=1}^{n} \langle f, v_j \rangle \overline{\langle f, v_k \rangle} \langle v_j, v_k \rangle = \sum_{k=1}^{n} \langle f, v_k \rangle \overline{\langle f, v_k \rangle} = \sum_{k=1}^{n} |\langle f, v_k \rangle|^2$$

ergibt sich insgesamt

$$0 \;\leq\; \left\| f - \sum_{k=1}^{n} \langle f, v_k \rangle \, v_k \right\|^2 = \|f\|^2 - 2\sum_{k=1}^{n} |\langle f, v_k \rangle|^2 + \sum_{k=1}^{n} |\langle f, v_k \rangle|^2$$

$$= \;\; \|f\|^2 - \sum_{k=1}^{n} |\langle f, v_k \rangle|^2$$

unabhängig von n. Lässt man $n \to \infty$ streben ergibt sich die Behauptung.

(ii) Definiert man die Folge $(g_m)_{m \in \mathbb{N}}$ in H durch $g_m(x) = \sum_{k=1}^{m} \langle f, v_k \rangle \, v_k$, dann ist für $n > m$

$$\|g_m - g_n\|^2 \;=\; \Big\langle \sum_{j=m+1}^{n} \langle f, v_j \rangle \, v_j, \; \sum_{k=m+1}^{n} \langle f, v_k \rangle \, v_k \Big\rangle$$

$$= \;\; \sum_{j,k=m+1}^{n} \langle f, v_j \rangle \, \overline{\langle f, v_k \rangle} \, \langle v_j, v_k \rangle$$

$$= \;\; \sum_{k=m+1}^{n} |\langle f, v_k \rangle|^2$$

Nach der Besselschen Ungleichung ist die Reihe $\sum |\langle f, v_k \rangle|^2$ konvergent. Ihre Partialsummen bilden also eine Cauchy-Folge. Wegen der eben durchgeführten Rechnung bedeutet dies, dass auch die Folge $(g_m)_{m \in \mathbb{N}}$ eine Cauchy-Folge (in H) ist und wegen der Vollständigkeit des Hilbertraums H einen Grenzwert $g \in H$ besitzt. Für beliebiges k ist dann

$$\langle g, v_k \rangle = \lim_{n \to \infty} \langle g_n, v_k \rangle = \lim_{n \to \infty} \Big\langle \sum_{j=1}^{n} \langle f, v_j \rangle \, v_j, v_k \Big\rangle = \langle f, v_k \rangle \qquad \qquad \square$$

Satz 22.15. *(Parsevalsche Gleichung)*
Sei H ein Hilbertraum mit einer abzählbaren Orthonormalbasis $B = \{v_1, v_2, \ldots\}$. Dann gilt:

(i) Für jedes $f \in H$ ist $f = \sum\limits_{k=1}^{\infty} \langle f, v_k \rangle v_k$

*(ii) Es gilt die **Parsevalsche Gleichung** $\sum\limits_{k=1}^{\infty} |\langle f, v_k \rangle|^2 = \|f\|_H^2$.*

Beweis: Zu jeder Zahl $\varepsilon > 0$ kann man eine endliche Linearkombination $\sum_{k=1}^{N(\varepsilon)} \alpha_k v_k$ finden, so dass

$$\left\| f - \sum_{k=1}^{N(\varepsilon)} \alpha_k v_k \right\| \leq \varepsilon.$$

Wegen der Minimalitätseigenschaft der Orthogonalprojektion ist dann erst recht

$$\left\| f - \sum_{k=1}^{N(\varepsilon)} \langle f, v_k \rangle v_k \right\| \leq \varepsilon.$$

Damit ist (i) gezeigt.
Analog zum Beweis der Bessel-Ungleichung kann man nun zeigen, dass

$$0 \leq \|f\| - \sum_{k=1}^{N(\varepsilon)} |\langle f, v_k \rangle|^2 = \left\| f - \sum_{k=1}^{N(\varepsilon)} \langle f, v_k \rangle v_k \right\| \leq \varepsilon.$$

Für $\varepsilon \to 0$ folgt wegen $N(\varepsilon) \to \infty$ daraus die Parseval-Gleichung. $\qquad \square$

Definition. *(Konvergenz im quadratischen Mittel)*
*Eine Folge $(f_n)_{n \in \mathbb{N}}$ von auf einem Intervall $[a, b]$ integrierbaren Funktionen, konvergiert **im quadratischen Mittel** gegen die integrierbare Funktion f, falls*

$$\lim_{n \to \infty} \|f - f_n\|_{L^2} = \lim_{n \to \infty} \int_a^b |f(x) - f_n(x)|^2 \, \mathrm{d}x = 0$$

Satz 22.16. *(Konvergenz der Fourierreihe im quadratischen Mittel)*
Für jede integrierbare, 2π-periodische Funktion $f : \mathbb{R} \to \mathbb{C}$ konvergiert die Fourierreihe von f im quadratischen Mittel gegen f, d.h. es gilt

$$\lim_{n \to \infty} \|f - S_n f\|_{L^2} = \lim_{n \to \infty} \left\| f - \sum_{k=-n}^{n} c_k(f) e^{ikx} \right\|_{L^2} = 0$$

für die Folge $(S_n f)_{n \in \mathbb{N}}$ der Fourierpolynome von f.

Beweis: Wir müssen zeigen, dass die e_k mit $k \in \mathbb{Z}$ ein vollständiges Orthonormalsystem für $L^2([0, 2\pi], \mathbb{C})$ bilden.
Dass die e_k orthogonal zueinander und normiert sind, haben wir ja bereits nachgerechnet.
Es bleibt „nur" noch die Vollständigkeit zu zeigen.
Dazu kann man beispielsweise die Féjer-Kerne benutzen, eine Folge von trigonometrischen Polynomen, die für $k \in \mathbb{N}$ definiert sind als

$$F_k(x) = \begin{cases} \dfrac{1}{k+1} \displaystyle\sum_{j=0}^{k} D_j(x) = \dfrac{1}{k+1} \displaystyle\sum_{j=0}^{k} \left(e^{-ijx} + e^{-i(j-1)x} + \ldots + e^{ijx} \right), & \text{falls } x \in [-\pi, \pi] \\ 0, \quad \text{sonst} \end{cases}$$

Bei $\left(\frac{1}{2\pi} F_k \right)_{k \in \mathbb{N}}$ handelt es sich um eine Diracfolge (siehe Übungen), daher gelten die folgenden drei Eigenschaften

(i) $\frac{1}{2\pi}F_k(x) \geq 0$ für alle x und alle $k \in \mathbb{N}$,

(ii)
$$frac12\pi int_{\mathbb{R}} F_k(x)\,dx = \frac{1}{2\pi}\int_{-\pi}^{\pi} F_k(x)\,dx = 1 \text{ für alle } k$$

(iii) Für jedes $\delta > 0$ ist $\lim\limits_{k \to \infty} \left(\int\limits_{-\pi}^{-\delta} F_k(x)\,dx + \int\limits_{\delta}^{\pi} F_k(x)\,dx \right) = 0$

Mit anderen Worten: Die Funktionen $(\frac{1}{2\pi}F_k)_{k \in \mathbb{N}}$ bilde eine Dirac-Folge auf $\mathbb{R}$ mit einem kompakten Träger.

Um nun eine gegebene 2π-periodische Funktion $f \in L^2([0, 2\pi])$ durch ein trigonometrisches Polynom mit einem L^2-Fehler von weniger als ε zu approximieren, gehen wir in drei Schritten vor:

1. Schritt: Wir approximieren f durch eine stetige Funktion g, so dass in der L^2-Norm die Abschätzung $\|f - g\|_{L^2} \leq \frac{\varepsilon}{3}$ gilt. Das geht zum Beispiel durch Faltung der Funktion $f \cdot \chi_{[-\pi, \pi]}$ mit einer beliebigen stetigen Dirac-Folge auf $\mathbb{R}$, indem man die Bemerkung nach Satz 21.16 benutzt.

2. Schritt: Wir modifizieren g auf den Intervallen $[-\pi, -\pi + 2\rho]$ und $[\pi - 2\rho, \pi]$, so dass wir eine Funktion h erhalten, die

▸ auf den Intervallen $[-\pi, -\pi + \rho]$ und $[\pi - \rho, \pi]$ verschwindet,

▸ auf den Intervallen $[-\pi + \rho, -\pi + 2\rho]$ und $[\pi - 2\rho, \pi - \rho]$ linear ist und

▸ auf dem Intervall $[-\pi + 2\rho, \pi - 2\rho]$ mit g übereinstimmt.

Die auf diese Weise konstruierte Funktion h ist automatisch stetig. Da g als stetige Funktion auf dem kompakten Intervall $[-\pi, \pi]$ beschränkt ist, kann man erreichen, dass $\|g - h\|_{L^2} \leq \frac{\varepsilon}{3}$, indem man ρ klein genug wählt.

3. Schritt: Wir setzen
$$p_k(x) = \left(\frac{1}{2\pi}F_k * h\right)(x) = \int_{\mathbb{R}} \frac{1}{2\pi}F_k(x - y)h(y)\,dy.$$

Sei $\frac{1}{2\pi}F_k(t) = \sum\limits_{j=-k}^{k} \gamma_j e^{ijx}$, dann ist
$$p_k(x) = \int_{\mathbb{R}} \sum_{j=-k}^{k} \gamma_j e^{ijx} e^{-ijy} h(y)\,dy = \sum_{j=-k}^{k} \left(\int_{\mathbb{R}} \gamma_j e^{-ijy} h(y)\,dy \right) e^{ijx}$$

ein trigonometrisches Polynom vom Grad k. Da h stetig ist und außerhalb von $[-\pi, \pi]$ verschwindet, muss man sich über die Existenz der Integrale auch keine tiefen Gedanken machen.

Wir zeigen nun, dass die Folge $(p_k)_{k \in \mathbb{N}}$ für $x \in [-\pi, \pi]$ gleichmäßig gegen h konvergiert.

Um die gleichmäßige Konvergenz zu zeigen, benutzen wir die gleichmäßige Stetigkeit von h, d.h. wir finden ein $\delta > 0$, so dass
$$|x - y| < \delta \;\Rightarrow\; |h(x) - h(y)| < \frac{\varepsilon}{18}.$$

Dann ist
$$p_k(x) - h(x) = \int_{\mathbb{R}} \frac{1}{2\pi}F_k(x - y)h(y)\,dy - h(x)$$
$$= \int_{\mathbb{R}} \frac{1}{2\pi}F_k(x - y)(h(y) - h(x))\,dy \text{ wegen } \int_{\mathbb{R}} \frac{1}{2\pi}F_k(x - y)\,dy = 1$$

für die Dirac-Folge $(\frac{1}{2\pi} F_k)_{k\in\mathbb{N}}$. Nun zerlegt man dieses Integral in ein Integral über das Intervall $[x-\frac{\delta}{2}, x+\frac{\delta}{2}]$ und den Rest. Dann gilt

$$\left| \int_{x-\frac{\delta}{2}}^{x+\frac{\delta}{2}} \frac{1}{2\pi} F_k(x-y)(h(y)-h(x))\,\mathrm{d}y \right| \leq \int_{x-\frac{\delta}{2}}^{x+\frac{\delta}{2}} \frac{1}{2\pi} F_k(x-y) \cdot \underbrace{|h(y)-h(x)|}_{<\varepsilon/18}\,\mathrm{d}y$$

$$< \frac{\varepsilon}{18} \underbrace{\int_{\mathbb{R}} \frac{1}{2\pi} F_k(x-y)\,\mathrm{d}y}_{=1}$$

$$= \frac{\varepsilon}{18}\,.$$

Für das andere Integral benutzen wir Eigenschaft (iii) der Dirac-Folgen und die Beschränktheit der stetigen Funktion h auf dem kompakten Intervall $[-\pi, \pi]$. Dann ist

$$\left| \int_{|x-y|>\frac{\delta}{2}} \frac{1}{2\pi} F_k(x-y)(h(y)-h(x))\,\mathrm{d}y \right| \leq \int_{|x-y|>\frac{\delta}{2}} \frac{1}{2\pi} F_k(x-y) \cdot \underbrace{|h(y)-h(x)|}_{<2\max|h|}\,\mathrm{d}y$$

$$\leq 2\max|h| \int_{|x-y|>\frac{\delta}{2}} \frac{1}{2\pi} F_k(x-y)\,\mathrm{d}y$$

$$< \frac{\varepsilon}{18}\,,$$

wenn man k groß genug wählt und Eigenschaft (iii) der Diracfolge $(\frac{1}{2\pi} F_k)_{k\in\mathbb{N}}$ benutzt. Insgesamt ist also

$$|p_k(x)-h(x)| \leq \left| \int_{x-\frac{\delta}{2}}^{x+\frac{\delta}{2}} \frac{1}{2\pi} F_k(x-y)(h(y)-h(x))\,\mathrm{d}y \right| + \left| \int_{|x-y|>\frac{\delta}{2}} \frac{1}{2\pi} F_k(x-y)(h(y)-h(x))\,\mathrm{d}y \right| < \frac{\varepsilon}{9}$$

und damit

$$\|p_k - h\|_{L^2} = \left(\int_{-\pi}^{\pi} |p_k(x)-h(x)|^2\,\mathrm{d}x \right)^{1/2} < \left(\int_{-\pi}^{\pi} \frac{\varepsilon^2}{9^2}\,\mathrm{d}x \right)^{1/2} = \frac{\varepsilon\sqrt{2\pi}}{9} < \frac{\varepsilon}{3}\,.$$

Damit sind wir am Ziel, denn nun müssen wir nur noch die Dreiecksungleichung anwenden:

$$\|f-p_k\|_{L^2} \leq \|f-g\|_{L^2} + \|g-h\|_{L^2} + \|h-p_k\|_{L^2} \leq \varepsilon\,.$$

Wenn die Menge $\{\frac{1}{\sqrt{2\pi}} e^{ikx};\ k\in\mathbb{Z}\}$ ein vollständiges Orthonormalsystem ist, dann folgt die Konvergenz im quadratischen Mittel unmittelbar aus der Parsevalschen Gleichung (Satz 22.15). □

Bemerkung: Da nun bewiesen ist, dass in $H = L^2([0, 2\pi])$ die Menge $\{e_k = \frac{1}{\sqrt{2\pi}} e^{ikx};\ k\in\mathbb{Z}\}$ ein vollständiges Orthonormalsystem bildet und da $\langle f, e_k \rangle = c_k(f)$ gerade die Fourierkoeffizienten von f sind, folgt aus der Parsevalsche Gleichung, dass

$$\|f\|_{L^2}^2 = 2\pi \sum_{k=-\infty}^{\infty} |c_k|^2\,.$$

Bemerkung: Aus der Konvergenz im quadratischen Mittel folgt im allgemeinen *nicht* die punktweise Konvergenz. Der vorhergehende Satz erlaubt uns also nicht, auf die Konvergenz der Reihe

$$\sum_{k=-\infty}^{\infty} c_k(f)e^{ikx}$$

für ein bestimmtes $x \in [0, 2\pi]$ zu schließen.

Für reellwertige Funktionen gilt eine analoge Aussage:

Satz 22.17. (*Konvergenz im quadratischen Mittel, reell*)
Für jede quadratintegrierbare, 2π-periodische Funktion $f : \mathbb{R} \to \mathbb{R}$ konvergiert die reelle Fourierreihe

$$\frac{a_0}{2} + \sum_{k=1}^{\infty} a_k \cos(kx) + \sum_{k=1}^{\infty} b_k \sin(kx)$$

von f im quadratischen Mittel gegen f.

Ähnlich wie bei der (kontinuierlichen) Fourier-Transformation klingen auch hier die Fourier-Koeffizienten $c_k(f)$ für $k \to \pm\infty$ ab:

Satz 22.18. (*Riemann-Lebesgue-Lemma für Fourierreihen*)
Für jede Funktion $f \in L^2([0, 2\pi])$ konvergieren die Fourier-Koeffizienten gegen 0:

$$\lim_{|k|\to\infty} c_k(f) = 0.$$

Beweis: Das folgt aus der Besselschen Ungleichung, siehe Übungsaufgabe. $\square$

Vieles zur Konvergenz von Fourierreihen steht z.B. in dem Buch von [Heuser: Analysis II], etwa folgender Satz, dessen Beweis wir nur andeuten:

Satz 22.19. (*Konvergenzsatz*)
Sei f eine 2π-periodische Funktion, die in einem Punkt a rechts- und linksseitig stetig differenzierbar ist, d.h. die Grenzwerte

$$f(a\pm) = \lim_{x\to a\pm 0} f(x) \;\; und \;\; \lim_{x\to a\pm 0} \frac{f(x) - f(a\pm)}{x - a}$$

existieren beide. Dann konvergiert die Fourierreihe von f im Punkt a gegen

$$\lim_{n\to\infty} S_f(a) = \frac{1}{2}\left(f(a-) + f(a+)\right)$$

Falls f sogar stetig in a ist und die links- und rechtsseitige Ableitung in a beide existieren, dann gilt $S_f(a) \to f(a)$.

Beweis: Man kann ohne Einschränkung $a = 0$ annehmen. Nach Übungsaufgabe lässt sich $S_n f$ mit Hilfe des Dirichlet-Kerns in der Form $S_n f = D_n * f$ darstellen. Betrachtet man nun statt f die durch $f_a(x) = f(x - a)$ definierte ebenfalls 2π-periodische Funktion, dann ist

$$
\begin{aligned}
S_n f(a) &= (D_n * f)(a) \\
&= \int_{-\pi}^{\pi} D_n(a - y) f(y) \, \mathrm{d}y \\
&= \int_{-\pi}^{\pi} D_n(-y) f(y - a) \, \mathrm{d}y \\
&= \int_{-\pi}^{\pi} D_n(0 - y) f_a(y) \, \mathrm{d}y \\
&= (D_n * f_a)(0) \\
&= S_n f_a(0) \, .
\end{aligned}
$$

Dabei wurde im letzten Schritt verwendet, dass das Integral einer periodischen Funktion über eine volle Periode nicht von der Wahl der Grenzen abhängt. Da D_n eine gerade Funktion ist, gilt also sogar

$$
S_n f(0) = \int_{-\pi}^{\pi} D_n(y) f_a(y) \, \mathrm{d}y.
$$

Der Beweis für $a = 0$ wird unter Benutzung dieser Identität in mehreren Schritten in einer Übungsaufgabe geführt. $\qquad\square$

Bemerkung: Eines der lange ungelösten mathematischen Probleme war die Frage, ob die Fourier-Reihe einer beliebigen quadratintegrierbaren Funktion wenigstens „fast überall" punktweise konvergiert. Diese Frage wurde erst im Jahr 1966 von Lennart Carleson positiv beantwortet, d.h. auch hier tauchen einmal mehr die Lebesgueschen Nullmengen als „Ausnahmemengen" auf.

Bemerkung: Eine Folge trigonometrischer Polynome, die für unstetige Funktionen meist „besser" gegen eine 2π-periodische Funktion konvergiert als die Fourierreihe, erhält man übrigens, indem man die Folge $\sigma_n = \dfrac{1}{n+1} \sum_{k=0}^{n} S_k f$ der *Césaro-Summen* betrachtet.

Beispiel: Sei $f : \mathbb{R} \to \mathbb{R}$ die 2π-periodische Funktion mit $f(x) = \cos(\alpha x)$ für $x \in [-\pi, \pi]$, wobei $\alpha \in \mathbb{R} \setminus \mathbb{Z}$ noch frei gewählt werden kann. Da f eine gerade Funktion ist, enthält die reelle Fourier-Reihe von f nur Cosinus-Terme und es ist

$$
\begin{aligned}
a_k &= \frac{2}{\pi} \int_0^{\pi} \cos(kx) \cos(\alpha x) \, \mathrm{d}x \\
&= \frac{1}{\pi} \int_0^{\pi} \cos(k + \alpha)x + \cos(\alpha - k)x \, \mathrm{d}x \\
&= \frac{1}{\pi} (-1)^k \sin(\alpha \pi) \left(\frac{1}{\alpha + k} + \frac{1}{\alpha - k} \right)
\end{aligned}
$$

Insbesondere ist $|a_k| < \frac{2|\alpha|}{k^2}$ sobald $k > 2|\alpha|$ Nach dem Majorantenkriterium konvergiert die Fourierreihe $\sum a_k \cos(kx)$ also auf ganz $\mathbb{R}$. Da die Funktion f stetig ist und überall die rechts- und linksseitige Ableitung existiert, konvergiert die Fourier-Reihe $Sf(x)$ für jedes x gegen $f(x)$, d.h.

$$
\cos(\alpha x) = \frac{\sin(\alpha \pi)}{\pi} \left(\frac{1}{\alpha} + \sum_{k=1}^{\infty} (-1)^k \left(\frac{1}{\alpha + k} + \frac{1}{\alpha - k} \right) \cos(kx) \right)
$$

Speziell für $x = \pi$ ergibt sich daraus die sogenannte *Partialbruchzerlegung des Cotangens*:

$$\pi \cot(\alpha\pi) = \pi \frac{\cos(\alpha\pi)}{\sin(\alpha\pi)} = \frac{1}{\alpha} + \sum_{k=1}^{\infty} \frac{2\alpha}{\alpha^2 - k^2}$$

Diese Summendarstellung geht auf Leonhard Euler zurück und erinnert an die Partialbruchzerlegung gebrochen-rationaler Funktionen mit dem Unterschied, dass die Kotangens-Funktion $\cot(\alpha\pi)$ unendlich viele Polstellen bei $\alpha = 0, \pm\pi, \pm 2\pi, \dots$ besitzt.

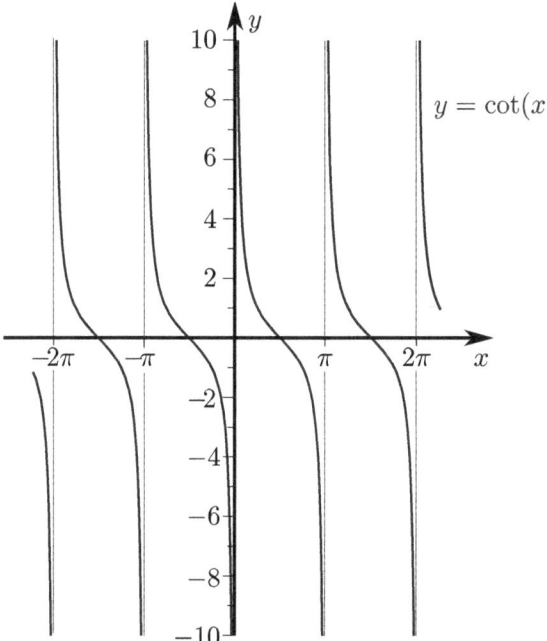

Bemerkung: Falls f sogar zweimal stetig differenzierbar ist, dann konvergiert die Fourier-Reihe von f sogar gleichmäßig auf $[0, 2\pi]$ gegen f. Das ist nicht allzu schwierig zu beweisen, soll hier aber nicht vorgeführt werden. Grundlage des Beweises ist die Tatsache, dass ähnlich wie bei der Fourier-Transformation auch die Fourier-Koeffizienten c_k für $|k| \to \infty$ umso schneller abfallen, je höher die Differenzierbarkeitsordnung von f ist.
Umgekehrt kann man beispielsweise den Funktionenraum

$$H^1([0, 2\pi]) = \{ \sum_{k=-\infty}^{\infty} c_k e^{ikx}; \ \sum_{k=-\infty}^{\infty} k^2 |c_k|^2 < \infty \}$$

betrachten, der alle Fourierreihen mit einigermaßen schnell abklingenden Koeffizienten enthält. Diese Funktionen lassen sich in einem „schwächeren" Sinne wie differenzierbare Funktionen behandeln.

Beispiel: Wir betrachten die Sägezahnfunktion

$$f(x) = \begin{cases} 0 & x = 0 \\ \frac{1}{2}(\pi - x) & 0 < x < 2\pi \end{cases}$$

mit 2π-periodischer Fortsetzung.

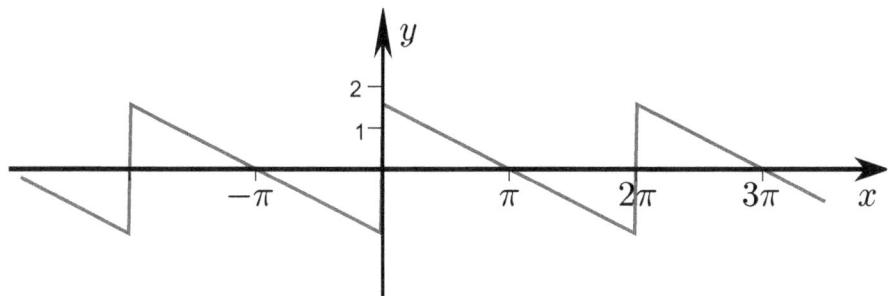

Da die Funktion f ungerade ist, enthält die reelle Fourier-Reihe nur Sinus-Terme und es ist

$$b_k = \frac{1}{\pi} \int_0^{2\pi} f(x) \sin(kx)\, \mathrm{d}x = \left. -\frac{\sin(kx) + k(\pi - x)\cos(kx)}{2k^2} \right|_{x=0}^{2\pi} \frac{1}{k}$$

Die reelle Fourierreihe ist also durch

$$Sf(x) = \sum_{k=1}^{\infty} \frac{\sin(kx)}{k}$$

gegeben.

Wir zeigen nun, dass diese Fourierreihe punktweise gegen s konvergiert. Für $x = 0$ ist das einfach, denn für alle n ist $S_n f(0) = 0 = f(0)$.

Sei nun $0 < x < 2\pi$. Wir benutzen die Identität

$$\frac{1}{2} + \sum_{k=1}^{N} \cos(kx) = \frac{1}{2} e^{-iNx} \sum_{k=0}^{2N} e^{ikx} = \frac{\sin((N + \frac{1}{2})x)}{2\sin(\frac{1}{2}x)} \qquad x \notin \{2m\pi;\ m \in \mathbb{Z}\}.$$

Integriert man diese Gleichung von x bis π, so erhält man

$$\underbrace{\frac{1}{2}(\pi - x)}_{=f(x)} - \underbrace{\sum_{k=1}^{N} \frac{\sin(kx)}{k}}_{\text{Partialsumme } S_N f(x)} = \underbrace{\frac{1}{2} \int_x^{\pi} \frac{\sin((N + \frac{1}{2})t)}{\sin(\frac{1}{2}t)}\, \mathrm{d}t}_{\text{Dirichlet-Kern}} = R_N(x)$$

Punktweise Konvergenz bedeutet, dass dieser Rest $R_N(x)$ für festes $x \in (0, 2\pi)$ gegen 0 konvergiert.

Durch partielle Integration mit $u(t) = \frac{1}{\sin(\frac{1}{2}t)}$ und $v'(t) = \sin((N + \frac{1}{2})t)$ erhält man

$$R_N(x) = -\frac{\cos((N + \frac{1}{2})x)}{(2N + 1)\sin(\frac{1}{2}x)} - \frac{1}{2N + 1} \int_x^{\pi} \cos((N + \frac{1}{2})t)\left(\frac{-\cos(\frac{1}{2}t)}{2\sin^2(\frac{1}{2}t)} \right) \mathrm{d}t$$

Da im gesamten Integrationsbereich $\frac{1}{\sin(\frac{1}{2}x)} \leq \frac{1}{\sin(\frac{1}{2}t)}$ und $|\cos((N + \frac{1}{2})t)| \leq 1$ gilt, kann man diesen Rest abschätzen durch

$$|R_n(x)| \leq \frac{1}{(2N + 1)\sin(\frac{1}{2}x)} + \frac{1}{2N + 1}\frac{|\pi - x|}{2\sin^2(\frac{1}{2}x)} \xrightarrow{N \to \infty} 0$$

Damit konvergieren die Partialsummen $S_N f(x)$ der Fourierreihe von f gegen $f(x)$.

Auf jedem kompakten Intervall $(\varepsilon, 2\pi - \varepsilon)$ (d.h. solange man von den Sprungstellen wegbleibt) gilt sogar die beidseitige Abschätzung $\frac{1}{\sin(\frac{1}{2}x)} \leq \frac{1}{\sin(\frac{1}{2}\varepsilon)}$. Die Konvergenz ist also dort sogar gleich-mäßig.

Die Fourierreihe konvergiert also genau so, wie es Satz 22.19 besagt, d.h. in den Sprungstellen konvergiert die Fourierreihe gegen den Mittelwert der einseitigen Grenzwerte.

Das Gibbs-Phänomen ist die Tatsache, dass bei (ansonsten stetig differenzierbaren Funktionen) die Approximation durch Partialsummen der Fourierreihe in den Sprungstellen überschießende Oszillationen verursacht.

In der Nähe der Sprungstellen ist der maximale Fehler $|R_n(\hat{x})| \approx 0,089\cdot$ Sprunghöhe wobei der Punkt $\hat{x}$ größter Abweichung mit wachsendem N immer näher an die Sprungstelle rückt. Die absolute Größe des Fehlers ist jedoch praktisch unabhängig von N. Dieses Phänomen lässt sich für verschiedene Fourierreihen unstetiger Funktionen experimentell untersuchen, indem man jeweils einige Teilsummen der Fourierreihe der unstetigen Funktionen mit dem Computer berechnet, das Maximum näherungsweise bestimmt und mit der Höhe des Sprungs vergleicht.

Nach diesem Kapitel sollten Sie

... die Fourier-Transformierte definieren und für einige Funktionen berechnen können

... den Zusammenhang zwischen Differentiation und Fourier-Transformation bzw. zwischen Faltung und Fourier-Transformation herleiten können

... den Umkehrsatz kennen und anwenden können

... das Riemann-Lebesgue Lemma kennen

... erklären können, wie man vorgeht, um für Funktionen in L^2 die Fouriertransformierte zu definieren

... Fourier-Reihen definieren und in konkreten Fällen berechnen können

... die Rechenregeln zur Berechnung von Fourier-Reihen von Ableitungen, Produkten und Faltungen kennen

... mathematisch präzise beschreiben können, was ein vollständiges Orthonormalsystem eines Hilbertraums ist

... ein vollständiges Orthonormalsystem für $L^2([0, 2\pi])$ kennen und die Begründung dafür skizzieren können

... die Parsevalsche Gleichung kennen und für Funktionen in $L^2([0, 2\pi])$ anwenden können

... Aussagen zur Konvergenz im quadratischen Mittel und zur punktweisen Konvergenz von Fourier-Reihen kennen und anwenden können

Aufgaben zu Kapitel 22

1. (a) Berechnen Sie das von einem Parameter ξ abhängende Integral

$$G(\xi) = \int_{\mathbb{R}} e^{-x^2/2} e^{-ix\xi}\, dx,$$

indem Sie eine Differentialgleichung für $G(\xi)$ herleiten und als „Anfangswert"

$$G(0) = \int_{-\infty}^{\infty} e^{-x^2/2}\, dx = \sqrt{2\pi}$$

benutzen.

   (b) Sei $f(x) = e^{-\|x\|_2^2/2}$ mit $x = (x_1, x_2, \ldots, x_n) \in \mathbb{R}^n$.
   Berechnen Sie die *Fourier-Transformierte*

$$\widehat{f}(\xi) := \frac{1}{(2\pi)^{n/2}} \int_{\mathbb{R}^n} f(x) e^{-i\langle \xi, x\rangle}\, dx.$$

2. Bestimmen Sie die Fourier-Transformierte der gedämpften Schwingung

$$g(t) = \begin{cases} e^{-\gamma t} \cos(\omega t) & \text{für } t \geq 0 \\ 0 & \text{für } t < 0 \end{cases}$$

3. Rechenregeln für die Fouriertransformation

   (a) Sei $f \in L^1(\mathbb{R}^n)$ und $a \in \mathbb{R}^n$.
   Wir definieren die Funktion $g \in L^1(\mathbb{R}^n)$ durch $g(x) = f(x + a)$.
   Zeigen Sie, dass dann

$$\widehat{g}(\xi) = e^{+i\langle a,\xi\rangle} \widehat{f}(\xi).$$

   (b) Sei $h \in L^1(\mathbb{R}^n)$ eine komplexwertige Funktion. Sei $h^*(x) = \overline{h(-x)}$ Dann ist $\widehat{h^*}(\xi) = \overline{\widehat{h}(\xi)}$.

4. Sei $f : \mathbb{R} \to \mathbb{C}$ eine Funktion der Form $f(x) = p(x) e^{-x^2/2}$, wobei p ein Polynom n-ten Grades ist. Zeigen Sie, dass dann die Fourier-Transformierte von derselben Form ist, d.h. $\widehat{f}(\xi) = q(\xi) e^{-\xi^2/2}$ mit einem Polynom q vom Grad n.

5. Berechnen Sie mit Hilfe der Fourier-Transformation das uneigentliche Integral

$$\int_{-\infty}^{\infty} \frac{\sin^2 y}{y^2} \cos y\, dy.$$

6. Heisenbergsche Unschärferelation
   In der Quantentheorie wird der Zustand eines Systems durch eine Lösung $\Psi \in L^2(\mathbb{R})$ der Schrödingergleichung beschrieben. Da $\|\Psi(x)\|^2$ als Wahrscheinlichkeitsdichte interpretiert wird, ist $\|\Psi\|_{L^2} = 1$.

   Der Erwartungswert für den Aufenthaltsort des durch Ψ beschriebenen Teilchens ist

$$\langle x \rangle = \int x |\Psi(x)|^2\, dx \text{ mit der Standardabweichung } \Delta x = \|(x - \langle x\rangle)\Psi\|_{L^2}$$

wobei wir ohne Einschränkung $\langle x \rangle = 0$ annehmen.

Analog beschreibt die Fourier-Transformierte $|\widehat{\Psi}(\xi)|^2$ die Aufenthaltswahrscheinlichkeit im „Impulsraum". Zeigen Sie die Heisenbergsche Unbestimmtheitsrelation

$$\left(\int x^2 |\Psi(x)|^2 \, dx \right) \left(\int \xi^2 |\widehat{\Psi}(\xi)|^2 \, d\xi \right) \geq \frac{1}{4}$$

falls Ψ stetig differenzierbar und $\lim\limits_{x \to \pm\infty} x\Psi(x) = \lim\limits_{x \to \pm\infty} x^2\Psi'(x) = 0$ ist.

Hinweis: Zeigen Sie zunächst, dass die Aussage von Satz 20.1 auch für Ψ gilt und benutzen Sie die Cauchy-Schwarz-Ungleichung für $\langle x\Psi, \Psi' \rangle$.

7. Wärmeleitungsgleichung auf $\mathbb{R}$

   Bestimmen Sie die Lösung der Wärmeleitungsgleichung

   $$\frac{\partial u}{\partial t}(t, x) = \frac{\partial^2 u}{\partial x^2}(t, x)$$

   mit der Anfangsbedingung $u(x, 0) = e^{-x^2}$ durch Fouriertransformation bezüglich der x-Variable.

8. Laplace-Gleichung in der Halbebene

   Finden Sie die beschränkte Lösung der Differentialgleichung

   $$\Delta u(x, y) = u_{xx} + u_{yy} = 0, \quad y > 0, \ -\infty < x < \infty$$

   mit der Randbedingung $u(x, 0) = g(x)$, wobei $g \in L^1(\mathbb{R})$ liegt.

   Benutzen Sie dafür die Fouriertransformation $u(x, y) \mapsto \hat{u}(\xi, y)$ bezüglich der x-Variablen.

   Geben Sie die Lösung am Ende als Faltungsintegral in der Form

   $$u(x, y) = \int_{-\infty}^{\infty} g(s) K(x - s, y) \, ds$$

   mit einer geeigneten Funktion K an.

   Begründen Sie, warum die Lösung auch die Randbedingung erfüllt. (Achtung! Man kann nicht einfach $y = 0$ einsetzen, sondern muss den Limes $y \to 0+$ betrachten. Dieser Grenzwert erinnert an Grenzwerte, die im vorigen Kapitel im Zusammenhang mit Diracfolgen auftraten.)

9. Bestimmen Sie mit Hilfe des Satzes von Plancherel für jedes $a > 0$ das uneigentliche Integral

   $$\int_{-\infty}^{\infty} \left(\frac{\sin(ax)}{x} \right)^2 \, dx.$$

10. Berechnen Sie die komplexe Fourier-Reihe der 2π-periodischen Funktion f mit $f(x) = e^{4x}$ für $0 \leq x < 2\pi$.

    Bestimmen Sie daraus die reellen Fourier-Koeffizienten.

11. Wärmeleitungsgleichung

    Bestimmen Sie die Lösung der homogenen Wärmeleitungsgleichung $u_t = u_{xx}$ für $0 < x < \pi$ und $t > 0$ mit den Randbedingungen $u(0, t) = u(\pi, t) = 0$ für alle $t \geq 0$ und der Anfangsbedingung $u(x, 0) = f(x)$ für $0 \leq x \leq \pi$.

    Schreiben Sie dazu $u(x, t)$ als reelle Fourierreihe mit zeitabhängigen Koeffizienten.

    Warum lässt sich diese partielle Differentialgleichung nicht rückwärts (d.h. für $t < 0$) lösen?

12. Sei f stetig und 2π-periodisch und $S_n f(x) = \dfrac{a_0}{2} + \displaystyle\sum_{j=1}^{n} a_j \cos(jx) + b_j \sin(jx)$ mit den Fourier-Koeffizienten

$$a_j = \frac{1}{\pi} \int_0^{2\pi} f(x) \cos(jx)\,\mathrm{d}x \quad \text{und} \quad b_j = \frac{1}{\pi} \int_0^{2\pi} f(x) \sin(jx)\,\mathrm{d}x.$$

(a) Zeigen Sie, dass sich $S_n f$ als Faltungsintegral

$$S_n f(x) = (D_n * f)(x) = \int_0^{2\pi} D_n(x-y) f(y)\,\mathrm{d}y$$

mit dem *Dirichlet-Kern* $D_n(x) = \displaystyle\sum_{k=-n}^{n} e^{ikx}$ darstellen lässt.

(b) Verifizieren Sie, dass für $\sigma_n f = \dfrac{1}{n+1} \displaystyle\sum_{k=0}^{n} S_k f$ analog gilt: $(\sigma_n f)(x) = (F_n * f)(x)$ mit dem

Féjer-Kern $F_n(x) = \dfrac{1}{n+1} \displaystyle\sum_{k=0}^{n} D_k(x)$.

Die Féjer-Kerne bilden eine Dirac-Folge.

13. Sei $g : \mathbb{R} \to \mathbb{R}$ die 2π-periodische Funktion mit $g(x) = x(\pi - |x|)$ für $x \in [-\pi, \pi]$.

(a) Berechnen Sie die zugehörigen reellen und komplexen Fourier-Koeffizienten.

(b) Bestimmen Sie mit Hilfe von (a) den Wert der Reihe

$$1 - \frac{1}{3^3} + \frac{1}{5^3} - \frac{1}{7^3} + \dots.$$

Dabei dürfen Sie annehmen, dass die Fourierreihe punktweise gegen g konvergiert.

14. Wie wirken sich die folgenden Symmetrieeigenschaften einer 2π-periodischen Funktion auf ihre Fourier-Koeffizienten aus?

$$
\begin{array}{rrcl}
(i) & f(t) & = & f(-t) \\
(ii) & f(t) & = & -f(-t) \\
(iii) & f(t+\pi) & = & -f(t) \\
(iv) & f(t) & = & -f(-t) \text{ und } f(t+\pi) = -f(t) \\
(v) & f(t) & = & f(-t) \text{ und } f(t+\pi) = -f(t)
\end{array}
$$

23. Integration auf Mannigfaltigkeiten und die klassischen Integralsätze

Bisher haben wir immer über n-dimensionale Teilmengen des $\mathbb{R}^n$ integriert: Im ersten Semester über Intervalle $[a, b]$ in $\mathbb{R}$ und später dann über Quader in höheren Raumdimensionen. Die Integration über eine Untermannigfaltigkeit haben wir in einem Spezialfall auch schon kennengelernt: Bei Kurvenintegralen wird ein Vektorfeld f über eine eindimensionale Teilmenge γ des $\mathbb{R}^n$ integriert und wenn man sich an die Definition

$$\int_\gamma f \, \mathrm{d}s = \int_a^b f(\gamma(t))\dot{\gamma}(t) \, \mathrm{d}t$$

erinnert, sieht man, dass

▶ das Integral auf eine Integration über eine eindimensionale Teilmenge des $\mathbb{R}^1$ zurückgeführt wird und

▶ dabei die Parametrisierung $\gamma : [a, b] \to \mathbb{R}^n$ (und ihre Ableitung) eine Rolle spielt.

Auf ähnliche Art soll nun die Integration über k-dimensionale Untermannigfaltigkeiten des $\mathbb{R}^n$ auf die schon bekannte Integration im $\mathbb{R}^k$ zurückgeführt werden. Dabei machen wir uns zunächst Gedanken über den „Verzerrungsfaktor", der beschreibt, wie sich das k-dimensionale Volumen beim Transport in den $\mathbb{R}^n$ durch eine Parametrisierung verändert.

23.1. Vorüberlegung: Parallelogramme & Co.

Die Grundidee besteht darin, dass ein Quadrat oder Rechteck aus dem Parameterbereich unter einer Parametertransformation verzerrt wird und in erster Näherung auf ein Parallelogramm (oder allgemeiner auf ein n-dimensionales Spat) abgebildet wird. Für den Flächeninhalt eines Parallelogramms A, das von zwei Vektoren $a, b \in \mathbb{R}^2$ aufgespannt wird, gilt

$$A = \sqrt{\|a\|^2\|b\|^2 - \langle a, b\rangle^2}$$

denn

$$A = \text{„Grundseite mal Höhe"} = \|a\| \cdot \|b\| \cdot \sin(a, b)$$

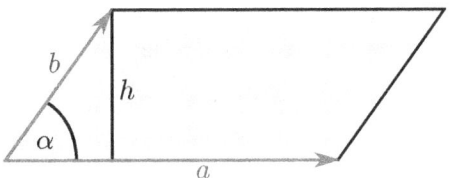

Daher ist

$$A^2 = \|a\|^2 \cdot \|b\|^2 \cdot \sin^2(a, b) = \|a\|^2 \cdot \|b\|^2 - \|a\|^2 \cdot \|b\|^2 \cos^2(a, b) = \|a\|^2 \cdot \|b\|^2 - \langle a, b\rangle^2.$$

Wir wollen diese Formel nun auf „höherdimensionale Parallelogramme" im $\mathbb{R}^n$ verallgemeinern.

Definition.
*Ein **d-dimensionales Parallelepiped** (oder kurz **Spat**) ist eine Menge der Form*

$$P(a_1, ..., a_d) = \left\{ \sum_{j=1}^{d} t_j a_j;\ 0 \leq t_j \leq 1 \right\}.$$

Man sagt, dass die Vektoren $a_1, ..., a_d \in \mathbb{R}^n$ das Spat aufspannen.

Um das d-dimensionale Volumen eines solchen Parallelepipeds $P(a_1, ..., a_d)$ zu bestimmen, kann man sich zunächst überlegen, welche Regeln für dieses Volumen anschaulich gelten sollten. Wir suchen eine Funktion

$$V_d : \underbrace{\mathbb{R}^n \times ... \times \mathbb{R}^n}_{d-mal} \to [0, \infty)$$

mit den folgenden Eigenschaften:

(V1) Verhalten unter Streckungen: Für $\lambda_1, \ldots, \lambda_d \in \mathbb{R}$ und Vektoren $a_1, \ldots, a_d \in \mathbb{R}^n$ gilt

$$V_d(\lambda_1 a_1, ..., \lambda_d a_d) = |\lambda_1| \cdot \ldots \cdot |\lambda_d| \cdot V_d(a_1, ..., a_d)$$

(V2) Verhalten unter Scherungen: Für $i \neq j$ gilt

$$V_d(a_1, ..., a_i + a_j, ..., a_j, ..., a_d) = V_d(a_1, ..., a_d)$$

(V3) Würfelvolumen: Für Vektoren $a_1, a_2, \ldots, a_d$ mit Länge $\|a_j\| = 1$, die paarweise orthogonal sind ($\langle a_i, a_j \rangle = 0$ für $i \neq j$) gilt

$$V_d(a_1, ..., a_d) = 1.$$

Satz 23.1.
Seien $d, n \in \mathbb{N}$ mit $d \leq n$.
Dann erfüllt die Abbildung $V_d : (\mathbb{R}^n)^d \to [0, \infty)$ mit

$$V_d(a_1, ..., a_d) = \sqrt{\det(A^T A)}$$

die Bedingungen (V1)-(V3).
Hierbei ist A die aus den d Vektoren $a_1, \ldots, a_d$ gebildete $n \times d$-Matrix und

$$A^T A = (\langle a_i, a_j \rangle)_{1 \leq i,j \leq d}$$

eine $d \times d$-Matrix.

Bemerkung: Wegen $x^T (A^T A) x = (Ax)^T (Ax) = \|Ax\|_2^2 \geq 0$ ist die Matrix $A^T A$ positiv semidefinit.
Für jeden Eigenwert $\lambda \neq 0$ von $A^T A$ mit zugehörigem Eigenvektor v gilt dann

$$A^T A v = \lambda v \Rightarrow v^T A^T A v = v^T \lambda v = \lambda v^T v \Rightarrow \lambda = \frac{\|Av\|^2}{\|v\|^2} > 0$$

also ist $\det(A^T A)$ als das Produkt der Eigenwerte von $A^T A$ nicht negativ und man kann die Wurzel auf jeden Fall ziehen.

Beweis: Wir prüfen nach, dass die drei Eigenschaften (V1)-(V3) erfüllt sind.

(V1) Für $\lambda_j \in \mathbb{R}$ und beliebige Vektoren $a_j \in \mathbb{R}^n$ gilt

$$V_d(\lambda_1 a_1, ..., \lambda_d a_d) = \sqrt{\det(\tilde{A}^T \tilde{A})}$$

wobei

$$\tilde{A} = (\lambda_1 a_1, ..., \lambda_d a_d) \text{ und damit } \tilde{A}^T \tilde{A} = (\langle \lambda_i a_i, \lambda_j a_j \rangle)_{i,j=1,...,d}$$

Bei der Berechnung von $\det(\tilde{A}^T \tilde{A})$ kann man also aus der i-ten Zeile und i-ten Spalte jeweils den Faktor λ_i herausziehen und erhält so

$$\det(\tilde{A}^T \tilde{A}) = \lambda_1^2 \cdot \lambda_2^2 \cdot ... \cdot \lambda_d^2 \cdot \det(A^T A)$$

und durch Wurzelziehen

$$\sqrt{\det(\tilde{A}^T \tilde{A})} = \prod_{j=1}^{d} |\lambda_j| \cdot V_d(a_1, ..., a_d)$$

(V2) Sei $\tilde{A}$ die Matrix mit Spaltenvektoren $a_1, ..., a_i + a_j, ..., a_j, ..., a_d$.

$$V_d(a_1, ..., a_i + a_j, ..., a_j, ..., a_d) = V_d(a_1, ..., a_d)$$

Dann ist

$$\tilde{A}^T \tilde{A} = \begin{pmatrix} \langle a_1, a_1 \rangle & \langle a_1, a_2 \rangle & ... & \langle a_1, a_i + a_j \rangle & ... & \langle a_1, a_d \rangle \\ \langle a_2, a_1 \rangle & \langle a_2, a_2 \rangle & ... & \langle a_2, a_i + a_j \rangle & ... & \langle a_2, a_d \rangle \\ \vdots & & \ddots & \ddots & & \vdots \\ \langle a_i + a_j, a_1 \rangle & \langle a_i + a_j, a_2 \rangle & ... & \langle a_i + a_j, a_i + a_j \rangle & ... & \langle a_i + a_j, a_d \rangle \\ \vdots & & \ddots & \ddots & & \vdots \\ \langle a_d, a_1 \rangle & \langle a_d, a_2 \rangle & ... & \langle a_d, a_i + a_j \rangle & ... & \langle a_d, a_d \rangle \end{pmatrix}$$

Da das Addieren einer Zeile zu einer anderen und auch das Addieren einer Spalte zu einer anderen die Determinante nicht ändert ist $\det \tilde{A}^T \tilde{A} = \det A^T A$.

(V3) Für Vektoren $a_1, a_2, ..., a_d$ mit $\|a_j\| = 1$ und $\langle a_i, a_j \rangle = 0$ ist $A^T A = E_d$ und damit

$$V_d(a_1, ..., a_d) = \sqrt{\det E_d} = 1.$$

$\square$

Bemerkung: Man kann zeigen, dass V_d die *einzige* Abbildung ist, die die Eigenschaften (V1)-(V3) hat, siehe Übungen.

Beispiele:

▶ $d = 1$: $V_1(a) = \|a\|$

▶ $d = 2$: $V_2(a, b) = \sqrt{\|a\|^2 \|b\|^2 - \langle a, b \rangle^2}$

▶ $d = n - 1$: $V_{n-1}(a_1, ..., a_{n-1}) = \|a_0\|$ wobei

$$a_0 = a_1 \times ... \times a_{n-1} = \begin{pmatrix} \alpha_1 \\ \vdots \\ \alpha_n \end{pmatrix} \quad \text{mit} \quad \alpha_k = (-1)^k \det(A_k).$$

Hierbei erhält man die $(n-1) \times (n-1)$-Matrix $A_k \in M(n-1, \mathbb{R})$ aus A, indem man die k-te Zeile von A weglässt.
Durch diese Definition wird $\langle a_0, a_i \rangle = 0$ für $i = 1, \ldots, n-1$, denn es ist

$$0 = \det(a_i, a_1, a_2, \ldots, a_i, \ldots, a_d) = \sum_{k=1}^{n} (-1)^k a_{ik} \det(A_k) = \langle a_i, a_0 \rangle$$

wenn man die Matrix $(a_i, a_1, a_2, \ldots, a_i, \ldots, a_{n-1})$ nach der ersten Spalte entwickelt.

Ganz ähnlich kann man auch die Matrix $B = (a_0, a_1, \ldots, a_{n-1})$ nach der ersten Spalte entwickeln und erhält mit der selben Rechnung

$$\det(B) = \langle a_0, a_0 \rangle = \|a_0\|^2 \Rightarrow \det(B^T B) = (\det B)^2 = \|a_0\|^4.$$

Andererseits hat $B^T B$ die Blockdiagonalgestalt

$$B^T B = \begin{pmatrix} \|a_0\|^2 & 0 \\ 0 & A^T A \end{pmatrix}$$

daher ist auch

$$\det(B^T B) = \|a_0\|^2 \det(A^T A)$$

Vergleicht man die beiden Ergebnisse für $\det(B^T B)$, ergibt sich daraus direkt

$$\det(A^T A) = \|a_0\|^2.$$

Beispiel: Sei $Q \subset \mathbb{R}^d$ ein Quader und $A : \mathbb{R}^d \to \mathbb{R}^n$ eine lineare Abbildung. Dann ist

$$\Rightarrow V_d(A(Q)) = \sqrt{\det(A^T A)} \, m(Q)$$

wobei $m(Q)$ das d-dimensionale Elementarvolumen von Q (im $\mathbb{R}^d$) ist,
denn: Stellt man die Matrix in der Form $A = (a_1, ..., a_d)$ dar, und setzt

$$Q = [0, \lambda_1] \times [0, \lambda_2] \times \ldots \times [0, \lambda_d],$$

dann ist $A(Q) = P(\lambda_1 a_1, \ldots, \lambda_d a_d)$ ein Parallelepiped und während das d-dimensionale Elementarvolumen von Q gerade $m(Q) = \prod \lambda_i$ ist, gilt nach (V1)

$$
\begin{aligned}
V_d(A(Q)) &= V_d(\lambda_1 a_1, ..., \lambda_d a_d) \\
&= \underbrace{\prod \lambda_i}_{=m(Q)} \cdot \underbrace{V_d(a_1, ..., a_d)}_{\sqrt{\det(A^T A)}}
\end{aligned}
$$

23.2. Untermannigfaltigkeiten

Während wir bisher im $\mathbb{R}^2$ immer über zweidimensionale Mengen und im $\mathbb{R}^3$ immer über dreidimensionale Mengen integriert haben, kommt es auch oft vor, dass man im $\mathbb{R}^3$ über eine Fläche integrieren möchte. Das ist in einem gewissen Sinne vergleichbar mit den Kurvenintegralen im $\mathbb{R}^n$. Die niedrig-dimensionaleren Mengen des $\mathbb{R}^n$, die von ihrer Struktur her geeignet sind, dass man dort integrieren kann, sind die Untermannigfaltigkeiten, an deren Definition hier erinnert werden soll.

Definition. *(Untermannigfaltigkeit, siehe Kapitel 16)*
Eine Teilmenge $M^k \subseteq \mathbb{R}^n$ heißt k-dimensionale, differenzierbare Untermannigfaltigkeit des $\mathbb{R}^n$, falls für jeden Punkt $p \in M^k$ eine Umgebung W von p in $\mathbb{R}^n$ und ein Diffeomorphismus $\varphi : W \to V \subseteq \mathbb{R}^n$ existiert mit

$$\varphi(M^k \cap W) = V \cap \left(\mathbb{R}^k \times \underbrace{\{0\}}_{\in \mathbb{R}^{n-k}} \right) = V \cap \{x_{k+1} = x_{k+2} = \ldots = x_n = 0\}$$

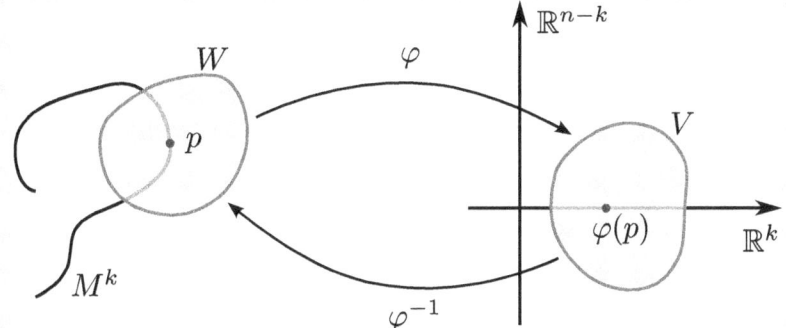

Dabei nennt man eine Abbildung φ einen C^α-Diffeomorphismus, falls φ bijektiv ist, und sowohl φ als auch φ^{-1} α-mal stetig differenzierbare Funktionen sind. Statt C^1-Diffeomorphismus sagt man meist nur Diffeomorphismus.

Bemerkung: Eine Teilmenge von M^k, für die eine offene Menge W wie in der Definition oben existiert, nennt man ein *Kartengebiet*. Die Einschränkung von φ auf $M^k \cap W$ nennt man eine *Karte* von M^k. Eine Familie von Karten von M^k, deren Kartengebiete ganz M^k überdecken, nennt man einen *Atlas*. Die Abbildung $\varphi^{-1}\big|_{\mathbb{R}^k \cap V}$ heißt *Parametrisierung* von $W \cap M^k$ oder *lokale Parametrisierung* von M^k.

Bemerkung: Man kann zeigen, dass jedes Kartengebiet $\Omega \subset M^k$ eine Parametrisierung $\psi : \mathbb{R}^k \supset U \to \Omega$ besitzt, so dass Rang $D\psi(x) = k$ für alle $x \in U$. Eine solche Abbildung nennt man eine *Immersion*.
Untermannigfaltigkeiten lassen sich auch noch auf andere Arten beschreiben:

Satz 23.2. *(Untermannigfaltigkeit als Niveaumenge)*
Sei $U \subseteq \mathbb{R}^n$ offen und $f : U \to \mathbb{R}^k$ stetig differenzierbar. Wir betrachten für ein $c \in \mathbb{R}^k$ die Niveaufläche $M = f^{-1}(c)$ von f zum Wert c, d.h. $x \in M \Leftrightarrow f(x) = c$.
Falls die Ableitung $Df(a)$ in allen Punkten $a \in M$ surjektiv ist, dann ist M eine $(n-k)$–dimensionale Untermannigfaltigkeit von $\mathbb{R}^n$.

Bemerkung: Ein $c \in \mathbb{R}^k$ heiß *regulärer Wert* von f, wenn für alle $a \in U$ mit $f(a) = c$ die Jacobimatrix $Df(a)$ den maximal möglichen Rang k hat. Auch im Fall $f^{-1}(c) = \{\}$ wird c als regulärer Wert bezeichnet. Die Aussage des vorigen Satzes lautet also kurz gefasst:

$$c \text{ regulärer Wert von } f \quad \Rightarrow \quad f^{-1}(c) \text{ ist Untermannigfaltigkeit}$$

Beispiele:

1. Die Sphäre $S^{n-1} = \{x \in \mathbb{R}^n;\ \|x\|_2^2 = 1\}$ ist eine $(n-1)$–dimensionale Untermannigfaltigkeit im $\mathbb{R}^n$ (eine **Hyperfläche**): Sie ist die Nullstellenmenge der stetig differenzierbaren Funktion $f(x) = \|x\|_2^2 - 1$, deren Gradient $Df(x) = 2x$ auf S^{n-1} nirgends verschwindet.

2. Analog behandelt man das $(n-1)$–dimensionale Ellipsoid

$$E = \left\{ x \in \mathbb{R}^n; \ \frac{x_1^2}{a_1^2} + \ldots + \frac{x_n^2}{a_n^2} = 1 \right\}$$

mit Halbachsen $a_1, \ldots, a_n$.

3. Das Paraboloid $\{x \in \mathbb{R}^3; \ x_1^2 + x_2^2 = x_3\}$ in $\mathbb{R}^3$ ist als Nullstellenmenge der stetig differenzierbaren Funktion $f(x) = x_1^2 + x_2^2 - x_3$ ebenfalls eine Hyperfläche, denn 0 ist ein regulärer Wert von f.

Bemerkung: Der Tangentialraum an die k–dimensionale Untermannigfaltigkeit M im Punkt $p_0 \in M$ ist der k–dimensionale Untervektorraum des $\mathbb{R}^n$

$$T_{p_0} M = \{ \underbrace{\dot{c}(0)}_{\in \mathbb{R}^n}; \ c : (-\varepsilon, \varepsilon) \to M \text{ differenzierbare Kurve mit } c(0) = p_0 \}$$

Die einzelnen Vektoren $\dot{c}(0)$ aus $T_{p_0} M$ heißen *Tangentialvektoren*.
Die Menge der Vektoren, die orthogonal zu allen Tangentialvektoren ist, bildet den *Normalraum*.

Eine Basis des Tangentialraums im Punkt p_0 kann man sich folgendermaßen verschaffen:

▶ Falls $\psi : U \to \mathbb{R}^n$ eine lokale Parametrisierung von M mit $\psi(x_0) = p_0$ ist, dann ist

$$T_{p_0} M = D\psi(x_0)(\mathbb{R}^k) = \{ D\psi(x_0) \cdot v; v \in \mathbb{R}^k \}$$

Insbesondere ist für die Standardbasis $\{e_1, \ldots, e_k\}$ des $\mathbb{R}^k$ die Menge

$$\{ D\psi(x_0)e_1, \ldots, D\psi(x_0)e_k \} = \{ \frac{\partial \psi}{\partial x_1}(x_0), \ldots, \frac{\partial \psi}{\partial x_k}(x_0) \}$$

eine Basis des Tangentialraums $T_{\psi(x_0)} M$.

▶ Falls die Untermannigfaltigkeit M als Niveaumenge einer Funktion f definiert ist, dann ist der Tangentialraum $T_{p_0} M$ an M im Punkt p_0 gerade der Kern von $Df(p_0)$. Der Normalraum wird aufgespannt von den Zeilenvektoren von $Df(p_0)$.

Bemerkung: Für eine Untermannigfaltigkeit, die über eine Parametrisierung gegeben ist, ist es leichter, eine Basis des Tangentialraums zu bestimmen, bei einer Untermannigfaltigkeit, die als Niveaufläche einer Funktion gegeben ist, kommt man leichter an den Normalraum.

Um den Begriff einer offenen Mengen auch auf Untermannigfaltigkeiten des $\mathbb{R}^n$ zur Verfügung zu haben, könnte man unterschiedlich vorgehen. Praktisch ist die folgende Definition, die sagt, dass eine Teilmenge A von M „offen in M" ist, wenn für jeden Punkt aus A auch alle in der Nähe liegenden Punkte von M ebenfalls in A sind:

Definition. *(offene Mengen)*
*Sei M eine Untermannigfaltigkeit des $\mathbb{R}^n$. Dann heißt $A \subset M$ **offen in M**, falls es zu jedem $a \in A$ ein $\varepsilon > 0$ gibt, so dass $B_\varepsilon(a) \cap M \subset A$ ist.*

Im Allgemeinen ist eine in M offene Menge keine offene Teilmenge des $\mathbb{R}^n$. Man spricht auch von einer offenen Menge „in der Relativ-Topologie", wenn man diesen Unterschied betonen möchte.

Offene Mengen in M sind jedoch Durchschnitte von offenen Mengen des $\mathbb{R}^n$ mit M, d.h. $A \subseteq M$ ist genau dann offen in M, wenn es eine offene Teilmenge U des $\mathbb{R}^n$ mit $U \cap M = A$ gibt. Konkret kann man als Menge U die Vereinigung aller Kugeln $B_\varepsilon(a)$ mit $a \in A$ nehmen, wobei der Radius ε wie bei der Definition der offenen Menge von a abhängen darf.

Satz 23.3. *(Kartenwechsel)*
Sei M eine k-dimensionale Untermannigfaltigkeit des $\mathbb{R}^n$ und $\psi_1 : U_1 \to \Omega_1$ sowie $\psi_2 : U_2 \to \Omega_2$ seien zwei Karten mit $U_1, U_2 \subset \mathbb{R}^k$ offen und $\Omega_1 \cap \Omega_2 \neq \emptyset$. Dann sind $U_j' = \psi_j^{-1}(\Omega_1 \cap \Omega_2)$ offen in $\mathbb{R}^k$ für $j = 1, 2$ und $\tau = \psi_2^{-1}\psi_1 : U_1' \to U_2'$ ist ein Diffeomorphismus.
*Man nennt τ einen **Kartenwechsel** oder eine **Koordinatentransformation**.*

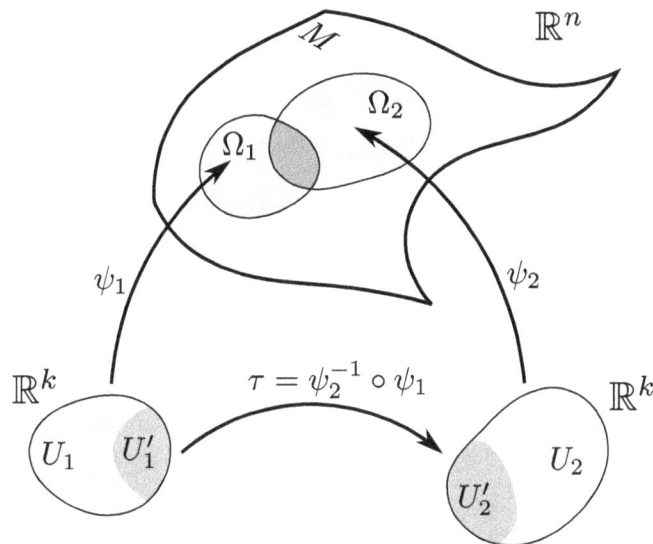

Beweis: Dass U_1' und U_2' offen sind, folgt sofort, weil sie Urbilder der offenen Menge $\Omega_1 \cap \Omega_2$ unter den stetigen Abbildungen ψ_1 bzw. ψ_2 sind. Nach Konstruktion ist $\tau : \psi_2^{-1}\psi_1$ eine bijektive Abbildung, da $\psi_1|_{U_1'} : U_1' \to \Omega_1 \cap \Omega_2$ und $\psi_2|_{U_2'} : U_2' \to \Omega_1 \cap \Omega_2$ beide bijektiv sind.
Zu zeigen ist also eigentlich nur, dass τ differenzierbar ist. Nach der Definition einer k-dimensionalen Untermannigfaltigkeit finden wir zu jedem Punkt $a \in M$ eine offene Umgebung W in $\mathbb{R}^n$ sowie eine offene Menge $V \subseteq \mathbb{R}^n$ und einen Diffeomorphismus $\varphi : W \to V$ mit

$$\varphi(M \cap W) = \{x \in V;\ x_{k+1} = \ldots = x_n = 0\}.$$

Wir können die Hintereinanderausführung $\varphi \circ \psi_1 : U_1' \to \mathbb{R}^n$ also schreiben in der Form

$$(\varphi \circ \psi_1)(t_1, t_2, \ldots, t_k) = (g_1(t), \ldots, g_k(t), 0, \ldots, 0)$$

und genauso auch

$$(\varphi \circ \psi_2)(t_1, t_2, \ldots, t_k) = (h_1(t), \ldots, h_k(t), 0, \ldots, 0).$$

Dabei haben die Jacobi-Matrizen $D\psi_1$ und $D\psi_2$ jeweils den Rang k. $D\varphi$ ist invertierbar

$$\Rightarrow \operatorname{Rang}\left(\frac{\partial g_l}{\partial t_j}\right)_{l,j=1,\ldots,k} = k = \operatorname{Rang}\left(\frac{\partial h_l}{\partial t_j}\right)_{l,j=1,\ldots,k}$$

Damit sind

$$
\begin{aligned}
g = (g_1, \ldots, g_k) &: \quad U_1' \to V \cap \{x_{k+1} = \ldots = x_n = 0\} \\
h = (h_1, \ldots, h_k) &: \quad U_2' \to V \cap \{x_{k+1} = \ldots = x_n = 0\}
\end{aligned}
$$

beide Diffeomorphismen auf die offene Teilmenge $V \cap \{x_{k+1} = \ldots = x_n = 0\} \subset \mathbb{R}^k$. Da auf U_1' gilt

$$\tau = \psi_2^{-1}\psi_1 = (\varphi \circ \psi_2)^{-1} \circ (\varphi \circ \psi_1) = h^{-1} \circ g$$

ist auch τ ein C^1-Diffeomorphismus. $\qquad\qquad\qquad\qquad\qquad\qquad\qquad\qquad\qquad\square$

23.3. Metrischer Tensor und Gramsche Determinante

Definition. *(Maßtensor, Gramsche Determinante)*
Sei $U \subset \mathbb{R}^k$ offen und $\psi : U \to \mathbb{R}^n$ eine (lokale) Parametrisierung für M. Wir definieren den **Maß-tensor** *oder* **metrischen Tensor** *$g = (g_{ij})$ durch*

$$g(x) = D\psi(x)^T D\psi(x).$$

In Komponenten:

$$g_{ij}(x) = \sum_{k=1}^{n} \frac{\partial \psi_k(x)}{\partial x_i} \frac{\partial \psi_k(x)}{\partial x_j}$$

Die Determinante $\det g$ *heißt* **Gramsche Determinante***.*

Bemerkung: Die Gramsche Determinante ist immer echt positiv, denn die Eigenwerte der positiv semidefiniten Matrix $D\psi^T D\psi$ sind nicht-negativ. Auch Null kann kein Eigenwert sein, da sonst ein Vektor $v \in \mathbb{R}^k \setminus \{0\}$ existiert mit

$$D\psi^T D\psi v = 0 \Rightarrow v^T D\psi^T D\psi v = 0 \Leftrightarrow (D\psi v)^T (D\psi v) = 0 \Rightarrow D\psi v = 0$$

und damit die Spaltenvektoren von $D\psi(x)$ linear abhängig wären. Dies wäre aber ein Widerspruch zur Eigenschaft Rang $D\psi = k$ einer lokalen Parametrisierung.
Beispiel: Wir betrachten die zweidimensionale Sphäre im $\mathbb{R}^3$ mit der durch Kugelkoordinaten motivierten Karte $\Psi : (0, 2\pi) \times (0, \pi) \to \mathbb{R}^3$ die gegeben ist als

$$\Psi(\varphi, \vartheta) = \begin{pmatrix} \sin\vartheta \cos\varphi \\ \sin\vartheta \sin\varphi \\ \cos\vartheta \end{pmatrix}$$

Der Maßtensor $D\Psi(\varphi, \vartheta)^T D\Psi(\varphi, \vartheta) = g(\varphi, \vartheta)$ ergibt sich als

$$g(\varphi, \vartheta) = \begin{pmatrix} \sin^2\vartheta & 0 \\ 0 & 1 \end{pmatrix}$$

so dass $\det g(\varphi, \vartheta) = \sin^2\vartheta$.

Bemerkung: Sei $1 \leq k \leq n$, $U \subset \mathbb{R}^k$ offen und $\psi : U \to \mathbb{R}^n$ stetig differenzierbar. Für $x \in U$ sei $g(x) = D\psi(x)^T D\psi(x)$ der metrische Tensor von ψ.

▶ Dann ist für $k = n$ immer $\sqrt{\det g(x)} = |\det D\psi(x)|$ ($\leadsto$ Transformationsformel).

▶ Für $k = 1$ (Kurve im $\mathbb{R}^n$) ist $\sqrt{\det g(x)} = \|\psi'(x)\|_2$ ($\leadsto$ Kurvenintegral).

▶ Für $k = 2$ und $n = 3$ (Fläche im $\mathbb{R}^3$) ist $\det g(x) = \left\| \dfrac{\partial \psi}{\partial x_1} \times \dfrac{\partial \psi}{\partial x_2} \right\|_2^2$

Bemerkung: Für jedes $x_0 \in U$ definiert die positiv definite Matrix $g(x_0)$ ein Skalarprodukt auf $\mathbb{R}^k$ (streng genommen eigentlich auf den Tangentialvektoren im Punkt x_0 an $\mathbb{R}^k$), das es uns erlaubt, im Parameterbereich $U \subset \mathbb{R}^k$ die Längen und Winkel zu messen, die die Bildvektoren auf der Mannigfaltigkeit bilden:

Seien $c_1, c_2 : (-\varepsilon, \varepsilon) \to U$ Kurven mit $c_1(0) = c_2(0) = x_0$ und Tangentialvektoren $v = \dot{c}_1(0)$ und $w = \dot{c}_2(0)$. Für die Bildkurven $C_j = \psi \circ c_j, j = 1, 2$ in M gilt dann

$$\langle \dot{C}_1(0), \dot{C}_2(0) \rangle = \langle D\psi(\underbrace{c_1(0)}_{=x_0}) \underbrace{\dot{c}_1(0)}_{=v}, D\psi(\underbrace{c_2(0)}_{=x_0}) \underbrace{\dot{c}_2(0)}_{=w} \rangle = \langle v, D\psi(x_0)^T D\psi(x_0)w \rangle$$

$$= \langle v, g(x_0)w \rangle = \sum_{i,j} g_{ij} \, v_i \, w_j.$$

23.4. Integration auf Mannigfaltigkeiten

Eine Funktion $f : M \to \mathbb{R}$ kann man nun integrieren, indem man eine Parametrisierung $\psi : U \to \Omega \subseteq M$ benutzt und

$$\int_\Omega f \, \mathrm{d}S := \int_U f(\psi(x)) \sqrt{\det(D\psi(x)^T D\psi(x))} \, \mathrm{d}x,$$

setzt, falls das Integral auf der rechten Seite existiert. Dabei ist $\det(D\psi(x)^T D\psi(x))$ die Gramsche Determinante der Abbildung ψ.

Diese Definition hängt nicht davon ab, welche Parametrisierung man für das Gebiet Ω wählt:

Satz 23.4.
Seien $\psi : U \to \Omega \subset M$ und $\tilde{\psi} : \tilde{U} \to \Omega \subset M$ zwei lokale Parametrisierungen von Ω. Dann ist

$$\int_U f(\psi(x)) \sqrt{\det(D\psi(x)^T D\psi(x))} \, \mathrm{d}x = \int_{\tilde{U}} f(\tilde{\psi}(x)) \sqrt{\det(D\tilde{\psi}(x)^T D\tilde{\psi}(x))} \, \mathrm{d}x.$$

Beweis: Die Abbildung $\tilde{\psi}$ lässt sich schreiben als

$$\tilde{\psi} = \psi \circ \tau$$

mit einer differenzierbaren Kartenwechselabbildung $\tau : \tilde{U} \to U$. Für den Maßtensor $\tilde{g}$ bezüglich $\tilde{\psi}$ gilt

$$\begin{aligned} \tilde{g}(x) = D\tilde{\psi}(x)^T D\tilde{\psi}(x) &= D(\psi \circ \tau)(x)^T D(\psi \circ \tau)(x) \\ &= (D\psi(\tau(x))D\tau(x))^T (D\psi(\tau(x))D\tau(x)) \\ &= D\tau(x)^T g(\tau(x))D\tau(x) \end{aligned}$$

und für die Gramsche Determinante

$$\det \tilde{g}(x) = \det(D\tau(x)^T g(\tau(x))D\tau(x)) = \det g(\tau(x)) \det(D\tau(x))^2.$$

Damit ist nach der Transformationsformel mit $y = \tau(x)$

$$\int\limits_U f(\psi(y))\sqrt{\det(D\psi(y)^T D\psi(y))}\,\mathrm{d}y$$

$$= \int\limits_{\tau^{-1}(U)} f(\psi(\tau(x)))\sqrt{\det(D\psi(\tau(x))^T D\psi(\tau(x)))}\,|\det D\tau(x)|\,\mathrm{d}x$$

$$= \int_{\tilde{U}} f(\tilde{\psi}(x))\sqrt{\det(D\tilde{\psi}(x)^T D\tilde{\psi}(x))}\,\mathrm{d}x.$$

$\square$

Ein Problem ergibt sich noch daraus, dass wir bisher nur über einen Kartenbereich integrieren, sich aber viele Mannigfaltigkeiten nur als Vereinigung mehrerer Kartenbereiche darstellen lassen. Hier gibt es zwei Auswege:

1. Manche Mannigfaltigkeiten (zum Beispiel die Sphäre oder der Torus) lassen sich bis auf eine Nullmenge durch ein Kartengebiet überdecken. Da Nullmengen bei der Integration wieder keine Rolle spielen, lassen sich die Integrationen über diese Mannigfaltigkeiten dann tatsächlich in einer einzigen Parametrisierung durchführen.

2. Man zerlegt den Integrationsbereich mit Hilfe eines endlichen Atlas in Kartenbereiche und sorgt dafür, dass man getrennt über die einzelnen Kartenbereiche integrieren darf.

Um mit Hilfe der zweiten Variante über die gesamte Mannigfaltigkeit zu integrieren, muss die Funktion $f : M \to \mathbb{R}$ in eine Summe von Funktionen zerlegen, die jeweils nur innerhalb eines Kartengebiets von Null verschieden sind.

Der technische Zugang, eine solche Zerlegung für alle Funktionen $f : M \to \mathbb{R}$ gleichzeitig zu konstruieren, besteht darin, die konstante Abbildung $K : M \to \mathbb{R}$, die jedem Punkt $x \in M$ die Zahl 1 zuordnet, in eine Summe von Abbildungen $\alpha_1, \ldots, \alpha_N$ zu zerlegen, die zu einer vorgegebenen Menge von Kartenabbildungen passen. Die Zerlegung einer beliebigen Funktion f erreicht man dann mit $\alpha_1 \cdot f, \ldots, \alpha_N \cdot f$. Dies erlaubt, viele Beweise von einem lokalen Argument (in einer einzigen festen Kartenabbildung) auf eine globale Aussage für die gesamte Untermannigfaltigkeit zu erweitern.

Satz 23.5. (*Zerlegung der Eins*)
Es sei M eine Mannigfaltigkeit, die eine endliche Überdeckung $\{\Omega_j : j = 1, \ldots, N\}$ durch offene Mengen hat (z.B. falls M kompakt ist). Die zugehörigen Kartenabbildungen seien $\varphi_j : U_j \to \Omega_j$ mit $U_j \subset \mathbb{R}^k$. Dann gibt es Funktionen $\alpha_j : M \to \mathbb{R}$, $j = 1, \ldots, N$ mit folgenden Eigenschaften:

(i) $0 \le \alpha_j \le 1$ für $j = 1, \ldots, N$

(ii) $\alpha_j(x) = 0$ falls $x \notin \Omega_j$

(iii) $\sum\limits_{j=1}^{N} \alpha_j(x) = 1$ für alle $x \in M$

*(iv) Die Funktionen $\alpha_j \circ \varphi_j : \mathbb{R}^k \to \mathbb{R}$ sind messbar. Dabei wird $\alpha_j \circ \varphi_j$ außerhalb von U_j durch Null fortgesetzt. Die α_j nennt man die der Überdeckung $\{\Omega_j; \ j = 1, \ldots, N\}$ zugeordnete **Zerlegung der Eins**.*

Beweis: Sei χ_{Ω_j} die charakteristische Funktion von Ω_j. Dann erfüllen

$$\alpha_j(x) = \frac{\chi_{\Omega_j}(x)}{\sum\limits_{k=1}^{N} \chi_{\Omega_k}(x)}$$

alle Bedingungen.

□

Man kann das gleiche Resultat auch mit C^∞-Funktionen bekommen, dazu kombiniert man diese Version des Satzes noch mit einer Faltung mit C^∞-Funktionen mit kompaktem Träger, genauer: Man verkleinert die Mengen Ω_j zu $\tilde{\Omega}_j$ so dass die $\tilde{\Omega}_j$ immer noch eine Überdeckung von M darstellen, aber für ein kleines $\delta > 0$

$$\{x \in M; \text{ es gibt ein } v \in \tilde{\Omega}_j \text{ mit } |x - v| < \delta\} \subseteq \Omega_j$$

gilt. Anschaulich bedeutet das, dass man $\tilde{\Omega}_j$ in alle Richtungen um δ vergrößern kann, und diese angedickte Menge immer noch in Ω_j liegt. Mittels Faltung von $\chi_{\tilde{\Omega}_j}$ mit einer C_0^∞-Diracfolge kann man dann eine Familie von C^∞-Funktionen $\beta_1, \beta_2, \dots, \beta_n$ konstruieren, so dass der Träger von β_j in Ω_j liegt.

Setzt man dann noch $\alpha_j(x) = \dfrac{\beta_j(x)}{\sum\limits_{k=1}^{N} \beta_k(x)}$ hat man eine entsprechende C^∞-Zerlegung der Eins konstruiert.

Definition. *(Integration auf Mannigfaltigkeiten)*
Mit den obigen Bezeichnungen nennen wir eine Funktion $f : M \to \mathbb{R}$ integrierbar, falls sie in allen Karten integrierbar ist, d.h. falls für $j = 1, \dots, N$ alle Abbildungen $f \circ \varphi_j : U_j \to \mathbb{R}$ integrierbar sind. Wir setzen dann

$$\int\limits_{M} f(x)\, dS := \sum_{j=1}^{N} \int\limits_{\Omega_j} (\alpha_j \cdot f)(x)\, dS = \sum_{j=1}^{N} \int\limits_{U_j} (\alpha_j \cdot f)(\varphi_j(t)) \sqrt{\det g_j(t)}\, dt,$$

falls die Integrale auf der rechten Seite alle existieren. Dabei ist (α_j) eine Zerlegung der Eins und $\det g_j(t)$ die Gramsche Determinante der Abbildung $\varphi_j : U_j \to \Omega_j \subset M$.

In Satz 23.4 haben wir schon gezeigt, dass das Integral nicht von der Wahl der Karten abhängt. Damit die Definition sinnvoll ist, muss man allerdings noch zeigen, dass es auch nicht davon abhängt , welche Zerlegung der Eins man benutzt.

Nehmen wir dazu an, wir haben eine weitere Zerlegung der Eins $1 = \sum\limits_{\ell=1}^{p} \beta_l$ mit anderer Karten $\tilde{\psi}_\ell : \tilde{U}_\ell \to \tilde{\Omega}_\ell, \ell = 1, \dots, p$. Dann ist

$$\sum_{\ell=1}^{p} \int\limits_{M} \alpha_j(x)\beta_\ell(x)f(x)\, dS = \int\limits_{M} \alpha_j(x)f(x)\, dS$$

$$\sum_{j=1}^{N} \int\limits_{M} \alpha_j(x)\beta_\ell(x)f(x)\, dS = \int\limits_{M} \beta_l(x)f(x)\, dS,$$

da im ersten Fall alle Integrale über $M \setminus \Omega_j$ und im zweiten Fall alle über $M \setminus \tilde{\Omega}_l$ verschwinden. Summiert man nun über j bzw. l ergibt sich

$$\sum_{j=1}^{N} \int_M \alpha_j(x) f(x) \, \mathrm{d}S = \sum_j \sum_\ell \int_M \alpha_j \beta_\ell f(x) \, \mathrm{d}S = \sum_{\ell=1}^{p} \int_M \beta_\ell f(x) \, \mathrm{d}S.$$

Definition. *(k-dimensionales Volumen)*
Wir nennen eine Teilmenge E von M messbar, falls ihre charakteristische Funktion integrierbar ist. Dann heißt

$$\mathrm{vol}_k(E) = \int_M \chi_E(x) \, \mathrm{d}S$$

das k-dimensionale Volumen von E.

Beispiel: Für die zweidimensionale Sphäre im $\mathbb{R}^3$ mit der Karte $\Psi : (0, \pi) \times (0, 2\pi) \to \mathbb{R}$ und

$$\Psi(\varphi, \vartheta) = \begin{pmatrix} \sin \vartheta \cos \varphi \\ \sin \vartheta \sin \varphi \\ \cos \vartheta \end{pmatrix}$$

hatten wir den Maßtensor und die Gramsche Determinante $\det g(\varphi, \vartheta) = \sin^2 \vartheta$ bereits berechnet. Das Bild von Ψ ist die 2-Sphäre S^2 ohne den Nullmeridian. Da dieser nur eine Nullmenge ist, spielt er für die Integration keine wesentliche Rolle. Für eine Funktion $f : S^2 \to \mathbb{R}$ ist also

$$\int_{S^2} f(x) \, \mathrm{d}S = \int_0^{2\pi} \int_0^{\pi} f(\Psi(\varphi, \vartheta)) \sin \vartheta \, \mathrm{d}\vartheta \, \mathrm{d}\varphi$$

Insbesondere erhalten wir mit $f \equiv 1$ für den Oberflächeninhalt der Kugel

$$\mathrm{vol}_2(S^2) = \int_0^{2\pi} \int_0^{\pi} 1 \sin \vartheta \, \mathrm{d}\vartheta \, \mathrm{d}\varphi = \int_0^{2\pi} \underbrace{[-\cos \vartheta]_0^{\pi}}_{=2} \, \mathrm{d}\varphi = 4\pi$$

Beispiel: Eine weitere Fläche im $\mathbb{R}^3$ ist

$$M = \{(x, y, z) \in \mathbb{R}^3; \ x^2 + y^2 = z, z < 1\}.$$

Dabei handelt es sich um denjenigen Teil eines Paraboloids, der „unterhalb" der Ebene $z = 1$ liegt. Eine Parametrisierung $\Psi : \{(x, y) \in \mathbb{R}^2; \ x^2 + y^2 < 1\} \to \mathbb{R}^3$ ist gegeben durch

$$\Psi(x, y) = \begin{pmatrix} x \\ y \\ x^2 + y^2 \end{pmatrix}$$

mit der Jacobi-Matrix $D\Psi(x, y) = \begin{pmatrix} 1 & 0 \\ 0 & 1 \\ 2x & 2y \end{pmatrix}$. Damit ist

$$\det(D\Psi^T D\Psi) = \det \left(\begin{pmatrix} 1 & 0 & 2x \\ 0 & 1 & 2y \end{pmatrix} \begin{pmatrix} 1 & 0 \\ 0 & 1 \\ 2x & 2y \end{pmatrix} \right) = 1 + 4(x^2 + y^2)$$

Insbesondere erhalten wir mit Polarkoordinaten für die Oberfläche den Wert

$$\int\limits_{x^2+y^2<1} \sqrt{1+4(x^2+y^2)}\mathrm{d}x\,\mathrm{d}y = \int\limits_0^{2\pi}\int\limits_0^1 \sqrt{1+4r^2}r\,\mathrm{d}r\,\mathrm{d}\varphi = 2\pi\left[\frac{(1+4r^2)^{3/2}}{12}\right]_0^1 = \frac{\pi}{6}(5\sqrt{5}-1).$$

Beispiel: (Fläche von Graphen)
Es sei $U \subseteq \mathbb{R}^{n-1}$ offen und $F : U \to \mathbb{R}$ stetig differenzierbar. Dann ist der Graph von F die Menge $M = \{(x, F(x));\ x \in U\}$. M ist eine Hyperfläche in $\mathbb{R}^n$ die sich durch die Karte

$$\Phi : U \to \mathbb{R}^n, \quad \Phi(x) = \begin{pmatrix} x \\ F(x) \end{pmatrix}$$

parametrisieren lässt. Dabei ist

$$D\Phi(x) = \begin{pmatrix} 1 & 0 & \dots & 0 \\ 0 & 1 & \dots & 0 \\ \vdots & & \ddots & \vdots \\ 0 & 0 & \dots & 1 \\ \frac{\partial F}{\partial x_1} & \frac{\partial F}{\partial x_2} & \dots & \frac{\partial F}{\partial x_{n-1}} \end{pmatrix}$$

Um die Gramsche Determinante zu berechnen, wählt man eine orthogonale Matrix $R \in SO(n-1)$, so dass $R^T \nabla F(x) = (0, \dots, 0, \|\nabla F(x)\|)$ ist. Dann gilt mit der Abkürzung $c := \|\operatorname{grad} F(x)\|$

$$R^T D\Phi(x)^T D\Phi(x) R = \begin{pmatrix} & & 0 \\ R^T & & \vdots \\ & & 0 \\ & & c \end{pmatrix}\begin{pmatrix} & R & \\ 0 & \dots & 0 & c \end{pmatrix} = \begin{pmatrix} 1 & & & 0 \\ & \ddots & & \vdots \\ & & 1 & 0 \\ 0 & \dots & 0 & 1+c^2 \end{pmatrix}$$

Die Gramsche Determinante ist in diesem Fall also

$$\det(D\Phi(x)^T D\Phi(x)) = \det(R^T D\Phi(x)^T D\Phi(x)R) = 1 + \|\nabla F(x)\|^2.$$

Damit ist für eine Funktion $f : M \to \mathbb{R}$

$$\int_M f\,\mathrm{d}S = \int_U f(x, F(x))\sqrt{1 + \|\operatorname{grad} F(x)\|^2}\,\mathrm{d}x.$$

Beispiel: Integration über eine Halbsphäre
Die obere Halbsphäre $S_r^+ = \{x \in \mathbb{R}^n;\ \|x\|_2 = r, x_n > 0\}$ vom Radius r lässt sich schreiben als Graph einer Funktion $F : U \to \mathbb{R}$ mit $F(x) = \sqrt{r^2 - \|x\|_2^2}$ über der Menge $U = \{x \in \mathbb{R}^{n-1};\ \|x\|_2 < r\}$. Es ist also $\Phi(x) = \begin{pmatrix} x \\ F(x) \end{pmatrix}$ eine Parametrisierung von $S_r^\perp$. Hier ist

$$\frac{\partial F}{\partial x_j}(x) = -\frac{x_j}{\sqrt{r^2 - \|x\|_2^2}},$$

und somit nach dem vorigen Beispiel

$$\det(D\Phi(x)^T D\Phi(x)) = 1 + \frac{\|x\|_2^2}{r^2 - \|x\|_2^2} = \frac{r^2}{r^2 - \|x\|_2^2}.$$

Für jede integrierbare Funktion $f : S_r^+ \to \mathbb{R}$ ist also

$$
\begin{aligned}
\int_{S_r^+} f(x)\,\mathrm{d}S &= \int_{\|t\|_2 < r} f\left(t, \sqrt{r^2 - \|t\|_2^2}\right) \frac{r}{\sqrt{r^2 - \|t\|_2^2}}\,\mathrm{d}t \\
&\overset{s=t/r}{=} \int_{\|s\|_2 < 1} f\left(sr, r\sqrt{1 - \|s\|_2^2}\right) \frac{r^n}{\sqrt{r^2 - \|sr\|_2^2}}\,\mathrm{d}s \\
&= \int_{\|s\|_2 < 1} f\left(rs, r\sqrt{1 - \|s\|_2^2}\right) \frac{r^{n-1}}{\sqrt{1 - \|s\|_2^2}}\,\mathrm{d}s.
\end{aligned}
$$

23.5. Der Fluss durch eine orientierte Mannigfaltigkeit

Im Folgenden sei M eine k-dimensionale Untermannigfaltigkeit des $\mathbb{R}^n$ und $a \in M$.

Definition. *(Randpunkte)*
*Sei $A \subseteq \mathbb{R}^n$. Der **Rand** von A sind die Punkte von A, die keine inneren Punkte von A sind:*

$$
\partial A = \{x \in A;\, B_\varepsilon(x) \not\subseteq A \text{ für alle } \varepsilon > 0\}
$$

Definition. *(glatter Rand)*
*Eine kompakte Menge $A \subseteq \mathbb{R}^n$ hat einen **glatten Rand**, falls es zu jedem $a \in \partial A$ eine offene Umgebung U und eine stetig differenzierbare Funktion $h : U \to \mathbb{R}$ gibt mit den Eigenschaften*

(i) $A \cap U = \{x \in U : h(x) \le 0\}$

(ii) $\operatorname{grad} h(x) \neq 0 \,\forall\, x \in U.$

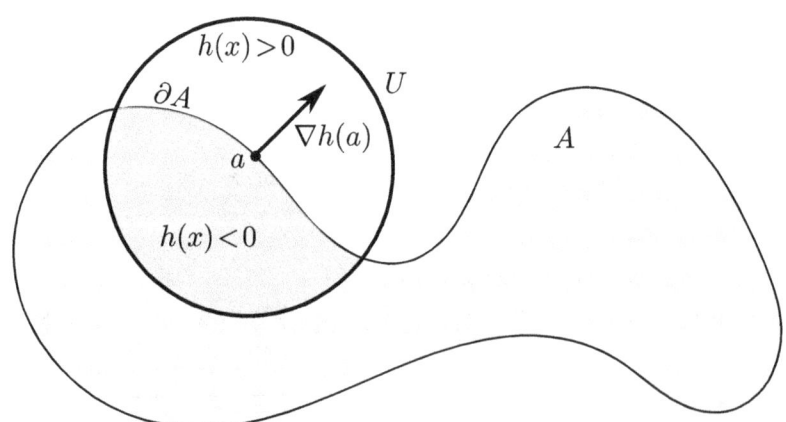

Man nennt h eine *randdefinierende Funktion*, weil $\partial A \cap U = \{x \in U;\ h(x) = 0\}$. Die Bedingung $\operatorname{grad} h(x) \neq 0$ könnte man auch so formulieren, dass $Dh(x)$ maximalen Rang besitzt. Insbesondere ist also nach Satz 16.8 aus Mathe 3 der Rand ∂A (lokal) die Niveaumenge einer differenzierbaren Funktion und damit eine $(n-1)$-dimensionale Untermannigfaltigkeit des $\mathbb{R}^n$.

Satz 23.6. *(Normalenvektor)*
Es sei $A \subseteq \mathbb{R}^n$ kompakt mit glattem Rand und $a \in \partial A$. Dann existiert ein eindeutig bestimmter Vektor $\nu \in \mathbb{R}^n$ mit

(i) $\nu \perp T_a(\partial A)$

(ii) $\|\nu\| = 1$

(iii) $\exists \varepsilon > 0 : a + \tau\nu \notin A$ für $0 < \tau < \varepsilon$.

Man nennt ν den äußeren Normalen(einheits)vektor.

Beweis: Um die Existenz von ν zu zeigen, konstruieren wir den äußeren Normaleneinheitsvektor explizit. Ist nämlich h eine randdefinierende Funktion nahe a, dann hat

$$\nu = \frac{\nabla h(a)}{\|\nabla h(a)\|}.$$

alle geforderten Eigenschaften. Die Eindeutigkeit sieht man daran, dass der Rand ∂A (lokal) eine $(n-1)$-dimensionale Untermannigfaltigkeit ist, also gilt für den Tangentialraum $\dim(T_a(\partial A)) = n - 1$ und damit $\dim(T_a(\partial A))^\perp = 1$. Der Normalraum an ∂A in a wird also von $\nabla h(a)$ aufgespannt und enthält nur Vektoren der Form $\nu = \lambda \nabla h(a)$. Wegen der Normierung (ii) muss $\lambda = \pm\|\nabla h(a)\|^{-1}$ sein, aus (iii) folgt dann noch das Vorzeichen $\lambda > 0$. □

Bemerkung: Die äußeren Normalenvektoren an eine kompakte Mannigfaltigkeit mit glattem Rand A bilden ein stetig differenzierbares Vektorfeld auf ∂A.
Das ist nicht selbstverständlich. Es gibt auch Untermannigfaltigkeiten, die kein stetiges Normalenfeld besitzen. Diese Mannigfaltigkeiten sind *nicht orientierbar* und das Paradebeispiel dafür ist das Möbiusband, dessen Modell im Foyer von NA aufgestellt ist. Solche nicht orientierbaren Hyperflächen können aber nicht Ränder von kompakten n-dimensionalen Untermannigfaltigkeiten im $\mathbb{R}^n$ sein.
Beispiel: Sei $A = \{x \in \mathbb{R}^n; \|x\| \le r, r > 0\}$ die Vollkugel mit Radius r. Als randdefinierende Funktion kann man hier $h(x) = \|x\|^2 - r^2$ wählen:
Hier ist $\partial A = \{x \in \mathbb{R}^n : \|x\| = r\}$; der Normalenvektor an x ist $\nu(x) = \dfrac{x}{r}$.

Definition. *(orientierte Hyperfläche)*
*Eine Hyperfläche $M \subset \mathbb{R}^n$ (also eine $(n-1)$-dimensionale Untermannigfaltigkeit des $\mathbb{R}^n$) heißt **orientiert**, falls sie ein stetiges Normalenfeld besitzt, d.h. falls es eine stetige Abbildung $\nu : M \to \mathbb{R}^n$ gibt mit $\nu(x) \in N_x M$.*

Definition. *(Fluss durch eine Hyperfläche)*
Sei $M \subset \mathbb{R}^n$ eine orientierte Hyperfläche mit Einheitsnormalenvektoren $\nu(x)$ und $V : \mathbb{R}^n \to \mathbb{R}^n$ ein stetiges Vektorfeld. Dann heißt

$$\int_M \langle V(x), \nu(x) \rangle \, \mathrm{d}S$$

*der **Fluss** von V durch M.*

Anschaulich kann man sich das Vektorfeld als eine Flüssigkeitsströmung vorstellen. Der Fluss durch M beschreibt dann die Flüssigkeitsmenge, die (pro Zeiteinheit) durch die Fläche hindurchströmt.

Beispiel: (Fluss durch eine zweidimensionale Fläche im $\mathbb{R}^3$)
Seien $V : \mathbb{R}^3 \to \mathbb{R}^3$ ein stetiges Vektorfeld, $U \subset \mathbb{R}^2$ offen und $\psi : U \to \mathbb{R}^3$ stetig differenzierbar. Es soll nun der Fluss von V durch die Fläche $M = \psi(U)$ berechnet werden.

▶ Einerseits ist der Einheitsnormalenvektor $\nu(x)$ an $\psi(U)$

$$\nu(x) = \frac{\dfrac{\partial \psi}{\partial x_1} \times \dfrac{\partial \psi}{\partial x_2}}{\left\| \dfrac{\partial \psi}{\partial x_1} \times \dfrac{\partial \psi}{\partial x_2} \right\|_2},$$

▶ andererseits ist die Gramsche Determinante

$$\det G(x) = \det D\psi(x)^T D\psi(x) = \left\| \frac{\partial \psi}{\partial x_1} \times \frac{\partial \psi}{\partial x_2} \right\|^2.$$

Daher kann man das Flussintegral berechnen, ohne dass man $\nu(x)$ normieren muss und ohne dass $\det G(x)$ berechnet werden muss:

$$\int_M \langle V, \nu \rangle \, \mathrm{d}S = \int_U \langle V(\psi(x)), \frac{\partial \psi}{\partial x_1} \times \frac{\partial \psi}{\partial x_2} \rangle \, \mathrm{d}x_1 \, \mathrm{d}x_2$$

23.6. Der Gaußsche Integralsatz

Der Satz von Gauß ist eine weitreichende Verallgemeinerung des Hauptsatzes der Differential- und Integralrechnung aus dem ersten Semester. So wie der Hauptsatz, die Werte $F(a)$ und $F(b)$ am Rand eines Intervalls $[a, b]$ mit dem Integral über F' in Verbindung setzt, verknüpft der Satz von Gauß die Werte auf dem Rand eines Gebiets mit dem Integral der Divergenz. Wir nähern uns dem Satz mit zwei vorbereitenden Resultaten:

Satz 23.7.
Ist $U \subseteq \mathbb{R}^n$ offen und hat die stetig differenzierbare Funktion $f : U \to \mathbb{R}$ kompakten Träger in U, so ist

$$\int_U \frac{\partial f}{\partial x_j}(x) \, \mathrm{d}x = 0 \text{ für} \quad j = 1, \ldots, n$$

Beweis: Ohne Einschränkung sei $j = 1$. Die Tatsache, dass U offen und der Träger von f kompakt ist, bedeutet anschaulich, dass f in der Nähe des Randes von U verschwindet. Wir setzen f außerhalb von U durch 0 fort und betrachten f als Funktion auf $\mathbb{R}^n$; Dann ist f immer noch stetig differenzierbar und mit Hilfe des Satzes von Fubini erhält man

$$\int_U \frac{\partial f}{\partial x_1}(x) \, \mathrm{d}x = \int_{\mathbb{R}^n} \frac{\partial f}{\partial x_1}(x) \, \mathrm{d}x \overset{\text{Fubini}}{=} \int_{\mathbb{R}^{n-1}} \underbrace{\int_{\mathbb{R}} \frac{\partial f}{\partial x_1}(x) \, \mathrm{d}x_1}_{=0 \text{ Hauptsatz}} \mathrm{d}x' = \int 0 \, \mathrm{d}x' = 0 \,.$$

$\square$

Als Nächstes betrachten wir eine spezielle Situation, in der der Rand eines Gebietes A sich als Graph schreiben lässt. Außerdem betrachten wir wie im vorhergegangenen Lemma eine Funktion, die einen kompakten Träger besitzt, und die daher in der Nähe des Randes eines Gebiets verschwindet.

Satz 23.8. *(Spezialfall des Satzes von Gauß)*
Es sei $U' \subseteq \mathbb{R}^{n-1}$ offen, $I = (\alpha, \beta)$ und $g : U' \to I$ stetig differenzierbar. Wir setzen $x' = (x_1, x_2, \ldots, x_{n-1})$ und

$$A = \{(x', x_n) \in U' \times I : x_n \leq g(x')\}$$
$$M = \{(x', x_n) \in U' \times I : x_n = g(x')\}$$

Dann gilt für jede stetig differenzierbare Funktion $f : U' \times I \to \mathbb{R}$ mit kompakten Träger in $U' \times I$ und alle $j = 1, \ldots, n$:

$$\int_A \frac{\partial f}{\partial x_j}(x)\, dx = \int_M f(t)\nu_j(t)\, dS(t),$$

wobei ν_j die j-te Komponente des äußeren Normalenvektors ist.

Beweis: Der Tangentialraum an M wird aufgespannt von den Vektoren

$$\begin{pmatrix} 1 \\ 0 \\ 0 \\ \vdots \\ \frac{\partial g}{\partial x_1}(x') \end{pmatrix}, \begin{pmatrix} 0 \\ 1 \\ 0 \\ \vdots \\ \frac{\partial g}{\partial x_2}(x') \end{pmatrix}, \begin{pmatrix} 0 \\ 0 \\ 1 \\ \vdots \\ \frac{\partial g}{\partial x_3}(x') \end{pmatrix}, \ldots$$

Der Normalenvektor ist senkrecht zu diesen Vektoren, also

$$\nu(x) = \frac{1}{1 + \|\nabla g(x')\|^2} \begin{pmatrix} -\frac{\partial g}{\partial x_1}(x') \\ -\frac{\partial g}{\partial x_2}(x') \\ -\frac{\partial g}{\partial x_3}(x') \\ \vdots \\ 1 \end{pmatrix}$$

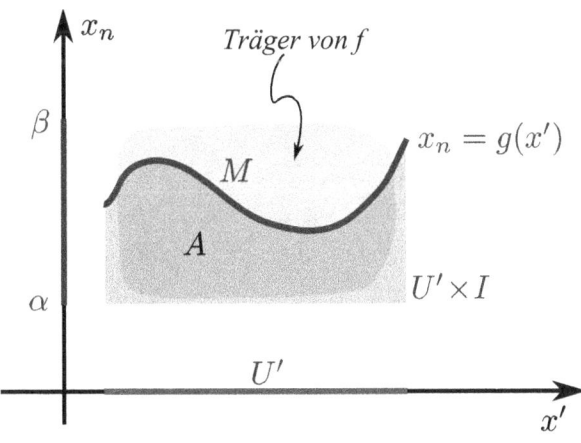

1. Fall: $1 \leq j \leq n-1$

Die Kettenregel besagt, dass

$$\frac{\partial}{\partial x_j} \int_\alpha^{g(x')} f(x) \, dx_n = \int_\alpha^{g(x')} \frac{\partial f}{\partial x_j} \, dx_n + f(x', g(x')) \frac{\partial g}{\partial x_j}(x') \,.$$

Daraus folgt:

$$\int_A \frac{\partial f}{\partial x_j} \, dx \overset{\text{Fubini}}{=} \int_{U'} \left(\int_\alpha^{g(x')} \frac{\partial f}{\partial x_j}(x) \, dx_n \right) dx'$$

$$= \int_{U'} \frac{\partial}{\partial x_j} (\int_\alpha^{g(x')} f(x) dx_n) \, dx' - \int_{U'} f(x', g(x')) \partial_{x_j} g(x) \, dx'$$

$$= 0 + \int_M f(x) \nu_j(x) \, dS,$$

da $\nu_j(x) = \dfrac{-\partial_{x_j} g(x')}{\sqrt{1 + \| \operatorname{grad} g(x') \|^2}}$ und $dS = \sqrt{1 + \| \operatorname{grad} g(x') \|^2}$

2.Fall: $j = n$

In diesem Fall ist $\nu_j(x) = \dfrac{1}{\sqrt{1 + \| \operatorname{grad} g(x') \|^2}}$.

Weil f kompakten Träger in $U' \times I$ hat, ist außerdem $f(x', \alpha) = 0$. Damit ist

$$\int_A \frac{\partial f}{\partial x_n} \, dx \overset{\text{Fubini}}{=} \int_{U'} \left(\int_\alpha^{g(x')} \frac{\partial f}{\partial x_n}(x) dx_n \right) dx'$$

$$= \int_{U'} f(x', g(x')) - \underbrace{f(x', \alpha)}_{=0} \, dx'$$

$$= \int_{U'} f(x', g(x')) \, dx' = \int_M f(x) \nu(x) \, dS \,. \qquad \square$$

Definition.
Sei $U \subset \mathbb{R}^n$ offen und $F : U \to \mathbb{R}^n$ ein stetig differenzierbares Vektorfeld. Dann heißt die Funktion div $F : U \to \mathbb{R}$ definiert durch

$$\operatorname{div} F = \sum_{j=1}^n \frac{\partial F_j}{\partial x_j}$$

Divergenz von F.

Nun können wir den Satz von Gauß in der allgemeineren Form formulieren und beweisen.

Satz 23.9. *(Gaußscher Integralsatz)*
A sei kompakt mit glattem Rand in $\mathbb{R}^n$. Mit $\nu(x)$ bezeichnen wir die äußere Normale an $x \in \partial A$. Ferner sei $U \subseteq \mathbb{R}^n$ offen, $A \subseteq U$, $F : U \to \mathbb{R}^n$ ein stetig diffbares Vektorfeld. Dann gilt

$$\int_A \operatorname{div} F(x) \, dx = \int_{\partial A} \langle F(x), \nu(x) \rangle \, dS(x)$$

Beweis: Wir überdecken A mit endlich vielen offenen Mengen U_j, so dass jeweils entweder

1. $U_j \subseteq A \setminus \partial A$ (d.h. die Menge U_j schneidet den Rand nicht) oder

2. nach einer eventuellen Umnummerierung der Koordinaten ist $U_j = U' \times I$ mit $U' \subseteq \mathbb{R}^{n-1}$ offen und $I = (\alpha, \beta)$ und $U_j \cap A = \{(x', x_n) \in U' \times I : x_n \leq \psi(x')\}$ für eine stetig differenzierbare Funktion $\psi : U' \to I$.

Mit Hilfe einer der Überdeckung U_j untergeordneten C^∞-Zerlegung der Eins können wir annehmen, dass F seinen Träger in einem der U_j hat.

Im ersten Fall gilt die Formel dann, weil das Integral auf der rechten Seite 0 ist (die Menge, über die integriert wird, ist leer) und die linke Seite nach Satz 23.7 ebenfalls verschwindet. Im zweiten Fall folgt die Aussage aus Satz 23.8, indem man noch über j summiert.

$\qquad\qquad\qquad\qquad\qquad\qquad\qquad\qquad\qquad\qquad\qquad\qquad\qquad\qquad\qquad\qquad\qquad\square$

Bemerkung: Dieser Satz gilt *nicht*, wenn M nicht kompakt ist. Er gilt aber auch für viele kompakte Mengen $M \subset \mathbb{R}^n$ deren Rand keine Untermannigfaltigkeit ist, sondern Ecken und Kanten hat, zum Beispiel für Quader.
Beispiel: Wir betrachten auf $\mathbb{R}^n$ das Vektorfeld $F(x) = x$. Hier ist div $F(x) = n$. Für jede kompakte Menge A mit glattem Rand ist also nach Gauß

$$\mathrm{vol}\, A = \frac{1}{n} \int_A \mathrm{div}\, F(x)\, \mathrm{d}x = \frac{1}{n} \int_{\partial A} \langle F(x), \nu(x) \rangle\, \mathrm{d}S(x)$$

Im $\mathbb{R}^2$ gibt es noch eine spezielle Version des Satzes von Gauß. Hier lässt sich ein Kurvenintegral über eine geschlossene Kurve in ein Integral über das von der Kurve eingeschlossene Gebiet umwandeln.

Satz 23.10. *(Satz von Gauß-Green in der Ebene)*
Ist $G \subset \mathbb{R}^2$ ein beschränktes Gebiet mit glattem Rand γ, so dass γ im mathematisch positiven Sinn durchlaufen wird, und ist

$$f(x, y) = \begin{pmatrix} u(x, y) \\ v(x, y) \end{pmatrix}$$

ein stetig differenzierbares Vektorfeld, dann ist

$$\int_\gamma f\, \mathrm{d}s = \int_G \left(\frac{\partial v}{\partial x} - \frac{\partial u}{\partial y} \right)\, \mathrm{d}x\, \mathrm{d}y.$$

Beweis: Ist $\gamma : [a, b] \to \mathbb{R}^2$ eine Parametrisierung des Randes von G nach der Bogenlänge, dann ist $\dot\gamma(t)$ der Einheitstangentialvektor an γ im Punkt $\gamma(t)$. Der äußere Normalenvektor ν ergibt sich aus diesem Tangentialvektor durch eine Drehung im Uhrzeigersinn um $\pi/2$. Daher gilt:

$$\nu = \begin{pmatrix} 0 & 1 \\ -1 & 0 \end{pmatrix} \begin{pmatrix} \dot\gamma_1(t) \\ \dot\gamma_2(t) \end{pmatrix} = \begin{pmatrix} \dot\gamma_2(t) \\ -\dot\gamma_1(t) \end{pmatrix}$$

Nach der Definition des Kurvenintegrals ist dann

$$\int_\gamma f\, \mathrm{d}s = \int_a^b \langle \begin{pmatrix} u(\gamma(t)) \\ v(\gamma(t)) \end{pmatrix}, \begin{pmatrix} \dot\gamma_1(t) \\ \dot\gamma_2(t) \end{pmatrix} \rangle\, \mathrm{d}t = \int_a^b \langle \begin{pmatrix} v(\gamma(t)) \\ -u(\gamma(t)) \end{pmatrix}, \begin{pmatrix} \nu_1(t) \\ \nu_2(t) \end{pmatrix} \rangle\, \mathrm{d}t$$

Wendet man auf dieses Integral den Satz von Gauß an, erhält man das Resultat aus dem Satz von Green. Die Parametrisierung nach der Bogenlänge stellt keine Einschränkung da, da der Wert eines Kurvenintegrals nicht von der Parametrisierung abhängt.

$\square$

Beispiel:
Sei $G = \{(x,y);\ x^2 + y^2 \leq 1\}$ und

$$f(x,y) = \begin{pmatrix} u(x,y) \\ v(x,y) \end{pmatrix} = \begin{pmatrix} 3x - y \\ x + 5y \end{pmatrix}$$

Berechnet man das Kurvenintegral direkt mit Hilfe der Parametrisierung $\gamma(t) = \begin{pmatrix} \cos(t) \\ \sin(t) \end{pmatrix}$ für den Rand von G, dann erhält man

$$
\begin{aligned}
\int_\gamma f\,\mathrm{d}s = \int_0^{2\pi} f(\gamma(t))\dot{\gamma}(t)\,\mathrm{d}t &= \int_0^{2\pi} \begin{pmatrix} 3\cos(t) - \sin(t) \\ \cos(t) + 5\sin(t) \end{pmatrix} \begin{pmatrix} -\sin(t) \\ \cos(t) \end{pmatrix} \mathrm{d}t \\
&= \int_0^{2\pi} (-3\cos(t)\sin(t) + \sin^2(t) + \cos^2(t) + 5\sin(t)\cos(t))\,\mathrm{d}t \\
&= \int_0^{2\pi} (1 + 2\cos(t)\sin(t))\,\mathrm{d}t \\
&= \left[t - \frac{1}{2}\cos(2t) \right]_0^{2\pi} = 2\pi.
\end{aligned}
$$

Mit dem Satz von Green ergibt sich mit weniger Aufwand dasselbe Ergebnis:

$$\int_\gamma f\,\mathrm{d}s = \int_G \left(\frac{\partial v}{\partial x} - \frac{\partial u}{\partial y} \right) \mathrm{d}x\,\mathrm{d}y = \int_G (1 - (-1))\,\mathrm{d}x\,\mathrm{d}y = 2 \underbrace{\int_G 1\,\mathrm{d}x\,\mathrm{d}y}_{\text{Fläche des Einheitskreises}} = 2\pi.$$

Der Satz von Gauß besitzt eine Vielzahl von Anwendungen in der Mathematik und der Physik.

Beispiel: Mit Hilfe des Satzes von Gauß lässt sich beispielsweise die Wärmeleitungsgleichung herleiten. Die Wärmemenge $Q(t)$ in einer kompakten Teilmenge $G \subset \mathbb{R}^n$ mit glattem Rand zur Zeit t sei gegeben durch

$$Q(t) = \int_G \gamma(x)\rho(x)u(t,x)\,\mathrm{d}x,$$

wobei γ die spezifische Wärmekapazität, ρ die Dichte und u die Temperatur bezeichnet. Die Änderung der in G vorhandenen Wärmemenge ist dann

$$\dot{Q}(t) = \frac{\mathrm{d}}{\mathrm{d}t} \int_G \gamma(x)\rho(x)u(t,x)\,\mathrm{d}x = \int_G \gamma(x)\rho(x)u_t(t,x)\,\mathrm{d}x.$$

Wenn im Innern von G keine Wärmequellen vorhanden sind (die zum Beispiel chemische Energie in Wärme umwandeln), dann kann diese Änderung nur durch einen Wärmefluss über den

Rand ∂G stattfinden. Mit der physikalischen Annahme, dass die Wärmestromdichte durch das Fouriersches Gesetz

$$j(t,x) = -\lambda \operatorname{grad} u(t,x)$$

mit der Wärmeleitfähigkeit $\lambda > 0$ beschrieben wird, entspricht die Änderung der Wärmemenge in G genau dem Wärmefluss über den Rand ∂G und es muss gelten

$$\dot{Q}(t) = \int_G \gamma(x)\rho(x)u_t(t,x)\,dx = \int_{\partial G} j(t,x)\,dS = -\int_{\partial G} \lambda(x) \operatorname{grad} u\, dS.$$

Mit dem Satz von Gauß ergibt sich dann

$$\int_G \gamma(x)\rho(x)u_t(x,t)\,dx = \int_G \operatorname{div}(\lambda(x)\operatorname{grad} u(x,t))\,dx,$$

also

$$\int_G \{\gamma(x)\rho(x)u_t(x,t) - \operatorname{div}(\lambda(x)\operatorname{grad} u(x,t))\}\,dx = 0.$$

Dies gilt für alle Teilmengen $G \subset \mathbb{R}^n$. Macht man G nun immer kleiner, so dass $G \to \{x_0\}$, und setzt voraus, dass $u \in C^2$ und $\gamma, \rho \in C^0, \lambda \in C^1$ sind, dann sollte der Integrand überall verschwinden, das heißt

$$\gamma(x)\rho(x)u_t(x,t) - \operatorname{div}(\lambda(x)\operatorname{grad} u(x,t)) = 0.$$

Sind γ, ρ und λ unabhängig von x, zum Beispiel, weil G aus einem homogenen Material besteht, so vereinfacht sich diese Gleichung zu

$$u_t - \frac{\lambda}{\gamma\rho}\Delta u = 0.$$

Beispiel: (Archimedisches Prinzip)
Ein fester Körper A (alias eine kompakte Menge) wird eingetaucht in eine Flüssigkeit der konstanten Dichte $\rho > 0$, deren Oberfläche die Ebene $\{x_3 = 0\}$ in $\mathbb{R}^3$ ist. Aus der Physik ist bekannt, dass im Punkt $x \in \partial A$ ein Druck der Stärke $x_3\rho$ senkrecht zur Oberfläche von A wirkt. Die insgesamt wirkende Auftriebskraft ist die „Summe" der diesen Druckkräften entgegenwirkenden Kräfte, also

$$F = \int_{\partial A} \rho x_3 \nu(x)\,dS \in \mathbb{R}^3.$$

Die Komponenten des Integranden lassen sich auch schreiben als

$$\rho x_3 \nu_j(x) = \langle \rho x_3 e_j, \nu(x) \rangle$$

wobei e_j der j-te Standardbasisvektor ist. Für die Komponenten von F gilt also:

$$F_j = \int_{\partial A} \rho\, x_3\, \nu_j(x)\,dS = \rho \int_A \frac{dx_3}{dx_j}\,dx = \begin{cases} 0 & \text{für } j = 1,2 \\ \\ \rho \operatorname{vol} A & \text{für } j = 3. \end{cases}$$

Die Auftriebskraft wirkt also senkrecht nach oben und ist unabhängig von der Form des Körpers gleich dem Gewicht der verdrängten Flüssigkeit.

Beispiel: (Oberfläche der $(n-1)$-Sphäre)
Wir betrachten als spezielles Gebiet die abgeschlossene Einheitskugel

$$\overline{B_1^n(0)} = \{x \in \mathbb{R}^n;\ \|x\| < 1\}.$$

Der Rand dieser Kugel ist die $(n-1)$-Sphäre: $\partial \overline{B_1^n(0)} = S^{n-1}$. Mit Hilfe des Vektorfelds $f(x) := x$ mit $\operatorname{div} f = n$ findet man einen Zusammenhang zwischen dem Volumen von $\overline{B_1^n(0)}$ und der Oberfläche der S^{n-1}. Nach dem Satz von Gauß ist

$$n \cdot \operatorname{vol}_n(\overline{B_1^n(0)}) = \int\limits_{\overline{B_1^n(0)}} \operatorname{div} f \, dx = \int\limits_{\partial \overline{B_1^n(0)}} \langle f, \nu \rangle \, dS = \int\limits_{S^{n-1}} 1 \, dS = \operatorname{vol}_{n-1}(S^{n-1}).$$

Beispielsweise ist der Oberflächeninhalt der Sphäre S^2 bekanntlich 4π und damit das Dreifache des Volumens $\frac{4}{3}\pi$ der dreidimensionalen Kugel.

Beispiel: Sei $\Omega \subset \mathbb{R}^3$ eine kompakte Menge und $a \in \mathbb{R}^n \setminus \partial\Omega$. Dann ist

$$\int_{\partial\Omega} \frac{\langle x-a, \nu(x) \rangle}{\|x-a\|^n} \, dS \ = \ \begin{cases} 0 & a \notin \overline{\Omega} \\ \omega_n & a \in \Omega \end{cases}$$

wobei ω_n der Oberflächeninhalt der $(n-1)$-Sphäre ist.

Beweis: Für das Vektorfeld

$$f(x) := \frac{x-a}{\|x-a\|^n}$$

ist $\operatorname{div} f(x) \equiv 0$ für alle $x \in \mathbb{R}^n \setminus \{a\}$.
Wir unterscheiden nun zwei Fälle:

1.Fall: $a \notin \overline{\Omega}$

$$\operatorname{div} f(x) = 0 \ \text{für alle} \ x \in \Omega \ \Rightarrow \ 0 = \int\limits_{\Omega} \operatorname{div} f = \int_{\partial\Omega} \langle f, \nu \rangle \, dS$$

2.Fall: $a \in \Omega$

Da a nicht auf dem Rand von Ω liegt, gibt es ein $r > 0$, so dass $\overline{B}_r(a) \subset \Omega$. Wir setzen $\widetilde{\Omega} := \Omega \setminus \overline{B}_r(a)$

$$\Rightarrow 0 = \int\limits_{\widetilde{\Omega}} \operatorname{div} f \, dx = \int_{\partial\widetilde{\Omega}} \langle f, \nu \rangle \, dS = \int_{\partial\Omega} \langle f, \nu \rangle \, dS + \int_{\partial B_r(a)} \langle f, \nu \rangle \, dS$$

$$\Rightarrow \int_{\partial\Omega} \langle f, \nu \rangle \, dS = -\int_{\partial B_r(a)} \langle f, \nu \rangle \, dS \ = \ -\int_{\partial B_r(a)} \langle \frac{x-a}{\|x-a\|^n}, \frac{a-x}{\|x-a\|} \rangle \, dS$$

$$= \int_{\partial B_r(a)} \frac{\langle x-a, x-a \rangle}{\|x-a\|^{n+1}} \, dS$$

$$= \frac{1}{r^{n-1}} \int_{\partial B_r(a)} dS = \omega_n$$

Beispiel: (Elektrostatik)
Sei $\Omega \subset \mathbb{R}^3$ eine kompakte Menge und an den Stellen $a_j \in \mathbb{R}^3 \setminus \partial\Omega$ befinden sich elektrische Ladungen q_j. Das von diesen Ladungen erzeugte elektrische Feld ist

$$E(x) = \sum_{j=1}^{N} q_j \frac{x - a_j}{\|x - a_j\|^3}$$

Der Fluss von E durch $\partial\Omega$ beträgt nach dem Satz von Gauß und dem vorhergehenden Beispiel also

$$\int_{\partial\Omega} \langle E(x), \nu(x) \rangle \, \mathrm{d}S = \underbrace{4\pi}_{=\omega_3} \underbrace{\sum_{a_j \in \Omega} q_j}_{\text{Gesamtladung in } \Omega}$$

und hängt nicht von der Form von Ω, sondern nur von den darin enthaltenen Ladungen ab.

23.7. Der Satz von Stokes

Während der Satz von Gauß ein Integral über eine n-dimensionale Teilmenge des $\mathbb{R}^n$ mit einem Integral über dessen Rand in Verbindung bringt, spielt sich beim Satz von Stokes alles auf Untermannigfaltigkeiten des $\mathbb{R}^n$ ab. Wir behandeln in dieser Vorlesung allerdings nicht die „allgemeine" Version, die mit Hilfe sogenannter Differentialformen formuliert wird, sondern nur den klassischen Fall im $\mathbb{R}^3$, bei dem der Fluss durch eine Fläche und das Kurvenintegral über deren Rand miteinander verknüpft werden.

Satz 23.11. *(Satz von Stokes)*
Sei $S \subseteq \mathbb{R}^3$ eine eingebettete orientierbare zweidimensionale Fläche mit Rand γ und f ein stetig differenzierbares Vektorfeld auf $\mathbb{R}^3$. Dann gilt

$$\int_\gamma f \, \mathrm{d}s = \iint_S (\operatorname{rot} f) \cdot \nu \, \mathrm{d}S.$$

Dabei muss der Rand γ so orientiert sein, dass ein Vektor w in Richtung von S zeigt, wenn der Normalenvektor ν, der Tangentialvektor $\dot\gamma$ und w ein Rechtssystem bilden.

Beweis: Indem man S in endlich viele parametrisierte Flächen unterteilt, genügt es, den Satz nur im Fall einer einzelnen parametrisierten Fläche zu beweisen. Sei daher $\phi : D \mapsto \mathbb{R}^3$ eine Parametrisierung, so dass D ein Gebiet der (u, v)-Ebene ist, das von der Kurve γ_0 berandet wird und für das der Satz von Green gilt. Wir nehmen an, dass D positiv orientiert ist, d.h. der äußere Normalenvektor am Rand von D zeigt nach rechts, wenn man γ_0 durchläuft. Das Bild von D unter ϕ ist eine Fläche S mit der Randkurve $\gamma = \phi(\gamma_0)$. Wir berechnen nun

$$\int_\gamma f \, \mathrm{d}s \text{ mit } f(x, y, z) = \begin{pmatrix} f_1(x, y, z) \\ f_2(x, y, z) \\ f_3(x, y, z) \end{pmatrix}.$$

Da die Kurven γ_0 und γ durch die Parametrisierung miteinander verknüpft sind, stellt sich die Frage, ob man ein Vektorfeld g im $\mathbb{R}^2$ bzw. in D finden kann, so dass

$$\int_\gamma f \, \mathrm{d}s = \int_{\gamma_0} g \, \mathrm{d}s$$

ist. Sei $\gamma_0 : [a, b] \to \mathbb{R}^2$ mit

$$\gamma_0(t) = \begin{pmatrix} u(t) \\ v(t) \end{pmatrix}.$$

Dann ist

$$\gamma(t) = \phi(\gamma_0(t)) = \begin{pmatrix} x(t) \\ y(t) \\ z(t) \end{pmatrix}.$$

Nach der Kettenregel ist dann

$$\dot{\gamma}(t) = \begin{pmatrix} \dot{x}(t) \\ \dot{y}(t) \\ \dot{z}(t) \end{pmatrix} = D\phi(\gamma_0(t)) \begin{pmatrix} \dot{u}(t) \\ \dot{v}(t) \end{pmatrix} = \begin{pmatrix} x_u & x_v \\ y_u & y_v \\ z_u & z_v \end{pmatrix} \begin{pmatrix} \dot{u}(t) \\ \dot{v}(t) \end{pmatrix},$$

mit $x_u = \frac{\partial x}{\partial u}$ usw. Im Kurvenintegral

$$\int_\gamma f \, \mathrm{d}s = \int_a^b f(\gamma(t))\dot{\gamma}(t) \, \mathrm{d}t.$$

kann der Integrand $f(\gamma(t))\dot{\gamma}(t)$ in Matrixform geschrieben werden als

$$\begin{pmatrix} f_1 & f_2 & f_3 \end{pmatrix} \begin{pmatrix} \dot{x}(t) \\ \dot{y}(t) \\ \dot{z}(t) \end{pmatrix} = \begin{pmatrix} f_1 & f_2 & f_3 \end{pmatrix} \begin{pmatrix} x_u & x_v \\ y_u & y_v \\ z_u & z_v \end{pmatrix} \begin{pmatrix} \dot{u}(t) \\ \dot{v}(t) \end{pmatrix} = \begin{pmatrix} P & Q \end{pmatrix} \begin{pmatrix} \dot{u}(t) \\ \dot{v}(t) \end{pmatrix},$$

wobei

$$P(u,v) = f_1(\phi(u,v))x_u(u,v) + f_2(\phi(u,v))y_u(u,v) + f_3(\phi(u,v))z_u(u,v),$$

und

$$Q(u,v) = f_1(\phi(u,v))x_v(u,v) + f_2(\phi(u,v))y_v(u,v) + f_3(\phi(u,v))z_v(u,v).$$

Aus dieser Definition von P und Q folgt sofort $g = (P, Q)$, denn

$$\int_{\gamma_0} \begin{pmatrix} P \\ Q \end{pmatrix} \mathrm{d}s = \int_\gamma f \, \mathrm{d}s.$$

Mit dem Satz von Green im Gebiet D ist

$$\int_{\gamma_0} \begin{pmatrix} P \\ Q \end{pmatrix} \mathrm{d}s = \iint_D (\frac{\partial Q}{\partial u} - \frac{\partial P}{\partial v}) \, \mathrm{d}u \, \mathrm{d}v.$$

Berechnet man nun $\frac{\partial Q}{\partial u}$ und $\frac{\partial P}{\partial v}$, erhält man

$$\begin{aligned}
\frac{\partial Q}{\partial u} = {} & \left(\frac{\partial f_1}{\partial x} x_u + \frac{\partial f_1}{\partial y} y_u + \frac{\partial f_1}{\partial z} z_u \right) x_v + f_1 x_{uv} + \\
& \left(\frac{\partial f_2}{\partial x} x_u + \frac{\partial f_2}{\partial y} y_u + \frac{\partial f_2}{\partial z} z_u \right) y_v + f_2 y_{uv} + \\
& \left(\frac{\partial f_3}{\partial x} x_u + \frac{\partial f_3}{\partial y} y_u + \frac{\partial f_3}{\partial z} z_u \right) z_v + f_3 z_{uv}
\end{aligned}$$

$$\begin{aligned}
\frac{\partial P}{\partial v} = {} & \left(\frac{\partial f_1}{\partial x} x_v + \frac{\partial f_1}{\partial y} y_v + \frac{\partial f_1}{\partial z} z_v \right) x_u + f_1 x_{uv} + \\
& \left(\frac{\partial f_2}{\partial x} x_v + \frac{\partial f_2}{\partial y} y_v + \frac{\partial f_2}{\partial z} z_v \right) y_u + f_2 y_{uv} + \\
& \left(\frac{\partial f_3}{\partial x} x_v + \frac{\partial f_3}{\partial y} y_v + \frac{\partial f_3}{\partial z} z_v \right) z_u + f_3 z_{uv}.
\end{aligned}$$

Folglich ist

$$
\begin{aligned}
\frac{\partial Q}{\partial u} - \frac{\partial P}{\partial v} &= -\frac{\partial f_1}{\partial y}\begin{vmatrix} x_u & y_u \\ x_v & y_v \end{vmatrix} - \frac{\partial f_1}{\partial z}\begin{vmatrix} x_u & z_u \\ x_v & z_v \end{vmatrix} + \frac{\partial f_2}{\partial x}\begin{vmatrix} x_u & y_u \\ x_v & y_v \end{vmatrix} \\
&\quad -\frac{\partial f_2}{\partial z}\begin{vmatrix} y_u & z_u \\ y_v & z_v \end{vmatrix} + \frac{\partial f_3}{\partial x}\begin{vmatrix} x_u & z_u \\ x_v & z_v \end{vmatrix} + \frac{\partial f_3}{\partial y}\begin{vmatrix} y_u & z_u \\ y_v & z_v \end{vmatrix} \\
&= \left(\frac{\partial f_3}{\partial y} - \frac{\partial f_2}{\partial z}\right)\begin{vmatrix} y_u & z_u \\ y_v & z_v \end{vmatrix} + \left(\frac{\partial f_3}{\partial x} - \frac{\partial f_1}{\partial z}\right)\begin{vmatrix} x_u & z_u \\ x_v & z_v \end{vmatrix} + \left(\frac{\partial f_2}{\partial x} - \frac{\partial f_1}{\partial y}\right)\begin{vmatrix} x_u & y_u \\ x_v & y_v \end{vmatrix} \\
&= \begin{pmatrix} \dfrac{\partial f_3}{\partial y} - \dfrac{\partial f_2}{\partial z} \\[2mm] \dfrac{\partial f_1}{\partial z} - \dfrac{\partial f_3}{\partial x} \\[2mm] \dfrac{\partial f_2}{\partial x} - \dfrac{\partial f_1}{\partial y} \end{pmatrix} \cdot \begin{pmatrix} y_u z_v - y_v z_u \\ z_u x_v - x_u z_v \\ x_u y_v - y_u x_v \end{pmatrix} \\
&= \operatorname{rot} f \cdot \underbrace{\left(\frac{\partial \phi}{\partial u} \times \frac{\partial \phi}{\partial v}\right)}_{=\text{Normalenvektor } \nu} .
\end{aligned}
$$

Insgesamt ergibt sich also

$$
\iint_D \left(\frac{\partial Q}{\partial u} - \frac{\partial P}{\partial v}\right) \mathrm{d}u\, \mathrm{d}v = \iint_S \langle \operatorname{rot} f, \nu \rangle \, \mathrm{d}S .
$$

$\square$

Beispiel: Um die Aussage des Satzes von Stokes an einem konkreten Beispiel zu illustrieren, betrachten wir das Vektorfeld

$$
f(x,y,z) = \begin{pmatrix} z^2 \\ -2x \\ y^3 \end{pmatrix}
$$

und als Fläche S die obere Halbsphäre $S^+ = \{(x,y,z);\ x^2 + y^2 + z^2 = 1, z \geq 0\}$, wobei der Normalenvektor so gewählt sein soll, dass er eine positive z-Komponente hat.
Die Rotation des Vektorfelds beträgt

$$
\operatorname{rot} f = \begin{vmatrix} e_x & e_y & e_z \\ \frac{\partial}{\partial x} & \frac{\partial}{\partial y} & \frac{\partial}{\partial z} \\ z^2 & -2x & y^3 \end{vmatrix} = \begin{pmatrix} 3y^2 \\ 2z \\ -2 \end{pmatrix} .
$$

Das Flussintegral berechnet man beispielsweise mit der durch Kugelkoordinaten motivierten Parametrisierung $\Psi : (0, 2\pi) \times (0, \pi/2) \to \mathbb{R}^3$, die gegeben ist durch

$$
\Psi(\varphi, \vartheta) = \begin{pmatrix} \cos \vartheta \cos \varphi \\ \cos \vartheta \sin \varphi \\ \sin \vartheta \end{pmatrix}
$$

mit dem Normalenvektor

$$
\frac{\partial \Psi}{\partial \varphi} \times \frac{\partial \Psi}{\partial \vartheta} = \begin{pmatrix} -\cos \vartheta \sin \varphi \\ \cos \vartheta \cos \varphi \\ 0 \end{pmatrix} \times \begin{pmatrix} -\sin \vartheta \cos \varphi \\ -\sin \vartheta \sin \varphi \\ \cos \vartheta \end{pmatrix} = \begin{pmatrix} \cos^2 \vartheta \cos \varphi \\ \cos^2 \vartheta \sin \varphi \\ \sin \vartheta \cos \vartheta \end{pmatrix} .
$$

Damit ist dann

$$
\iint_S \langle \operatorname{rot} f, \nu \rangle \, \mathrm{d}S \;=\; \int_0^{\pi/2} \int_0^{2\pi} \left\langle \begin{pmatrix} 3\cos^2\vartheta\sin^2\varphi \\ 2\sin\vartheta \\ -2 \end{pmatrix}, \begin{pmatrix} \cos^2\vartheta\cos\varphi \\ \cos^2\vartheta\sin\varphi \\ \sin\vartheta\cos\vartheta \end{pmatrix} \right\rangle \, \mathrm{d}\varphi \, \mathrm{d}\vartheta
$$

$$
=\; \int_0^{\pi/2} \int_0^{2\pi} 3\cos^4\vartheta\sin^2\varphi\cos\varphi + 2\cos^2\vartheta\sin\vartheta\sin\varphi - 2\sin\vartheta\cos\vartheta \, \mathrm{d}\varphi \, \mathrm{d}\vartheta
$$

$$
=\; \int_0^{\pi/2} \left[\cos^4\vartheta\sin^3\varphi - 2\cos^2\vartheta\sin\vartheta\cos\varphi - 2\varphi\sin\vartheta\cos\vartheta \right]_{\varphi=0}^{2\pi} \, \mathrm{d}\vartheta
$$

$$
=\; -\int_0^{\pi/2} 4\pi\sin\vartheta\cos\vartheta \, \mathrm{d}\vartheta = - \left[2\pi\sin^2\vartheta \right]_0^{\pi/2} = -2\pi.
$$

Berechnet man zum Vergleich das Kurvenintegral über den Einheitskreis in der x-y-Ebene, der den Rand von S bildet, erhält man mit der Parametrisierung $\gamma : [0, 2\pi] \to \mathbb{R}^2$ und

$$
\gamma(t) = \begin{pmatrix} \cos(t) \\ \sin(t) \\ 0 \end{pmatrix}
$$

$$
\int_C f \, \mathrm{d}s = \int_0^{2\pi} \begin{pmatrix} 0 \\ -2\cos(t) \\ \sin(t)^3 \end{pmatrix} \cdot \begin{pmatrix} -\sin(t) \\ \cos(t) \\ 0 \end{pmatrix} \, \mathrm{d}t = -\int_0^{2\pi} 2\cos^2(t) \, \mathrm{d}t = -2\pi .
$$

Nach diesem Kapitel sollten Sie

... die drei Prinzipien angeben können, denen eine Volumenfunktion genügen sollte

... wissen wie man das d-dimensionale Volumen eines Spats berechnet, das von den Vektoren $v_1, v_2, \ldots, v_d \in \mathbb{R}^d$ aufgespannt wird

... erklären können, was eine Kartenwechselabbildung bei einer k-dimensionalen Untermannigfaltigkeit des $\mathbb{R}^n$ ist

... den metrischen Tensor und die gramsche Determinante angeben und für konkrete Parametrisierungen berechnen können

... wissen, wie man eine Funktion über eine durch eine Parametrisierung beschriebene Untermannigfaltigkeit des $\mathbb{R}^n$ integriert

... erklären können, was eine Partition der Eins ist, und wie man diese für die Integration über Untermannigfaltigkeiten nutzen kann

... erklären können, was der Fluss durch eine $(n-1)$-dimensionale orientierte Untermannigfaltigkeit des $\mathbb{R}^n$ ist und wie man konkret den Fluss durch eine zweidimensionale Fläche im $\mathbb{R}^3$ berechnet

... den Gaußschen Integralsatz im $\mathbb{R}^n$ formulieren und anwenden können

... den Satz von Gauß-Green in der Ebene formulieren und auf die Berechnung von Kurvenintegralen und Flächeninhalten anwenden können

... den Satz von Stokes im $\mathbb{R}^3$ formulieren und anwenden können

Aufgaben zu Kapitel 23

1. Seien $a_1, a_2, \ldots, a_d \subset \mathbb{R}^n$ beliebige Vektoren und $V_d(a_1, \ldots, a_d) = \sqrt{\det(A^T A)}$ mit der $n \times d$-Matrix $A = (a_1, a_2, \ldots, a_d)$.

   (a) Zeigen Sie, dass $V_d(u_1, \ldots, u_d) = 0$ genau dann, wenn $a_1, \ldots, a_d$ linear abhängig sind

   (b) Zeigen Sie, dass $V_d : (\mathbb{R}^n)^d \times [0, \infty)$ die einzige Abbildung ist, die die Eigenschaften (V1)-(V3) für das Volumen eines Parallelepipeds besitzt.

2. Sei $U \subset \mathbb{R}^2$ offen und $\varphi : U \to \mathbb{R}^3$ stetig differenzierbar. Für $x \in U$ ist $G(x) = D\varphi(x)^T D\varphi(x)$ der *metrische Tensor* von φ. Zeigen Sie:

$$\det G(x) = \left\| \frac{\partial \varphi}{\partial x_1} \times \frac{\partial \varphi}{\partial x_2} \right\|^2$$

und bestimmen Sie $\det G$ konkret für eine Fläche, die als Graph einer stetig differenzierbaren Funktion $f : \mathbb{R}^2 \to \mathbb{R}$ dargestellt wird.

3. Rotationsfläche
Es sei $f : [a,b] \to (0,\infty)$ stetig differenzierbar. Die Rotationsfläche des Graphen von f um die z-Achse

$$M = \{(x,y,z) \in \mathbb{R}^3;\ z \in [a,b], x^2 + y^2 = f^2(z)\}.$$

ist eine zweidimensionale Mannigfaltigkeit, die sich bis auf eine Nullmenge durch eine einzelne Karte beschreiben lässt.

Geben Sie eine solche Parametrisierung an, berechnen Sie den zugehörigen Maßtensor und bestimmen Sie den Flächeninhalt der Rotationsfläche.

4. Sei $M \subset \mathbb{R}^n$ eine offene Menge. Wir definieren für $h > 0$ den *Kegel* der Höhe h über M als

$$K_h(M) = \{x = (tm_1, tm_2, \ldots, tm_n, (1-t)h) \in \mathbb{R}^{n+1};\ (m_1, m_2, \ldots, m_n) \in M, 0 \le t \le 1\}.$$

(a) Zeigen Sie, dass $x \in \mathbb{R}^{n+1}$ genau dann zu $K_h(M)$ gehört, wenn x auf der Verbindungsstrecke zwischen einem Punkt aus $\tilde{M} = M \times \{0\}$ und dem Punkt $(0, 0, \ldots, 0, h)$ liegt.

(b) Berechnen Sie die Oberfläche von $K_h(M)$, wenn M der Ball $x_1^2 + x_2^2 + \ldots + x_n^2 < R^2$ ist.

5. „Zwiebelformel"
Sei $f : \mathbb{R}^3 \to \mathbb{R}$ eine Lebesgue-integrierbare Funktion und $S_r = \{x \in \mathbb{R}^3;\ x_1^2 + x_2^2 + x_3^2 = r^2\}$ die Sphäre vom Radius r. Zeigen Sie, dass die Funktion f für fast alle $r > 0$ über S_r integrierbar ist und dass

$$\int_{\mathbb{R}^3} f(x)\,dx = \int_0^\infty \left(\int_{S_r} f(x)\,dS \right) dr = \int_0^\infty \left(\int_{S^2} f(r\xi)\,dS(\xi) \right) r^2\,dr.$$

Hinweis: Wenden Sie die Transformationsformel und den Satz von Fubini an.
Eine höherdimensionale Version der Kugelkoordinaten lautet

$$
\begin{aligned}
x_1 &= r \cos\varphi\ \sin\vartheta_1\ \sin\vartheta_2 \cdots \sin\vartheta_{n-3}\ \sin\vartheta_{n-2} \\
x_2 &= r \sin\varphi\ \sin\vartheta_1\ \sin\vartheta_2 \cdots \sin\vartheta_{n-3}\ \sin\vartheta_{n-2} \\
x_3 &= r \cos\vartheta_1\ \sin\vartheta_2 \cdots \sin\vartheta_{n-3}\ \sin\vartheta_{n-2} \\
x_4 &= r \cos\vartheta_2 \cdots \sin\vartheta_{n-3}\ \sin\vartheta_{n-2} \\
&\vdots \quad \vdots \quad \vdots \\
x_{n-1} &= r \cos\vartheta_{n-3}\ \sin\vartheta_{n-2} \\
x_n &= r \cos\vartheta_{n-2}
\end{aligned}
$$

6. Oberflächeninhalt der Einheitssphäre im $\mathbb{R}^n$
Mit Polarkoordinaten im $\mathbb{R}^n$ kann man die allgemeinere Version

$$\int_{\mathbb{R}^n} f(x)\,dx = \int_0^\infty \left(\int_{S_r} f(x)\,dS(x) \right) dr = \int_0^\infty \left(\int_{S^{n-1}} f(r\xi)\,dS(\xi) \right) r^{n-1}\,dr$$

der Zwiebelformel herleiten, wobei dann natürlich $S_r = \{x \in \mathbb{R}^n;\ \|x\|_2 = r\}$ ist.

Die Oberfläche σ_n der $(n-1)$-dimensionalen Einheitssphäre im $\mathbb{R}^n$ lässt sich berechnen, indem man das Integral $\int_{\mathbb{R}^n} e^{-(x_1^2 + x_2^2 + \ldots + x_n^2)}$ einmal direkt und einmal mit der allgemeineren Zwiebelformel auswertet. Zeigen Sie daher zunächst, dass

$$\int_{\mathbb{R}^n} e^{-(x_1^2 + x_2^2 + \ldots + x_n^2)}\,dx_1\,dx_2 \ldots dx_n = \sigma_n \int_0^\infty r^{n-1} e^{-r^2}\,r$$

ist und beweisen Sie damit die Formel $\sigma_n = \dfrac{2\pi^{n/2}}{\Gamma(\frac{n}{2})}$, wobei $\Gamma(x) = \int\limits_0^\infty t^{x-1}e^{-t}\,\mathrm{d}t$ die Gammafunktion ist.

7. Unendlich langer Draht

   (a) Sei $E : \mathbb{R}^3 \to \mathbb{R}^3$ ein Vektorfeld der Form $E(x,y,z) = \dfrac{f(r)}{r}\begin{pmatrix} x \\ y \\ 0 \end{pmatrix}$, wobei f eine differenzierbare Funktion von $r = \sqrt{x^2 + y^2}$ ist. Berechnen Sie den Fluss des Vektorfelds durch die Oberfläche eines Zylinders $Z = \{(x,y,z) \in \mathbb{R}^3;\ x^2 + y^2 = R^2,\ 0 \le z \le h\}$.

   (b) Sei E nun speziell das elektrische Feld eines mit konstanter Ladungsdichte ρ geladenen Drahtes, der entlang der z-Achse verläuft. Dieses sollte aus Symmetriegründen so aussehen wie das E in Teilaufgabe (a). Weiter sei bekannt, dass für jedes Kontrollvolumen $\Omega \subset \mathbb{R}^3$
   $$\int_\Omega \operatorname{div} E = \frac{Q}{\varepsilon_0}$$
   ist, wobei Q die in Ω enthaltene Gesamtladung und ε_0 eine Konstante ist. Bestimmen Sie aus dieser Bedingung die Funktion f aus Aufgabenteil (a).

8. Der Körper M werde vom Hyperboloid $x^2 + y^2 - 8z^2 = 1$ und den beiden Ebenen $z = -1$ und $z = 1$ begrenzt. Berechnen Sie mit Hilfe des Satzes von Gauß den Fluss des Vektorfelds
$$w(x,y,z) = \begin{pmatrix} 2x - 2y^3 \\ -yz + x^3 z^2 \\ x^3 + z^2 \end{pmatrix}$$
durch die Fläche ∂M. Dabei sei der Normalenvektor so orientiert, dass er auf ∂M nach außen zeigt.

9. Wir betrachten für $0 < r < R$ den Torus $T(r,R) = \{(x,y,z) \in \mathbb{R}^3;\ (\sqrt{x^2 + y^2} - R)^2 + z^2 = r^2\}$.

   (a) Wieso sind „Toruskoordinaten" $\Psi : (0, 2\pi) \times (0, 2\pi) \to \mathbb{R}^3$ mit
   $$\Psi(\varphi, \theta) = \begin{pmatrix} (R + r\cos\theta)\cos\varphi \\ (R + r\cos\theta)\sin\varphi \\ r\sin\theta \end{pmatrix}$$
   kein Atlas für den Torus? Skizzieren Sie dazu die Linien $\varphi = const.$ und $\theta = const.$ auf dem Torus.

   (b) Geben Sie mit Hilfe von (a) einen Atlas für den Torus an, der aus möglichst wenigen Karten besteht. Machen Sie sich zunächst anschaulich klar, wie viele Kartengebiete vermutlich nötig sind.
   Hinweis: Abbildungsvorschrift aus (a) mit einem anderen Definitionsbereich.

   (c) Berechnen Sie den äußeren Einheitsnormalenvektor n an $T(R,r)$.

   (d) Berechnen Sie für $v(x,y,z) = (\dfrac{x}{\sqrt{x^2 + y^2}}, \dfrac{y}{\sqrt{x^2 + y^2}}, 0)$ das Integral $\int \langle v(x,y,z), n\rangle\,\mathrm{d}S$.

   (e) Berechnen Sie direkt (also ohne Verwendung des Satzes von Gauß) das Integral
   $$\int_V \operatorname{div} v\,\mathrm{d}x\,\mathrm{d}y\,\mathrm{d}z$$
   über den Volltorus $V = \{(x,y,z) \in \mathbb{R}^3;\ (\sqrt{x^2 + y^2} - R)^2 + z^2 \le r^2\}$ mit $\partial V = T$.

10. **Satz von Gauß-Green**
    Leiten Sie aus dem Satz von Gauß (im $\mathbb{R}^n$) den Satz von Gauß-Green im $\mathbb{R}^2$ her:
    Wenn $G \subset \mathbb{R}^2$ ein kompaktes Gebiet mit glattem Rand γ ist und

    $$f(x,y) = \left(\begin{array}{c} u(x,y) \\ v(x,y) \end{array} \right)$$

    ein stetig differenzierbares Vektorfeld, dann ist

    $$\int_{\gamma} f \, ds = \int_{G} \left(\frac{\partial v}{\partial x} - \frac{\partial u}{\partial y} \right) dx \, dy.$$

    Wie könnte man diese Aussage zur Berechnung von Flächeninhalten nutzen?

11. Sei S die Fläche, die entsteht, wenn man die Kurve

    $$\begin{aligned} x &= \cos u \\ z &= \sin(2u), \qquad -\frac{\pi}{2} \le u \le \frac{\pi}{2} \end{aligned}$$

    um die z-Achse rotieren lässt.
    Bestimmen Sie mit Hilfe des Satzes von Gauß das von S eingeschlossene Volumen.

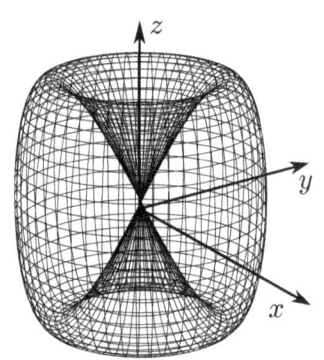

12. **Sektorformel von Leibniz**
    Sei $\gamma \in C^1([a,b], \mathbb{R}^2)$ eine differenzierbare, ebene Kurve. Der *Fahrstrahl* ist die Verbindungsstrecke vom Ursprung zum Punkt $\gamma(t) = \left(\begin{array}{c} x(t) \\ y(t) \end{array} \right)$.
    Zeigen Sie, dass die vom Fahrstrahl überstrichene Fläche den (orientierten) Flächeninhalt

    $$A(\gamma) = \frac{1}{2} \int_a^b (x\dot{y} - y\dot{x}) \, dt$$

    hat.
    Bestimmen Sie so den Flächeninhalt der von einer *Kardioide (Herzkurve)*

    $$\gamma(t) = \left(\begin{array}{c} \cos t(1 + \cos t) \\ \sin t(1 + \cos t) \end{array} \right), \qquad 0 \le t \le 2\pi$$

    eingeschlossenen Fläche.
    Die Integration müssen Sie nicht von Hand durchführen (dürfen es aber als Übung zur partiellen Integration gerne tun).

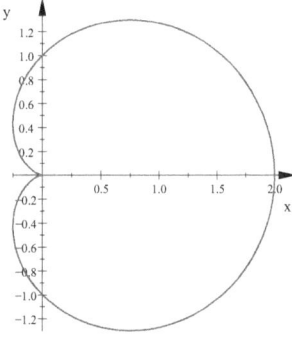

13. **Partielle Integration im $\mathbb{R}^3$**
    Sei $G \subset \mathbb{R}^3$ eine kompakte Menge mit glattem Rand und $f, g : \mathbb{R}^3 \to \mathbb{R}$ seien stetig differenzierbare Funktionen. Weiter sei $\nu : \partial G \to \mathbb{R}^3$ das äußere Normalenfeld an ∂G. Dann gilt für $j = 1, 2, 3$

    $$\int_G f \frac{\partial g}{\partial x_j} \, dx = -\int_G \frac{\partial f}{\partial x_j} g \, dx + \int_{\partial G} \langle fg, \nu \rangle \, dS.$$

24. Funktionentheorie

24.1. Holomorphe Funktionen

Gegenstand der Funktionentheorie ist die Analysis differenzierbarer Funktionen $f : \mathbb{C} \to \mathbb{C}$. Es wird sich zeigen, dass die komplexe Differenzierbarkeit eine stärkere Voraussetzung ist als die reelle Differenzierbarkeit von Funktionen $f : \mathbb{R}^2 \to \mathbb{R}^2$, dass komplex differenzierbare Funktionen dafür aber auch viele schöne Eigenschaften besitzen.

Definition. *(Gebiet)*
*Ein **Gebiet** in $\mathbb{C}$ ist eine nichtleere, offene und zusammenhängende Teilmenge von $\mathbb{C}$.*

Ein Gebiet G besteht also nie aus mehreren Teilen und man kann zwei beliebige Punkte aus G immer durch einen stetigen Weg miteinander verbinden, der ganz in G verläuft.

Definition. *(komplex differenzierbar)*
*Sei $U \subset \mathbb{C}$ offen, $f : U \to \mathbb{C}$ und $z_0 \in U$. Dann heißt f **komplex differenzierbar in** z_0, falls*

$$f'(z_0) = \lim_{h \to 0} \frac{f(z_0 + h) - f(z_0)}{h}$$

existiert, wobei $h \in \mathbb{C} \setminus \{0\}$.

Wie im Reellen ist für eine Funktion f, die in z_0 komplex differenzierbar ist, die affin-lineare Funktion $f(z_0) + f'(z_0) \cdot (z - z_0)$ die beste lineare Approximation von f in der Nähe von z_0 und

$$\lim_{h \to 0} \frac{f(z_0 + h) - f(z_0) - f'(z_0) \cdot h}{|h|} = 0.$$

Insbesondere ist (wie im Reellen) jede in z_0 differenzierbare Funktion dort auch stetig.

Definition. *(holomorph)*
*Sei $U \subseteq \mathbb{C}$ offen. Dann heißt $f : U \to \mathbb{C}$ **holomorph** in U, falls f in* allen *Punkten von U komplex differenzierbar ist.*

Bemerkung: Holomorphe Funktionen werden oft auch **analytisch** genannt. Dies bezieht sich auf die Eigenschaft, dass holomorphe Funktionen durch eine konvergente Potenzreihe dargestellt werden können (siehe später).

Bemerkung: Sind f, g im Punkt $z_0 \in U$ komplex differenzierbar, dann sind auch $f+g$, $f \cdot g$ und, falls $f(z_0) \neq 0$ ist, auch $1/f$ dort komplex differenzierbar und es gelten die üblichen Ableitungsregeln. Dies zeigt man ganz genauso wie im reellen Fall.
Auch die Verkettung komplex differenzierbarer Funktionen ist komplex differenzierbar und die Kettenregel $(f \circ g)'(z_0) = f'(g(z_0))g'(z_0)$ gilt weiterhin.

Beispiele:

1. Polynome sind holomorph auf ganz $\mathbb{C}$.

2. Für $k = 1, 2, 3, \ldots$ ist $z \mapsto \dfrac{1}{z^k}$ holomorph auf $\mathbb{C} \setminus \{0\}$.

3. Die mit Hilfe von Potenzreihen

$$
\begin{aligned}
\exp(z) &= 1 + \frac{z}{1!} + \frac{z^2}{2!} + \frac{z^3}{3!} + \cdots, \\
\cos(z) &= 1 - \frac{z^2}{2!} + \frac{z^4}{4!} - \frac{z^6}{6!} + - \cdots, \\
\sin(z) &= z - \frac{z^3}{3!} + \frac{z^5}{5!} - \frac{z^7}{7!} + - \cdots
\end{aligned}
$$

definierten Funktionen sin, cos und exp sind holomorph auf ganz $\mathbb{C}$ mit den Ableitungen $\exp' = \exp$, $\cos' = -\sin$, $\sin' = \cos$. Das kann man auf dieselbe Weise nachrechnen wie früher im Reellen.

Da wir in vielen Fällen die komplexen Zahlen $\mathbb{C}$ mit der reellen Ebene $\mathbb{R}^2$ identifizieren, indem wir in Real- und Imaginärteil zerlegen, könnte man denken, dass es egal ist, ob man differenzierbare Funktionen $f : \mathbb{C} \to \mathbb{C}$ oder $f : \mathbb{R}^2 \to \mathbb{R}^2$ betrachtet. Das ist aber nicht so. Einerseits ist die Klasse der holomorphen Funktionen kleiner, andererseits haben die holomorphen Funktionen viele schöne Eigenschaften, die im allgemeinen für differenzierbare Funktionen $f : \mathbb{R}^2 \to \mathbb{R}^2$ nicht gelten. Es gibt aber ein sehr einfaches Kriterium, das den Zusammenhang zwischen reeller und komplexer Differenzierbarkeit beschreibt:

Satz 24.1. *(Cauchy-Riemann-Differentialgleichungen)*
Sei $U \subseteq \mathbb{C}$ offen und $f : U \to \mathbb{C}$ mit der Zerlegung in Real- und Imaginärteil

$$
f(x + i\,y) = u(x, y) + i\,v(x, y).
$$

Dann sind äquivalent:
(i) f ist im Punkt $z_0 = x_0 + i\,y_0$ komplex differenzierbar
*(ii) Die reelle Funktion $(u, v) : \mathbb{R}^2 \to \mathbb{R}^2$ ist differenzierbar im Punkt $(x_0, y_0) \in \mathbb{R}^2$ und die partiellen Ableitungen erfüllen die **Cauchy-Riemann-Differentialgleichungen***

$$
\frac{\partial u}{\partial x}(x_0, y_0) = \frac{\partial v}{\partial y}(x_0, y_0) \quad , \quad \frac{\partial u}{\partial y}(x_0, y_0) = -\frac{\partial v}{\partial x}(x_0, y_0)
$$

Außerdem ist dann $f'(z_0) = \frac{\partial u}{\partial x}(x_0, y_0) + i\frac{\partial v}{\partial x}(x_0, y_0)$.

Beweis: (i)$\Rightarrow$ (ii):
Die Funktion f sei in z_0 komplex differenzierbar mit der Ableitung $f'(z_0)$. Dann ist

$$
\lim_{h \to 0} \frac{f(z_0 + h) - f(z_0) - f'(z_0)h}{|h|} = 0.
$$

Sei $f'(z_0) = a + ib$ und $h = s + it \in \mathbb{C} \setminus \{0\}$ die Zerlegung in Real- und Imaginärteil. Dann ist

$$
|h| = \|(s, t)\|_2 \text{ und } f'(z_0)h = (a + ib)(s + it) = as - bt + i(at + bs)
$$

Indem man im Differenzenquotienten ebenfalls Real- und Imaginärteil trennt, erhält man

$$\lim_{s,t\to 0}\frac{u(x_0+s,y_0+t)-u(x_0,y_0)-as+bt}{\|(s,t)\|_2}+i\lim_{s,t\to 0}\frac{v(x_0+s,y_0+t)-v(x_0,y_0)-bs-at}{\|(s,t)\|_2}=0.$$

Die beiden Grenzwerte müssen jeweils Null ergeben, also ist u differenzierbar in (x_0,y_0) mit Ableitung $(u_x,u_y)=(a,-b)$ und v ist differenzierbar in (x_0,y_0) mit Ableitung $(v_x,v_y)=(b,a)$. Ein Vergleich der beiden Ausdrücke liefert direkt die Cauchy-Riemann-Differentialgleichungen.

(ii)$\Rightarrow$ (i):
Sind die Cauchy-Riemann-Differentialgleichungen erfüllt, dann ist nach derselben Rechnung mit $a=u_x(x_0,y_0)=v_y(x_0,y_0)$ und $b=-u_y(x_0,y_0)=v_x(x_0,y_0)$

$$\lim_{h\to 0}\frac{f(z_0+h)-f(z_0)-(a+ib)h}{|h|}=0.$$

Damit ist f in z_0 differenzierbar mit Ableitung

$$f'(z_0)=u_x(x_0,y_0)+iv_x(x_0,y_0).\qquad\square$$

Beispiele:

1. Sei $U=\mathbb{C}$ und $f(z)=z^2=(x+iy)^2=x^2-y^2+2ixy$. In diesem Fall ist also $u(x,y)=x^2-y^2$ und $v(x,y)=2xy$ und man rechnet leicht nach, dass

$$u_x=2x=v_y \text{ und } u_y=-2y=-v_x.$$

   Die Cauchy-Riemann-Differentialgleichungen sind also erfüllt und f ist daher komplex differenzierbar.

2. Sei $U=\mathbb{C}$ und $f(z)=\overline{z}$, bzw. $f(x+iy)=x-iy$. Die Funktionen $u(x,y)=x$ und $v(x,y)=-y$ erfüllen die Cauchy-Riemann-Differentialgleichungen nicht, f in *keinem* $z\in\mathbb{C}$ komplex differenzierbar, obwohl die „zugehörige" Funktion $F:\mathbb{R}^2\to\mathbb{R}^2$ mit $F(x,y)=\begin{pmatrix}x\\-y\end{pmatrix}$ in *jedem* $(x,y)\in\mathbb{R}^2$ reell differenzierbar ist.

Die Cauchy-Riemann-Differentialgleichungen beschreiben nicht nur einen Zusammenhang zwischen dem Real- und dem Imaginärteil holomorpher Funktionen, sondern sie führen auch zu einer starken Einschränkung, welche Funktionen überhaupt Real- bzw. Imaginärteil einer holomorphen Funktion sein können.

Definition. *(harmonische Funktion)*
*Sei $U\subseteq\mathbb{R}^2$ offen. Eine zweimal stetig differenzierbare Funktion $h:U\to\mathbb{R}$ heißt **harmonische Funktion**, wenn sie eine Lösung der Laplace-Gleichung*

$$\Delta h(x,y)=h_{xx}+h_{yy}=0$$

auf U ist.

Satz 24.2.
Ist $f=u+iv:U\to\mathbb{C}$ holomorph, dann ist

$$\Delta u=u_{xx}+u_{yy}=0 \quad und \quad \Delta v=v_{xx}+v_{yy}=0$$

in U. Der Realteil und der Imaginärteil holomorpher Funktionen sind also harmonische Funktionen.

Beweis: Wegen der Cauchy-Riemannschen Differentialgleichungen

$$u_x = v_y$$
$$u_y = -v_x$$

gilt

$$u_{xx} = (u_x)_x = (v_y)_x = v_{yx} = v_{xy} = (v_x)_y = -u_{yy}$$

und folglich $\Delta u = u_{xx} + u_{yy} = 0$. Die Argumentation für v ist ganz analog.

$\square$

Bemerkung: Zu einer komplexen Funktion $f : \mathbb{C} \to \mathbb{C}$ mit $f = u + iv$ kann man wie oben die reelle Funktion $F : \mathbb{R}^2 \to \mathbb{R}^2$ mit $F(x,y) = \begin{pmatrix} u(x,y) \\ v(x,y) \end{pmatrix}$ betrachten.

Sei f in $z = x + iy$ komplex differenzierbar. Nach den Cauchy-Riemann-Differentialgleichungen gilt:

$$DF(x,y) = \begin{pmatrix} u_x(x,y) & u_y(x,y) \\ -u_y(x,y) & u_x(x,y) \end{pmatrix} = \begin{pmatrix} v_y(x,y) & -v_x(x,y) \\ v_x(x,y) & v_y(x,y) \end{pmatrix}.$$

Also gilt $\det DF(x,y) = u_x(x,y)^2 + u_y(x,y)^2 = v_x(x,y)^2 + v_y(x,y)^2 \geq 0$ und somit ist wegen $f'(z) = u_x(x,y) + iv_x(x,y)$

$$f'(z_0) \neq 0 \iff \det DF(x_0, y_0) > 0.$$

Ferner ist $(DF)^T DF = (\det DF)E_2$.

Sei nun $f'(z_0) \neq 0$. Dann ist die Matrix $A := \frac{1}{\sqrt{\det(DF(x_0,y_0))}} DF(x_0, y_0)$ orthogonal. Dies bedeutet, dass für alle $w \in \mathbb{R}^2$

$$\|Aw\|_2 = \|w\|_2 \text{ bzw. } \|DF(x_0,y_0)w\|_2 = \sqrt{\det(DF(x_0,y_0))}\|w\|_2$$

ist. Alle Vektoren $w \in \mathbb{R}^2$ werden von $DF(x_0, y_0)$ also um den gleichen Faktor vergrößert oder verkleinert.

Auch Winkel bleiben unter $DF(x_0, y_0)$ erhalten. Seien dazu $\gamma_1, \gamma_2 \in C^1((-1,1), \mathbb{R}^2)$ zwei Kurven in U mit $\gamma_1(0) = \gamma_2(0) = (x_0, y_0)$. Betrachte die beiden zugehörigen Tangentenvektoren $v_1 = \dot{\gamma}_1(0)$ und $v_2 = \dot{\gamma}_2(0)$, die den Schnittwinkel der beiden Kurven festlegen als

$$\cos \alpha = \frac{\langle v_1, v_2 \rangle}{\|v_1\| \cdot \|v_2\|}.$$

Bildet man beide Kurven mit der Abbildung F ab, dann sind

$$(F \circ \gamma_j)'(0) = DF(\gamma_j(0))\dot{\gamma}_j(0) = DF(x_0, y_0)v_j$$

die Tangentenvektoren der Bildkurven $F \circ \gamma_j$ im Schnittpunkt $F(\gamma_j(0)) = F(x_0, y_0)$ der beiden Kurven. Für deren Schnittwinkel gilt:

$$\frac{\langle DF(x_0,y_0)v_1, DF(x_0,y_0)v_2 \rangle}{\|DF(x_0,y_0)v_2\| \cdot \|DF(x_0,y_0)v_2\|} = \frac{\langle Av_1, Av_2 \rangle}{\|Av_2\| \cdot \|Av_2\|} = \frac{\langle v_1, v_2 \rangle}{\|v_1\| \cdot \|v_2\|},$$

Indem man auf beiden Seiten die Arcuscosinusfunktion anwendet, folgt

$$|\sphericalangle(v_1, v_2)| = |\sphericalangle(DF(x_0,y_0)v_1, DF(x_0,y_0)v_2)|.$$

Also ist der Winkel, unter dem sich γ_1 und γ_2 schneiden gleich dem Winkel ihrer Bildtangenten unter f. Falls also $f'(z_0) \neq 0$, dann ist f bei $z_0 = x - 0 + iy_0$ *winkeltreu* („konform"). Außerdem ist

f orientierungstreu, da $\det A > 0$. In Punkten mit $f'(z_0) = 0$ gilt die Winkeltreue im allgemeinen nicht. Beispielsweise werden für $f(z) = z^2$ in $z_0 = 0$ alle Winkel verdoppelt.

Da wir im folgenden viel mit Potenzreihen arbeiten, sei kurz an Reihen und Konvergenzkriterien erinnert: Reihen der Form

$$\sum_{n=0}^{\infty} a_n(x - x_0)^n$$

heißen *Potenzreihen* zum Entwicklungspunkt x_0 mit Koeffizienten $a_n \in \mathbb{R}$ oder $a_n \in \mathbb{C}$.
Der *Konvergenzradius* ist definiert durch

$$\rho := \frac{1}{\limsup_{n \to \infty} \sqrt[n]{|a_n|}} \qquad \rho \in [0, \infty) \cup \{+\infty\}$$

Aus dem Wurzelkriterium ergab sich, dass eine Potenzreihe absolut konvergiert im Innern ihres Konvergenzkreises $\{x \in \mathbb{C}; |x - x_0| < \rho\}$ und divergiert für $|x - x_0| > \rho$.
Auf dem Rand des Konvergenzkreises, d.h. für $|x - x_0| = \rho$ muss man die Konvergenz gesondert untersuchen.

Die *geometrische Reihe* $q^0 + q^1 + q^2 + q^3 + \ldots$ ist konvergent für $q \in \mathbb{C}$ mit $|q| < 1$, denn die Folge ihrer Partialsummen

$$S_n = 1 + q + q^2 + q^3 + \ldots + q^n = \frac{1 - q^{n+1}}{1 - q}$$

konvergiert gegen $\frac{1}{1-q}$, falls $|q| < 1$ und divergiert für $|q| \geq 1$.

Wie im Reellen beweist man

Satz 24.3.
Sei $\sum\limits_{n=0}^{\infty} a_n(z - z_0)^n$ eine komplexe Potenzreihe mit $a_n \in \mathbb{C}$ und Konvergenzradius $\varrho > 0$.

Dann definiert $f(z) := \sum\limits_{n=0}^{\infty} a_n(z - z_0)$ eine auf $B_\varrho(z_0) = \{z \in \mathbb{C}; |z - z_0| < \varrho\}$ holomorphe Funktion

mit $f'(z_0) = \sum\limits_{n=1}^{\infty} n \, a_n(z - z_0)^{n-1}$.

Wir sagen von einer Funktion $f : U \to \mathbb{C}$, sie sei durch Potenzreihen dargestellt, falls es für jedes $a \in U$ und jedes $\rho > 0$ mit $B_\rho(a) \subseteq U$ eine Potenzreihe $\sum\limits_{n=0}^{\infty} c_n(z - a)^n$ gibt, die auf $B_\rho(a)$ konvergiert und die Funktion f darstellt.

Satz 24.4. *(Gliedweises Differenzieren)*
Sei $f : U \to \mathbb{C}$ durch eine Potenzreihe mit Konvergenzradius ρ dargestellt. Dann ist f holomorph auf U und f' ist ebenfalls durch eine Potenzreihe dargestellt.
Es gilt: Ist $f(z) = \sum\limits_{n=0}^{\infty} c_n(z - z_0)^n$ mit $z \in B_\rho(z_0)$, so ist

$$f'(z) = \sum_{n=1}^{\infty} nc_n(z - z_0)^{n-1},$$

man darf die Reihe also gliedweise differenzieren. Diese Reihe hat denselben Konvergenzradius ρ wie die Potenzreihe von f.

Beweis: Ohne Einschränkung sei $z_0 = 0$. Setze $g(z) = \sum\limits_{n=1}^{\infty} n c_n z^{n-1}$ und wähle $w \in B_\rho(0)$ sowie r mit $|w| < r < \rho$. Dann gilt

$$\frac{f(z) - f(w)}{z - w} - g(w) = \sum_{n=1}^{\infty} c_n \left(\frac{z^n - w^n}{z - w} - n w^{n-1} \right).$$

Für $n = 1$ verschwindet der Ausdruck in der Klammer. Für $n \geq 2$ ist

$$\frac{z^n - w^n}{z - w} - n w^{n-1} = \sum_{k=0}^{n-1} \left(z^{n-1-k} w^k - w^{n-1} \right) = \sum_{k=0}^{n-1} (z^{n-1-k} - w^{n-1-k}) w^k.$$

Für die einzelnen Summanden gilt die Abschätzung

$$|(z^{n-1-k} - w^{n-1-k}) w^k| = |(z - w)(z^{n-k-2} + z^{n-k-3} w + z^{n-k-4} w^2 + \ldots + w^{n-k-2}) w^k|.$$

Für $|z|, |w| \leq r$ ist also

$$|(z^{n-1-k} - w^{n-1-k}) w^k| \leq |z - w|(n - k - 1) r^{n-k-2} r^k \leq |z - w| n r^{n-2}$$

Daher ist für die gesamte Summe

$$\left| \frac{f(z) - f(w)}{z - w} - g(w) \right| \leq \left| \sum_{n=2}^{\infty} c_n \sum_{k=0}^{n-1} (z^{n-1-k} - w^{n-1-k}) w^k \right| \leq |z - w| \sum_{n=2}^{\infty} c_n n^2 r^{n-2}.$$

Weil r kleiner als der Konvergenzradius ρ ist, konvergiert die Reihe und die linke Seite konvergiert für $z \to w$ gegen Null. Damit ist nachgewiesen, dass f komplex differenzierbar ist mit Ableitung g. Die Gleichheit der Konvergenzradien folgt, weil $\limsup \sqrt[n]{n|c_n|} = \limsup \sqrt[n]{|c_n|}$ gilt.   □

Bemerkung: Der Satz lässt sich nun auch auf f' und die neue Potenzreihe anwenden und zeigt, dass f sogar zweimal differenzierbar ist. Das funktioniert natürlich auch für alle weiteren Ableitungen. Folglich ist f beliebig oft differenzierbar und

$$f^{(k)}(z) = \sum_{n=k}^{\infty} c_n n(n - 1) \cdots (n - k + 1)(z - z_0)^{n-k}$$

durch die Potenzreihe dargestellt, die man durch k-faches gliedweises Differenzieren erhält. Insbesondere ist $f^{(k)}(z_0) = k! c_k$ daher ist die Potenzreihendarstellung eindeutig.

24.2. Kurvenintegrale in $\mathbb{C}$

Kurvenintegrale in $\mathbb{C}$ sind ganz genauso definiert wie Kurvenintegrale im $\mathbb{R}^n$.

Definition. *(Kurvenintegral)*
Sei $A \subseteq \mathbb{C}$ und $f : A \to \mathbb{C}$ stetig. Falls $\gamma : [a, b] \to A$ eine (stückweise) stetig differenzierbare Kurve ist, dann setzt man

$$\int\limits_{\gamma} f(z) \, \mathrm{d}z = \int\limits_{a}^{b} f(\gamma(t)) \cdot \dot{\gamma}(t) \, \mathrm{d}t$$

Es gelten auch hier die üblichen Rechenregeln

$$\int_\gamma (f+g)(z)\,\mathrm{d}z = \int_\gamma f(z)\,\mathrm{d}z + \int_\gamma g(z)\,\mathrm{d}z, \qquad \int_\gamma cf(z)\,\mathrm{d}z = c\int_\gamma f(z)\,\mathrm{d}z$$

und

$$\int_{-\gamma} f(z)\,\mathrm{d}z = -\int_\gamma f(z)\,\mathrm{d}z.$$

Hier ist $-\gamma$ der in umgekehrter Richtung durchlaufene Weg. Auch die Standardabschätzung für Wegintegrale

$$\left| \int_\gamma f(z)\,\mathrm{d}z \right| \leq L(\gamma) \cdot \max_{t\in[a,b]} |f(\gamma(t))|,$$

wobei $L(\gamma)$ die Länge des Wegs γ bezeichnet, ist weiterhin verfügbar. Falls $U \subset \mathbb{C}$ offen ist, $f : U \to \mathbb{C}$ eine komplex differenzierbare Stammfunktion F auf U besitzt und $\gamma : [a,b] \to U$ eine differenzierbare Kurve ist, dann folgt

$$\int_\gamma f(z)\,\mathrm{d}z = \int_a^b \underbrace{f(\gamma(t))}_{F'(\gamma(t))} \dot{\gamma}(t)\,\mathrm{d}t \overset{\text{Kettenregel}}{=} \int_a^b F'(\gamma(t))\,\mathrm{d}t = F(\gamma(b)) - F(\gamma(a)).$$

Insbesondere ist in diesem Fall $\int_\gamma f(z)\,\mathrm{d}z = 0$ für geschlossene Kurven γ.

Beispiel:
Sei $z_0 \in \mathbb{C}$ und $r > 0$. Wir betrachten die Funktion $f_k(z) := (z - z_0)^k$ mit $k \in \mathbb{Z}$ und den geschlossenen kreisförmigen Weg $\gamma(t) = z_0 + re^{it}$ mit $0 \leq t \leq 2\pi$.
Die Funktion f_k ist holomorph in $\mathbb{C}$ für $k \geq 0$ bzw. in $\mathbb{C} \setminus \{z_0\}$, falls $k < 0$ ist.
Wir unterscheiden zwei Fälle:

▶ $k \neq -1$: Dann hat f_k auf $\mathbb{C}$ die Stammfunktion $F(z) = \dfrac{(z - z_0)^{k+1}}{k+1}$ und es ist

$$\int_\gamma (z - z_0)^k\,\mathrm{d}z = 0.$$

▶ $k = -1$: In diesem Fall berechnen wir das Kurvenintegral direkt und erhalten

$$\int_\gamma \frac{\mathrm{d}z}{z - z_0} = \int_0^{2\pi} \frac{1}{re^{it}} ire^{it}\,\mathrm{d}t = 2\pi i, \text{ beziehungsweise } \frac{1}{2\pi i}\int_\gamma \frac{\mathrm{d}z}{z - z_0} = 1.$$

Bemerkung: Diese Rechnung zeigt, dass die Funktion $f(z) = \frac{1}{z-z_0}$ auf $\mathbb{C} \setminus \{z_0\}$ keine Stammfunktion besitzt! Die aus dem reellen bekannte „Stammfunktion" $\ln|z - z_0|$ ist keine holomorphe Funktion und kann hier nicht verwendet werden. Die obige Rechnung zeigt auch, dass ihre Verwendung ein falsches Ergebnis liefern würde und dass es auch keine andere Stammfunktion für f auf $\mathbb{C} \setminus \{z_0\}$ geben kann.

Satz 24.5.
Sei $U \subseteq \mathbb{C}$ offen und $f : U \to \mathbb{C}$ stetig, wobei $f(x+iy) = u(x,y) + iv(x,y)$. Ist $\gamma : [a,b] \to U$ eine stetig differenzierbare Kurve mit $\gamma(t) = \gamma_1(t) + i\,\gamma_2(t)$, dann gilt

$$\underbrace{\int_\gamma f(z)\,\mathrm{d}z}_{\text{in } \mathbb{C}} = \underbrace{\int_\gamma \begin{pmatrix} u(x,y) \\ -v(x,y) \end{pmatrix}\mathrm{d}s}_{\text{in } \mathbb{R}^2} + i\underbrace{\int_\gamma \begin{pmatrix} v(x,y) \\ u(x,y) \end{pmatrix}\mathrm{d}s}_{\text{in } \mathbb{R}^2}$$

Beweis: Wir zerlegen alles konsequent in Real- und Imaginärteil und sortieren alle Terme entsprechend.

$$
\begin{aligned}
\int_\gamma f(z)\,\mathrm{d}z &= \int_a^b \big(u(\gamma_1(t),\gamma_2(t)) + iv(\gamma_1(t),\gamma_2(t))\big)\big(\dot\gamma_1(t) + i\,\dot\gamma_2(t)\big)\,\mathrm{d}t \\[2mm]
&= \int_a^b \big(u(\gamma_1,\gamma_2)\dot\gamma_1 - v(\gamma_1,\gamma_2)\,\dot\gamma_2\big)\,\mathrm{d}t + i\int_a^b \big(u(\gamma_1,\gamma_2)\dot\gamma_2 + v(\gamma_1,\gamma_2)\dot\gamma_1\big)\,\mathrm{d}t \\[2mm]
&= \int_a^b \langle \begin{pmatrix} u(\gamma_1(t),\gamma_2(t)) \\ -v(\gamma_1(t),\gamma_2(t)) \end{pmatrix}, \begin{pmatrix} \dot\gamma_1(t) \\ \dot\gamma_2(t) \end{pmatrix} \rangle\,\mathrm{d}t + i\int_\gamma \langle \begin{pmatrix} v(\gamma_1(t),\gamma_2(t)) \\ u(\gamma_1(t),\gamma_2(t)) \end{pmatrix}, \begin{pmatrix} \dot\gamma_1(t) \\ \dot\gamma_2(t) \end{pmatrix} \rangle\,\mathrm{d}t \\[2mm]
&= \int_\gamma \begin{pmatrix} u \\ -v \end{pmatrix}\mathrm{d}s + i\int_\gamma \begin{pmatrix} v \\ u \end{pmatrix}\mathrm{d}s
\end{aligned}
$$

$\square$

Satz 24.6. *(Cauchyscher Integralsatz)*
Sei U offen und $f : U \to \mathbb{C}$ holomorph. Dann gilt

(a) *Ist $U \subseteq \mathbb{C}$ einfach zusammenhängend (d.h. jede geschlossene Kurve lässt sich innerhalb von U zu einem Punkt zusammenziehen), dann ist $\int_\gamma f(z)\,\mathrm{d}z = 0$ für jede geschlossene Kurve γ, die in U verläuft.*

(b) *Sind γ_0 und γ_1 zwei zueinander homotope (d.h. innerhalb von U stetig ineinander verformbare) stückweise differenzierbare, geschlossene Kurven. Dann ist*

$$\int_{\gamma_0} f(z)\,\mathrm{d}z = \int_{\gamma_1} f(z)\,\mathrm{d}z\,.$$

Beweis:

(a) Wir parametrisieren die Kurve γ durch $\gamma(t) = x(t) + iy(t)$ mit $t \in [a,b]$. Sei außerdem wieder mal $f(x+iy) = u(x,y) + iv(x,y)$ und A die von γ eingeschlossene Fläche. Wenn γ sich selbst schneidet, betrachtet man die eingeschlossenen Flächen getrennt. Dann kann man nach dem vorhergehenden Satz schreiben

$$\int_\gamma f(z)\,\mathrm{d}z \;=\; \int_\gamma \begin{pmatrix} u \\ -v \end{pmatrix}\,\mathrm{d}s + i\int_\gamma \begin{pmatrix} v \\ u \end{pmatrix}\,\mathrm{d}s$$

$$= \int_A (-u_y - v_x))\,\mathrm{d}x\,\mathrm{d}y + i\int_A (u_x - v_y)\,\mathrm{d}x\,\mathrm{d}y$$

wobei bei der letzten Umformung der Satz 23.10 von Gauß-Green angewandt wird. Da f holomorph ist, sind die Cauchy-Riemann-Differentialgleichungen erfüllt. Damit verschwinden beide Integranden und es ergibt sich

$$\int_\gamma f(z)\,\mathrm{d}z = 0.$$

(b) Formal bedeutet die Homotopie der beiden Kurven, dass es eine stetige Abbildung H : $[0,1] \times [a,b] \to \mathbb{C}$ gibt mit

$$\begin{aligned} H(0,t) &= \gamma_0(t) \text{ für alle } t \\ H(1,t) &= \gamma_1(t) \text{ für alle } t \\ H(s,0) &= H(s,1) \text{ für alle } s \end{aligned}$$

Um die Gleichheit der Kurvenintegrale einzusehen, betrachtet man folgendes Bild:

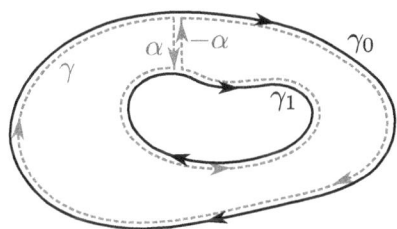

Die Kurve γ setzt sich dabei zusammen aus γ_1, einem kurzen Verbindungsstück α, der in umgekehrter Richtung durchlaufenen Kurve γ_2 und dem in umgekehrter Richtung durchlaufenen α, also

$$\gamma = \gamma_1 + \alpha - \gamma_2 - \alpha.$$

Für die entsprechenden Kurvenintegrale gilt daher nach dem Cauchy-Integralsatz

$$\int_{\gamma_1} f(z)\,\mathrm{d}z + \int_\alpha f(z)\,\mathrm{d}z - \int_{\gamma_2} f(z)\,\mathrm{d}z - \int_\alpha f(z)\,\mathrm{d}z = 0 \qquad \qquad \square$$

Als nächstes soll die Cauchy-Integralformel vorgestellt werden, die besagt, der Wert $f(z_0)$ einer holomorphen Funktion f im Punkt z_0 schon durch die Werte auf einer geschlossenen Kurve um z_0 festgelegt. Dafür benötigen wir jedoch die folgende, etwas modifizierte Form des Cauchyschen Integralsatzes:

Satz 24.7.
Sei $U \subset \mathbb{C}$ offen und die abgeschlossene Kreisscheibe $\overline{B_r(z_0)}$ mit Radius $r > 0$ um z_0 liege in U Sei
$f : U \to \mathbb{C}$ eine stetige Funktion, die in $B_r(z_0) \setminus \{w\}$ holomorph ist. Dann gilt:

$$\int_{\gamma_r} f(z)\, \mathrm{d}z = 0.$$

wobei $\gamma_r : [0, 2\pi] \to \mathbb{C}$ mit $\gamma_r(t) = z_0 + re^{it}$ die Parametrisierung des Kreises um z_0 mit Radius r
beschreibt.

Beweis: Für jedes noch kleine $\varepsilon > 0$, für das $B_\varepsilon(w) \subset B_r(z_0)$ sind die beiden Wege $\gamma_r(t) = z_0 + re^{it}$
und $\alpha_\varepsilon = w + \varepsilon e^{it}$ homotop zueinander. Nach dem Cauchyschen Integralsatz ist dann

$$\int_{\gamma_r} f(z)\, \mathrm{d}z = \int_{\alpha_\varepsilon} f(z)\, \mathrm{d}z$$

Das letzte Integral lässt sich wie folgt abschätzen: Wenn M das Maximum von $|f(z)|$ auf $\overline{B_r(z_0)}$
ist, dann ist

$$\left| \int_{\alpha_\varepsilon} f(z)\, \mathrm{d}z \right| \leq \int_{\alpha_\varepsilon} |f(z)|\, \mathrm{d}z \leq 2\pi\varepsilon M.$$

Da ε beliebig klein gewählt werden kann, muss $\int_{\gamma_r} f(z)\, \mathrm{d}z = 0$ sein.   □

Satz 24.8. *(Cauchy-Integralformel)*
Sei $U \subset \mathbb{C}$ offen, $f : U \to \mathbb{C}$ holomorph, $\overline{B_r(z_0)} \subset U$ und $\gamma_r(t) = z_0 + re^{it}$. Dann gilt

$$f(z_0) = \frac{1}{2\pi i} \int_{\gamma_r} \frac{f(z)}{z - z_0}\, \mathrm{d}z.$$

Beweis: Wir wollen das folgende Integral auswerten:

$$\int_{\gamma_r} \frac{f(z)}{z - z_0}\, \mathrm{d}z = \int_{\gamma_r} \frac{f(z) - f(z_0)}{z - z_0}\, \mathrm{d}z + \int_{\gamma_r} \frac{f(z_0)}{z - z_0}\, \mathrm{d}z$$

Weil $\dfrac{f(z) - f(z_0)}{z - z_0}$ holomorph in $B_r(z_0) \setminus \{z_0\}$ ist und sich in z_0 stetig fortsetzen lässt (durch
$f'(z_0)$), erfüllt $\dfrac{f(z) - f(z_0)}{z - z_0}$ die Voraussetzungen des vorigen Satzes. Damit ist

$$\underbrace{\int_{\gamma_r} \frac{f(z) - f(z_0)}{z - z_0}\, \mathrm{d}z}_{=0} + f(z_0) \underbrace{\int_{\gamma_r} \frac{\mathrm{d}z}{z - z_0}}_{=2\pi i}$$

□

Bemerkung: In der eben bewiesenen Cauchy-Integralformel ist der Integrationsweg ein Kreis, dessen Mittelpunkt genau die Stelle ist, an der der Integrand eine Singularität hat. Dies kann man aber noch abschwächen: Mit Hilfe des Cauchyschen Integralsatzes sieht man ein, dass auch gilt:

$$f(z_0) = \frac{1}{2\pi i} \int\limits_{\partial B_R(z)} \frac{f(z)}{z - z_0} \, dz,$$

wenn $\overline{B_R(z)} \subset U$ ist und $z_0 \in B_R(z)$ liegt.

Anschaulich zeigt die nebenstehende Skizze, warum die kleine Kreislinie $\partial B_r(z_0)$ und der größere Kreis $\partial B_R(z)$ innerhalb von U homotop zueinander sind. Dasselbe Argument funktioniert sogar noch, wenn man nicht über einen Kreis um z sondern über eine einfach geschlossene, stückweise stetig differenzierbare Kurve γ integriert, deren Rand und Inneres komplett in U enthalten ist. Eine einfach geschlossene Kurve $\gamma : [a, b] \to \mathbb{C}$ ist dabei eine Abbildung, die auf $[a, b)$ injektiv ist, d.h. die Kurve hat keine Selbstüberschneidungen.

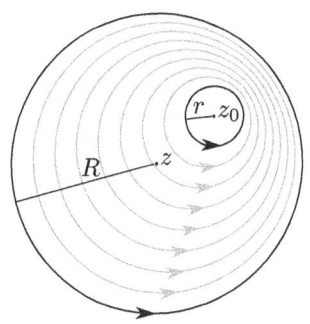

Liegt z_0 außerhalb von γ, so ist $\frac{1}{2\pi i} \int_\gamma \frac{f(z)}{z - z_0} \, dz = 0$. Das folgt ebenfalls aus dem Cauchy-Integralsatz, denn der Integrand ist dann holomorph in einer offenen Menge, die γ und das Innere von γ enthält. Für eine geschlossene stückweise stetig differenzierbare Kurve γ mit $\overline{f(\gamma)} \subset U$ ist also

$$\frac{1}{2\pi i} \int\limits_\gamma \frac{f(z)}{z - z_0} \, dz = \begin{cases} f(z_0) & \text{falls } z_0 \in \text{int}\,(\gamma) \\ 0 & \text{falls } z_0 \in U \setminus \overline{\text{int}\,(\gamma)} \end{cases}$$

Beispiele:

1. $\int\limits_\gamma \frac{z^4}{z-3} \, dz$ mit den Kurven $\gamma_1 = \{z \in \mathbb{C};\ |z - 3| = 1\}$, $\gamma_2 = \{z \in \mathbb{C};\ |z - 1| = 3\}$ sowie $\gamma_3 = \{z \in \mathbb{C};\ |z| = 1\}$. Da z^4 holomorph auf ganz $\mathbb{C}$ ist, gilt somit nach der Cauchy-Integralformel

$$\int_{\gamma_1} \frac{z^4}{z-3} \, dz = 2\pi i 3^4,$$

$$\int_{\gamma_2} \frac{z^4}{z-3} \, dz = 2\pi i 3^4,$$

$$\int_{\gamma_3} \frac{z^4}{z-3} \, dz = 0$$

2. Das Integral $\int_\gamma \frac{e^z}{z^2-1} \, dz$ mit $\gamma(t) = 1 + e^{it}$ für $0 \leq t \leq 2\pi$ lässt sich ebenfalls mit der Cauchy-Integralformel berechnen. Von den beiden Nullstellen des Nenners liegt nur $z_0 = 1$ im Innern von γ. Mit Hilfe der Zerlegung $\frac{e^z}{z^2-1} = \frac{f(z)}{z-1}$ für die in $\mathbb{C} \setminus \{-1\}$ holomorphe Funktion $f(z) = \frac{e^z}{z+1}$ findet man

$$\int\limits_\gamma \frac{e^z}{z^2-1} \, dz = \int\limits_\gamma \frac{f(z)}{z-1} \, dz = 2\pi i f(1) = \pi i e.$$

3. Um das Integral $\int_\gamma \dfrac{9z^2 - 2}{3z + 2i}\, dz$ längs des Wegs $\gamma(t) = e^{it}$, $0 \le t \le 2\pi$ zu berechnen, bringt man den Nenner am besten in die Form $z - z_0$, wobei $z_0 = -\frac{2}{3}i$ die Nullstelle des Nennerpolynoms ist:

$$\int_\gamma \frac{9z^2 - 2}{3z + 2i}\, dz = \int_\gamma \frac{3z^2 - \frac{2}{3}}{z + \frac{2}{3}i}\, dz.$$

Als Polynom ist $f(z) = 3z^2 - \frac{2}{3}$ holomorph in ganz $\mathbb{C}$ und da z_0 im Innern von γ liegt, ist

$$\int_\gamma \frac{3z^2 - \frac{2}{3}}{z + \frac{2}{3}i}\, dz = 2\pi i f(-\frac{2}{3}i) = 2\pi i \left(3(-\frac{2}{3}i)^2 - \frac{2}{3}\right) = -2\pi i.$$

Definition. *(Windungszahl)*
Sei γ eine geschlossene, stückweise stetig differenzierbare Kurve und $z_0 \notin \gamma$. Dann heißt

$$w(\gamma, z_0) = \frac{1}{2\pi i} \int_\gamma \frac{dz}{z - z_0}$$

***Windungszahl** von γ um z_0.*

Beispiel: Sei γ ein im mathematisch positiven Sinn einmal durchlaufener Kreis. Dann gilt

$$w(\gamma, z_0) = \begin{cases} 1, & \text{falls } z_0 \text{ in der Kreisscheibe liegt,} \\ 0, & \text{falls } z_0 \text{ außerhalb der Kreisscheibe liegt.} \end{cases}$$

Wird der Punkt z_0 nun k-mal umlaufen, also ist $\gamma(t) = z_0 + re^{it}$ mit $0 \le t \le 2\pi k$, dann ist

$$w(\gamma, z_0) = \frac{1}{2\pi i} \int_0^{2\pi k} i\, dt = k.$$

Satz 24.9.
Sei γ eine geschlossene Kurve und $z_0 \notin \gamma$. Dann ist $w(\gamma, z_0) \in \mathbb{Z}$.

Beweis: Sei γ durch $\gamma(t)$ mit $a \le t \le b$ parametrisiert. Wir schreiben γ in Polarkoordinaten als

$$\gamma(t) = z_0 + r(t)e^{i\varphi(t)}$$

mit $r(t) > 0$ und $\varphi(t) \in \mathbb{R}$. Wegen $\gamma(a) = \gamma(b)$ muss $r(a) = r(b)$ sein. Außerdem ist für ein $k \in \mathbb{Z}$ dann $\varphi(b) = \varphi(a) + 2k\pi$.
Nun kann man das Kurvenintegral direkt berechnen:

$$\begin{aligned}
\frac{1}{2\pi i} \int_\gamma \frac{dz}{z - z_0} &= \frac{1}{2\pi i} \int_a^b \frac{(\dot{r}(t) + ir(t)\dot\varphi(t))e^{i\varphi(t)}}{r(t)e^{i\varphi(t)}}\, dt \\
&= \frac{1}{2\pi i} \int_a^b \frac{\dot{r}(t)}{r(t)}\, dt + i\frac{1}{2\pi i} \int_a^b \dot\varphi(t)\, dt \\
&= \frac{1}{2\pi i} \Big(\underbrace{\ln(r(b)) - \ln(r(a))}_{=0} + i \underbrace{\varphi(b) - \varphi(a)}_{=2k\pi} \Big) = k \in \mathbb{Z}.
\end{aligned}$$

$\square$

Definition. *(Inneres einer Kurve)*
Eine einfach geschlossene Kurve γ heißt reguläre geschlossene Kurve, falls $w(\gamma, z_0) \in \{0, 1\}$ für $z_0 \notin \gamma$
gilt.
Wir definieren dann $\{z; \ w(\gamma, z) = 1\}$ als das Innere von γ und $\{z; \ w(\gamma, z) = 0\}$ als das Äußere von γ.
Das Innere von γ liegt dann immer „links" der Kurve, sonst wäre im Innern $w(\gamma, z) = -1$.

Satz 24.10. *(Cauchy-Integralformel für Ableitungen)*
$\underline{Sei\ U} \subset \mathbb{C}$ *offen und $f : U \to \mathbb{C}$ holomorph auf U. Dann gilt für $z_0 \in U$ und jedes $r > 0$ mit*
$\overline{B_r(z_0)} \subset U$

$$f^{(n)}(z_0) = \frac{n!}{2\pi i} \int\limits_{\partial B_r(z_0)} \frac{f(w)}{(w - z_0)^{n+1}} \, \mathrm{d}w$$

Insbesondere ist f auf ganz U unendlich oft (komplex) differenzierbar.

Beweis: Hier verwenden wir nach langer Zeit einmal wieder vollständige Induktion.
Der Induktionsanfang für $n = 0$ ist die Cauchy-Integralformel für f, die wir ja bereits beweisen
haben.
Da man nach dem Cauchyschen Integralsatz den Integrationsweg in $U \setminus \{z_0\}$ etwas verschieben
darf, kann man als Induktionsvoraussetzung annehmen, dass

$$f^{(n)}(z) = \frac{n!}{2\pi i} \int\limits_{\partial B_r(z_0)} \frac{f(w)}{(w - z)^{n+1}} \, \mathrm{d}w$$

gilt für alle z in einer kleinen Umgebung von z_0.
Für den Induktionsschritt von n nach $n + 1$ muss man beachten, dass sich das Kurvenintegral mit
der Differentiation nach z_0 vertauschen lässt.

$$
\begin{aligned}
f^{(n+1)}(z_0) = \frac{\mathrm{d}}{\mathrm{d}z} f^{(n)}(z_0) \quad &= \quad \frac{\mathrm{d}}{\mathrm{d}z} \left(\frac{n!}{2\pi i} \int\limits_{\partial B_r(z_0)} \frac{f(w)}{(w - z_0)^{n+1}} \, \mathrm{d}w \right) \Bigg|_{z=z_0} \\
&= \quad \frac{n!}{2\pi i} \int\limits_{\partial B_r(z_0)} \frac{\mathrm{d}}{\mathrm{d}z}\Bigg|_{z=z_0} \frac{f(w)}{(w - z)^{n+1}} \, \mathrm{d}w \\
&= \quad \frac{-(n+1)n!}{2\pi i} \int\limits_{\partial B_r(z_0)} \frac{f(w)}{(w - z_0)^{n+2}} \, \mathrm{d}w \\
&= \quad \frac{(n+1)!}{2\pi i} \int\limits_{\partial B_r(z_0)} \frac{f(w)}{(w - z_0)^{n+2}} \, \mathrm{d}w
\end{aligned}
$$

Dazu muss man $\int\limits_{\partial B_r(z_0)} \frac{f(w)}{(w - z_0)^{n+1}} \, \mathrm{d}w$ als ein Parameterintegral auffassen, das nach der Parametrisierung des Wegs eigentlich ein reelles Integral über ein kompaktes Intervall ist, und bei dem
der Integrand stetig nach z differenzierbar ist.
$\qquad\qquad\qquad\qquad\qquad\qquad\qquad\qquad\qquad\qquad\qquad\qquad\qquad\qquad\qquad\qquad\qquad\qquad$ $\square$

Als Folgerung kann man eine Abschätzung angeben, wie schnell die Ableitungen einer holomorphen Funktion anwachsen können.

Satz 24.11.

Sei $U \subset \mathbb{C}$ offen und $f : U \to \mathbb{C}$ holomorph auf U. Die Kreisscheibe $B_R(z_0)$ mit Radius R um den Punkt z_0 liege vollständig in U. Dann gilt:

$$|f^{(n)}(z_0)| \leq \frac{n!}{R^n} \max_{|z-z_0|=R} |f(z)|.$$

Beweis: Bildet man in der Cauchyschen Integralformel für die n-te Ableitung auf beiden Seiten den Betrag, erhält man

$$
\begin{aligned}
|f^{(n)}(z_0)| &= \left| \frac{n!}{2\pi i} \int_{\partial B_r(z_0)} \frac{f(z)}{(z-z_0)^{n+1}} \, \mathrm{d}z \right| \\[2mm]
&\leq \frac{n!}{2\pi} \int_{\partial B_r(z_0)} \left| \frac{f(z)}{(z-z_0)^{n+1}} \right| \, \mathrm{d}z \\[2mm]
&\leq \frac{n!}{2\pi} 2\pi R \frac{\max_{|z-z_0|=R} |f(z)|}{R^{n+1}} \\[2mm]
&= \frac{n!}{R^n} \max_{|z-z_0|=R} |f(z)|. \qquad \square
\end{aligned}
$$

Eine Konsequenz der Cauchyschen Integralformel ist der folgende Satz, der aussagt, dass sich jede holomorphe Funktion in der Nähe eines Punktes als konvergente Potenzreihe darstellen lässt.

Satz 24.12.

Sei $U \subset \mathbb{C}$ offen und $r > 0$ so dass $\overline{B_r(z_0)} \subset \mathbb{C}$. Dann wird f in der offenen Kreisscheibe $B_r(z_0)$ durch eine Potenzreihe dargestellt, d.h. für $|z - z_0| < r$ gilt

$$f(z) = \sum_{n=0}^{\infty} a_n (z - z_0)^n \text{ mit } a_n = \frac{f^{(n)}(z_0)}{n!}$$

Beweis: Nach der Cauchyschen Integralformel ist

$$f(z) = \frac{1}{2\pi i} \int_{\partial B_r(z_0)} \frac{f(w)}{w - z} \, \mathrm{d}w = \frac{1}{2\pi i} \int_{\partial B_r(z_0)} f(w) \sum_{n=0}^{\infty} \frac{(z-z_0)^n}{(w-z_0)^{n+1}} \, \mathrm{d}w$$

denn unter Benutzung der Summenformel für die geometrische Reihe ist für $|z-z_0| < |w-z_0| = r$ immer

$$\sum_{n=0}^{\infty} \frac{(z-z_0)^n}{(w-z_0)^n} = \sum_{n=0}^{\infty} \left(\frac{z-z_0}{w-z_0} \right)^n = \frac{1}{1 - \dfrac{z-z_0}{w-z_0}} = \frac{w-z_0}{w-z_0-(z-z_0)} = \frac{w-z_0}{w-z}.$$

Vertauscht man nun noch Integration und Summation, dann ist

$$f(z) = \frac{1}{2\pi i} \sum_{n=0}^{\infty} \int_{\partial B_r(z_0)} \frac{f(w)}{(w-z_0)^{n+1}} (z-z_0)^n \, \mathrm{d}w$$

beziehungsweise

$$f(z) = \sum_{n=0}^{\infty} a_n(z - z_0)^n \quad \text{mit} \quad a_n = \frac{1}{2\pi i} \int\limits_{\partial B_r(z_0)} \frac{f(w)}{(w - z_0)^{n+1}} \, \mathrm{d}w = \frac{f^{(n)}(z_0)}{n!},$$

wobei diesmal die Cauchy-Integralformel für Ableitungen zum Einsatz kommt.

$\square$

Satz 24.13.
Sei U ein Gebiet, $f : U \to \mathbb{C}$ holomorph und die Menge $M = \{z \in U; \ f(z) = 0\}$ besitze einen Häufungspunkt in U. Dann ist $f = 0$ in ganz U.

Beweis: Sei w ein Häufungspunkt der Menge M. Dann gibt es eine Folge $w_1, w_2, w_3, \ldots$ mit $w_k \neq w$ und $f(w_k) = 0$ für alle $k \in \mathbb{N}$. Da f holomorph in U ist, gibt es eine kleine Kreisscheibe $B_r(w)$ um w, so dass sich f in dieser Kreisscheibe als Potenzreihe

$$f(z) = \sum_{n=0}^{\infty} a_n(z - w)^n$$

schreiben lässt.
Da f stetig ist und $f(w) = \lim_{k \to \infty} f(w_k) = 0$, ist $a_0 = 0$.
Wir zeigen nun, dass $f(z) = 0$ sein muss für alle z in der Kreisscheibe $B_r(w)$.
Angenommen, es ist $f(z) \neq 0$ irgendwo in der Kreisscheibe. Dann können nicht alle Koeffiziente der Potenzreihe verschwinden und es muss daher ein kleinstes $m \in \mathbb{N}$ geben, für das $a_m \neq 0$ ist. Daher ist

$$f(z) = a_m(z - w)^m \sum_{n=m+1}^{\infty} \frac{a_n}{a_m}(z - w)^{n-m} = a_m(z - w)^m \sum_{n=0}^{\infty} \frac{a_{m+n}}{a_m}(z - w)^n.$$

Setzt man nun

$$g(z) = \sum_{n=0}^{\infty} \frac{a_{m+n}}{a_m}(z - w)^n,$$

dann ist g holomorph in $B_r(w)$ mit $g(w) = 1$. Insbesondere gibt es ein $\varepsilon > 0$, so dass $|g(z)| > \frac{1}{2}$ für $|z - w| < \varepsilon$. Dann ist aber für $0 < |z - w| < \varepsilon$

$$f(z) = \underbrace{a_m}_{\neq 0} \underbrace{(z - w)^m}_{\neq 0} \underbrace{g(z)}_{\neq 0} \neq 0$$

im Widerspruch zu der Voraussetzung, dass w ein Häufungspunkt von Nullstellen der Funktion f ist. Damit ist die Annahme $f(z) \neq 0$ widerlegt und f muss zumindest in der Kreisscheibe $B_r(w)$ verschwinden. Nun kann man diesen Bereich immer weiter nach außen ausdehnen und die gesamte Menge U „ausschöpfen". Damit lässt sich dann zeigen, dass f sogar auf ganz U verschwindet.

$\square$

Satz 24.14. *(Identitätssatz)*
Seien U ein Gebiet, $f, g : U \to \mathbb{C}$ holomorph und die Menge $M = \{z \in U; \ f(z) = g(z)\}$ besitze einen Häufungspunkt in U. Dann ist $f(z) = g(z)$ für alle $z \in U$.

Beweis: Wende den vorigen Satz auf $f - g$ an. $\qquad\square$

Definition. *(Ganze Funktion)*
Eine Funktion $f : \mathbb{C} \to \mathbb{C}$ heißt **ganze Funktion**, *wenn sie auf ganz $\mathbb{C}$ holomorph ist.*

Satz 24.15. *(Satz von Liouville)*
Jede beschränkte, ganze Funktion ist konstant.

Beweis: Ist $f : \mathbb{C} \to \mathbb{C}$ eine ganze Funktion, dann lässt sie sich um $z_0 = 0$ in eine Potenzreihe

$$f(z) = \sum_{n=0}^{\infty} a_n z^n$$

entwickeln. Parametrisiert man einen Kreis vom Radius $R > 0$ durch $\gamma_R(t) = Re^{it}$ und ist $M > 0$ so gewählt, dass $|f(z)| \leq M$ ist für alle z, dann ergibt sich aus der Abschätzung in Satz 24.11

$$|a_n| = \left| \frac{f^n(0)}{n!} \right| = \left| \frac{1}{2\pi i} \int_{\gamma_R} \frac{f(w)}{w^{n+1}} \, \mathrm{d}w \right| \leq \frac{1}{2\pi} \cdot 2\pi R \cdot \frac{M}{R^{n+1}} = \frac{M}{R^n}.$$

Da R beliebig groß gewählt werden darf, müssen alle Koeffizienten a_n verschwinden. Damit ist $f \equiv 0$. $\qquad\square$

An dieser Stelle können wir nun endlich einen Satz beweisen, den wir an vielen anderen Stellen schon benutzt haben.

Satz 24.16. *(Fundamentalsatz der Algebra)*
Jedes Polynom n-ten Grades mit komplexen Koeffizienten besitzt mindestens eine komplexe Nullstelle.

Beweis: Sei $P(z) := a_0 + a_1 z + \ldots + a_n z^n$ mit $n \geq 1$ und $a_n \neq 0$. Wir argumentieren indirekt, und nehmen dafür an, dass P *keine* Nullstellen besitzt, d.h. $P(z) \neq 0$ für alle $z \in \mathbb{C}$. Dann ist aber die Funktion $f(z) := \frac{1}{P(z)}$ auf ganz $\mathbb{C}$ definiert und holomorph. Außerdem wäre dann

$$\begin{aligned} |P(z)| &\geq |a_n| \cdot |z|^n - |a_{n-1}| \cdot |z|^{n-1} - \ldots - |a_1| \cdot |z| - |a_0| \\ &= |z|^n \left(|a_n| - \frac{|a_{n-1}|}{|z|} - \ldots - \frac{|a_1|}{|z|^{n-1}} - \frac{|a_0|}{|z|^n} \right), \quad z \neq 0. \end{aligned}$$

Daher existiert eine Zahl $R > 0$ so dass für alle $z \in \mathbb{C}$ mit $|z| > R$ gilt:

$$-\frac{|a_{n-1}|}{|z|} - \ldots - \frac{|a_1|}{|z|^{n-1}} - \frac{|a_0|}{|z|^n} \leq \frac{|a_n|}{2}.$$

Damit ist

$$|P(z)| \geq |z|^n \left(|a_n| - \frac{|a_n|}{2} \right) = \frac{|a_n|}{2} |z|^n > \frac{1}{2} |a_n| R^n$$

und somit

$$|f(z)| = \frac{1}{|P(z)|} \leq \frac{2}{|a_n| R^n}$$

für alle z mit $|z| > R$. Weil $|f|$ auch auf der kompakten Menge $\overline{B_R(0)}$ stetig ist, gibt es eine Konstante C_1, so dass $|f(z)| \le C_1$ für alle $z \in \overline{B_R(0)}$.

Damit ist $|f(z)| \le \max\{C_1, \dfrac{2}{|a_n|R^n}\}$ für alle $z \in \mathbb{C}$, also ist f eine beschränkte ganze Funktion.

Nach dem Satz von Liouville muss $f(z)$ daher konstant sein. Dann wäre aber auch $P(z)$ konstant im Widerspruch zu unserer Voraussetzung, dass P ein Polynom vom Grad n ist.
Daher kann unsere Annahme, dass P keine Nullstelle besitzt, nicht wahr sein.

$\square$

24.3. Singularitäten und meromorphe Funktionen

Definition. *(Isolierte Singularität)*
*Sei $U \subset \mathbb{C}$ offen, $z_0 \in U$. Falls $f : U \setminus \{z_0\} \to \mathbb{C}$ holomorph ist, dann nennt man z_0 eine **isolierte Singularität** von f.*

Beispiele:

1. $\dfrac{\sin z}{z}$, $z \ne 0$ hat in $z_0 = 0$ eine isolierte Singularität.

2. Für $\frac{1}{z(z+i)^2}$ sind $z_0 = 0$ und $z_1 = -i$ isolierte Singularitäten.

3. $e^{\frac{1}{z}}$ hat in $z_0 = 0$ eine isolierte Singularität.

Wie im reellen gibt es auch in $\mathbb{C}$ verschiedene Arten von Singularitäten.

Definition. *(hebbare Singularität)*
*Sei $U \subset \mathbb{C}$ offen und f holomorph in $U \setminus \{z_0\}$. Man nennt z_0 eine **hebbare Singularität**, wenn man $f(z_0)$ so festlegen kann, dass f holomorph in ganz U wird, d.h. wenn es eine holomorphe Funktion $\tilde{f} : U \to \mathbb{C}$ gibt mit $f(z) = \tilde{f}(z)$ für $z \ne z_0$.*

Satz 24.17. *(Hebbarkeitssatz von Riemann)*
Sei $U \subset \mathbb{C}$ offen und f holomorph in $U \setminus \{z_0\}$. Wenn f beschränkt ist in $U \setminus \{z_0\}$, dann ist z_0 eine hebbare Singularität.

Bemerkung: Dies ist eine spezielle Eigenschaft komplexer Funktionen, die im $\mathbb{R}^n$ nicht gilt.
Beweis: Setze
$$g(z) := \begin{cases} (z - z_0)^2 f(z) & \text{für } z \in U \setminus \{z_0\} \\ 0 & \text{für } z = z_0 \end{cases}$$
Zu zeigen ist, dass g in z_0 komplex differenzierbar ist: Für $z \ne z_0$ ist das klar, für $z = z_0$ berechnen wir „von Hand"
$$\lim_{z \to z_0} \frac{g(z_0 + h) - g(z_0)}{z - z_0} = \lim_{z \to z_0} f(z)(z - z_0) = 0 \,.$$
Also ist $g'(z_0) = 0$ und damit ist g holomorph in U.

Daher lässt sich g in einer Kreisscheibe $B_r(z_0) \subset U$ durch eine Potenzreihe $g(z) = \sum\limits_{n=0}^{\infty} a_n(z - z_0)^n$ darstellen. Insbesondere ist dann $a_0 = g(z_0) = 0$ und $a_1 = g'(z_0) = 0$, d.h.
$$g(z) = \sum_{n=2}^{\infty} a_n(z - z_0)^n = (z - z_0)^2 \sum_{n=2}^{\infty} a_n(z - z_0)^{n-2} = (z - z_0)^2 \sum_{n=0}^{\infty} a_{n+2}(z - z_0)^n \,.$$

Damit ist aber durch

$$\tilde{f}(z) = \sum_{n=0}^{\infty} a_{n+2}(z - z_0)^n$$

eine holomorphe Funktion in $B_r(z_0)$ definiert, die eine Fortsetzung von f ist. □

Bemerkung: Die Umkehrung des Riemannschen Hebbarkeitssatzes bedeutet, dass eine holomorphe Funktion $f : U \setminus \{z_0\} \to \mathbb{C}$, die in z_0 eine isolierte, nicht hebbare Singularität besitzt, in jeder noch so kleinen Umgebung von z_0 unbeschränkt sein muss. Insbesondere können Unstetigkeitsstellen, wie sie die reelle Funktion $\sin(1/x)$ bei $x = 0$ hat, bei holomorphen Funktionen nicht vorkommen.

Laurentreihen

Als nächstes wollen wir die Potenzreihendarstellung von holomorphen Funktionen in Kreisscheiben verallgemeinern und für in Kreisringen definierte holomorphe Funktionen die Darstellung als Laurentreihe herleiten. Dies ermöglicht dann später eine Erweiterung der Cauchyschen Integralformel zum Residuensatz, der auch auf Funktionen mit Singularitäten angewendet werden kann.

Definition.
Eine Reihe der Form $\sum\limits_{n=-\infty}^{\infty} a_n(z - z_0)^n$ *heißt **Laurentreihe**.*

Man nennt $\sum\limits_{n=-\infty}^{-1} a_n(z - z_0)^n$ *den **Hauptteil** (oder singulären Teil)*

und $\sum\limits_{n=0}^{\infty} a_n(z - z_0)^n$ *den **Nebenteil** (oder regulären Teil oder analytischen Teil).*

Bemerkung: Die Laurenteihe $\sum\limits_{n=-\infty}^{\infty} a_n(z - z_0)^n$ konvergiert genau dann, wenn die „einseitigen"

Reihen $\sum\limits_{n=-\infty}^{-1} a_n(z - z_0)^n$ und $\sum\limits_{n=0}^{\infty} a_n(z - z_0)^n$ beide konvergieren und es ist dann

$$\sum_{n=-\infty}^{\infty} a_n(z - z_0)^n = \sum_{n=-\infty}^{-1} a_n(z - z_0)^n + \sum_{n=0}^{\infty} a_n(z - z_0)^n .$$

Satz 24.18.
Die Laurentreihe $\sum\limits_{n=-\infty}^{\infty} a_n(z - z_0)^n$ *konvergiert im **Kreisring** $B_{r,R}(z_0) = \{z \in \mathbb{C};\ r < |z - z_0| < R\}$,*

wobei R der Konvergenzradius der Potenzreihe $\sum\limits_{n=0}^{\infty} a_n(z - z_0)^n$ *und $1/r$ der Konvergenzradius der*

Potenzreihe $\sum\limits_{n=1}^{\infty} a_{-n}\xi^n$ *ist, d.h.*

$$R = \frac{1}{\limsup\limits_{n\to\infty} |a_n|^{1/n}},$$

$$r = \limsup\limits_{n\to\infty} |a_{-n}|^{1/n}$$

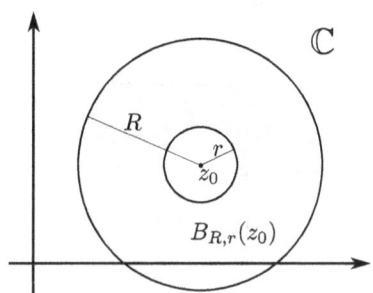

Falls $r < R$ ist, ist die durch die Laurentreihe definierte Funktion in $B_{r,R}(z_0)$ holomorph.

Beweis: Aufgrund des Wurzelkriteriums konvergiert

$$f_1(z) := \sum_{n=0}^{\infty} a_n (z - z_0)^n$$

für $|z - z_0| < R$. Analog folgt, dass

$$f_2(z) := \sum_{n=-\infty}^{-1} a_n (z - z_0)^n = \sum_{n=1}^{\infty} a_{-n} \left(\frac{1}{z - z_0} \right)^n$$

für $\left| \frac{1}{z-z_0} \right| < \frac{1}{r}$, d.h. für $|z-z_0| > r$ konvergiert. Somit konvergiert $\sum\limits_{n=-\infty}^{\infty} a_n (z-z_0)^n$ für $r < |z| < R$.
Die Funktion f_1 ist eine Potenzreihe und es ist $f_2(z) = g \left(\frac{1}{z} \right)$, wobei g eine Potenzreihe ist. Daher sind f_1 und f_2 im Konvergenzbereich holomorph. Also ist auch $f_1 + f_2$ dort holomorph. $\qquad\square$

Jetzt möchten wir gerne die Umkehrung dieses Satzes zeigen. Für eine Funktion f, die auf einem Kreisring holomorph ist, möchten wir also eine Laurententwicklung finden. Die wichtige Frage, wie man die Funktion in einen Hauptteil und einen Nebenteil zerlegt, beantwortet der folgende Satz.

Satz 24.19.
Seien $U \subset \mathbb{C}$ offen, $\overline{B_{r,R}(z_0)} \subset U$ und $f : U \to \mathbb{C}$ holomorph. Dann gilt für alle $z \in B_{r,R}(z_0)$

$$f(z) = \frac{1}{2\pi i} \int_{\gamma_R} \frac{f(w)}{w - z} \, \mathrm{d}w - \frac{1}{2\pi i} \int_{\gamma_r} \frac{f(w)}{w - z} \, \mathrm{d}w .$$

Die Funktion

$$N_f(z) = \frac{1}{2\pi i} \int_{\gamma_R} \frac{f(w)}{w - z} \, \mathrm{d}w$$

ist holomorph auf $B_R(z_0)$ und

$$H_f(z) = -\frac{1}{2\pi i} \int_{\gamma_r} \frac{f(w)}{w - z} \, \mathrm{d}w$$

ist eine auf $\mathbb{C} \setminus \overline{B_r(z_0)}$ holomorphe Funktion.

Wir nennen H_f den Hauptteil von f und N_f den Nebenteil von f.
Beweis: Weil f auf U holomorph ist, ist die Funktion $Q : U \to \mathbb{C}$ mit

$$Q(w) = \begin{cases} \dfrac{f(w) - f(z)}{w - z} & \text{für } w \neq z \\ f'(z) & \text{für } w = z \end{cases}$$

auf $U \setminus \{z\}$ holomorph und im Punkt z auch stetig. Nach dem Riemannschen Hebbarkeitssatz 24.17 ist damit Q sogar auf ganz U holomorph. Da die Kreise γ_R und γ_r zueinander homotop sind, gilt

$$\int_{\gamma_R} \frac{f(w) - f(z)}{w - z} \, \mathrm{d}w = \int_{\gamma_r} \frac{f(w) - f(z)}{w - z} \, \mathrm{d}w .$$

Die linke Seite ist dabei

$$\int\limits_{\gamma_R} \frac{f(w) - f(z)}{w - z} \, \mathrm{d}w = \int\limits_{\gamma_R} \frac{f(w)}{w - z} \, \mathrm{d}w - f(z) \underbrace{\int\limits_{\gamma_R} \frac{\mathrm{d}w}{w - z}}_{=2\pi i}$$

während für die rechte Seite gilt:

$$\int\limits_{\gamma_r} \frac{f(w) - f(z)}{w - z} \, \mathrm{d}w = \int\limits_{\gamma_r} \frac{f(w)}{w - z} \, \mathrm{d}w - f(z) \underbrace{\int\limits_{\gamma_r} \frac{\mathrm{d}w}{w - z}}_{=0 \text{ weil } z \text{ außerhalb von } B_r(z_0)}$$

Setzt man dies auf beiden Seiten ein, ergibt sich die Behauptung aus dem Satz. $\qquad\square$

Satz 24.20. *(Laurententwicklung)*
Seien $U \subset \mathbb{C}$ offen, $\overline{B_{r,R}(z_0)} \subset U$ und $f : U \to \mathbb{C}$ holomorph. Dann besitzt f im Kreisring $B_{r,R}(z_0)$ eine Laurentreihenentwicklung, genauer

$$N_f(z) = \frac{1}{2\pi i} \int\limits_{\gamma_R} \frac{f(w)}{w - z} \, \mathrm{d}w = \sum_{n=0}^{\infty} \left(\frac{1}{2\pi i} \int\limits_{\gamma_R} \frac{f(w)}{(w - z_0)^{n+1}} \, \mathrm{d}w \right) (z - z_0)^n$$

konvergiert für $|z - z_0| < R$ und

$$H_f(z) = -\frac{1}{2\pi i} \int\limits_{\gamma_r} \frac{f(w)}{w - z} \, \mathrm{d}w = \sum_{n=0}^{\infty} \left(\frac{1}{2\pi i} \int\limits_{\gamma_r} f(w)(w - z_0)^n \, \mathrm{d}w \right) (z - z_0)^{-(n+1)}$$

konvergiert für alle z mit $|z - z_0| > r$. In $B_{r,R}(z_0)$ gilt daher

$$f(z) = N_f(z) + H_f(z) = \sum_{n=-\infty}^{\infty} a_n (z - z_0)^n \text{ mit } a_n = \frac{1}{2\pi i} \int\limits_{\gamma_\rho} \frac{f(w)}{(w - z_0)^{n+1}} \, \mathrm{d}w,$$

wobei $\gamma_\rho(t) = z_0 + \rho e^{it}$ ein Kreis mit Radius $\rho \in (r, R)$ ist.

Beweis: Der Beweis ist analog wie bei der Herleitung der Potenzreihenentwicklung einer holomorphen Funktion aus der Cauchyschen Integralformel. $\qquad\square$

Bemerkung: Die Laurentreihe einer in einem Kreisring holomorphen Funktion ist eindeutig bestimmt.
Für $r = 0$ erhalten wir den folgenden Spezialfall.

Satz 24.21.
Besitzt die holomorphe Funktion f in z_0 eine isolierte Singularität, dann gibt es ein $R > 0$, so dass

$$f(z) = \sum_{n=-\infty}^{\infty} a_n (z - z_0)^n \text{ für } 0 < |z - z_0| < R$$

gilt, wobei a_n wie im vorhergehenden Satz definiert ist.

Beispiele:

1. $\dfrac{(z-2)^2}{z^2} = \dfrac{1}{z^2} - \dfrac{4}{z} + 4$ für $z \neq 0$,

2. $\dfrac{1}{z^2(1-z)} = \dfrac{1}{z^2}\left(1 + z + z^2 + \dots\right) = \dfrac{1}{z^2} + \dfrac{1}{z} + 1 + z + \dots$ für $0 < |z| < 1$

3. $\dfrac{1}{z^2(1-z)} = \dfrac{-1}{z^2(z-1)} = \dfrac{-1}{[1+(z-1)]^2(z-1)} = -\dfrac{1}{z-1} + 2 - 3(z-1) + 4(z-1)^2 \mp \dots$

   für $0 < |z-1| < 1$, da
   $$\frac{1}{1+x} = 1 - x + x^2 - x^3 \pm \dots$$

   und daher
   $$\left(\frac{1}{1+x}\right)^2 = -\left(\frac{1}{1+x}\right)' = 1 - 2x + 3x^2 - 4x^3 \pm \dots,$$

4. $\exp\left(\frac{1}{z}\right) = 1 + \dfrac{1}{z} + \dfrac{1}{2!\,z^2} + \dfrac{1}{3!\,z^3} + \dots$ für $z \neq 0$.

Definition. *(Polstelle)*
Sei $U \subseteq \mathbb{C}$ offen und $z_0 \in U$. Ist $f : U \setminus \{z_0\} \to \mathbb{C}$ eine holomorphe Funktion und

$$f(z) = \sum_{n=-\infty}^{\infty} a_n (z - z_0)^n$$

*die Laurententwicklung von f um den Entwicklungspunkt z_0, dann heißt z_0 **Polstelle k-ter Ordnung** mit $k \in \mathbb{N}$, falls $a_{-k} \neq 0$ und $a_n = 0$ für alle $n < -k$.*

Definition. *(meromorph)*
*Sei $U \subseteq \mathbb{C}$ offen und $S \subset U$ eine Menge von isolierten Punkten. Dann heißt $f : U \setminus S \to \mathbb{C}$ **meromorph** in U, falls f in $U \setminus S$ holomorph ist und alle Punkte von S Polstellen von f sind.*

Außer hebbaren Nullstellen und Polstellen gibt es noch eine weitere Art von Singularitäten.

Definition. *(wesentliche Singularität)*
*Sei z_0 eine isolierte Singularität und weder eine Polstelle noch eine hebbare Singularität. Dann nennt man z_0 eine **wesentliche Singularität**.*

Beispiel: Die Funktion $f(z) = e^{1/z}$ ist auf $\mathbb{C} \setminus \{0\}$ holomorph und besitzt in $z_0 = 0$ eine wesentliche Singularität.

Bemerkung: Das Verhalten holomorpher Funktionen in der Nähe von wesentlichen Singularitäten ist kompliziert. Zum Beispiel besagt der *Große Satz von Picard*, dass eine holomorphe Funktion mit einer wesentlichen Singularität in z_0 in jeder noch so kleinen Umgebung von z_0 alle komplexen Werte mit Ausnahme von höchstens einem Wert unendlich oft annimmt.

24.4. Der Residuensatz

Sei γ ein geschlossener Weg in einem Gebiet, der sich innerhalb des Gebiets zu einem Punkt zusammenziehen lässt und sei f dort holomorph. Wir wollen als nächstes den Cauchyschen Integralsatz $\int_\gamma f(z)\,dz = 0$ auf Funktionen mit isolierten Singularitäten verallgemeinern. Dabei stellt sich heraus, dass das Ergebnis nicht mehr 0 ist, sondern dass jede Singularität ihren Beitrag liefert, und dass diese Beiträge dann summiert werden.
Sei

$$f(z) = \sum_{n=-\infty}^{\infty} a_n(z - z_0)^n$$

nahe einer isolierten Singularität in z_0 und γ ein Kreis um z_0. Wir wollen als erstes nachweisen, dass

$$\int_\gamma f(z)\,dz = 2\pi i a_{-1}$$

nur von einem Koeffizienten der Laurententwicklung abhängt und alle anderen Terme keine Rolle spielen.

Definition. *(Residuum)*
Sei $U \subset \mathbb{C}$ offen und $f : U \setminus \{z_0\} \to \mathbb{C}$ eine holomorphe Funktion. Sei $\gamma_r(t) = z_0 + re^{it}$ mit $t \in [0, 2\pi]$ die Parametrisierung eines kleinen Kreises um z_0 mit $\overline{B_r(z_0)} \subset U$. Dann nennt man

$$\mathrm{Res}(f, z_0) = \frac{1}{2\pi i} \int_{\gamma_r} f(z)\,dz$$

*das **Residuum** von f im Punkt z_0.*

Da für hinreichend kleines r alle Kreise γ_r innerhalb von U ineinander deformiert werden können (also homotop zueinander sind), hängt das Residuum nicht von der Wahl von $r > 0$ ab.

Bemerkung: Hat f in $B_r(z_0) \setminus \{z_0\}$ die Laurententwicklung $f(z) = \sum_{n=-\infty}^{\infty} a_n(z - z_0)^n$ um z_0, dann ist a_{-1} das Residuum von f in z_0, denn wegen der gleichmäßigen Konvergenz der Laurentreihe kann man wieder Integration und Summation vertauschen und erhält

$$\mathrm{Res}(f, z_0) = \frac{1}{2\pi i} \int_{\gamma_r} f(z)\,dz = \frac{1}{2\pi i} \int_{\gamma_r} \sum_{n=-\infty}^{\infty} a_n(z - z_0)^n\,dz = \frac{1}{2\pi i} \sum_{n=-\infty}^{\infty} a_n \int_{\gamma_r} (z - z_0)^n\,dz = a_{-1}$$

da nur das Integral mit $n = -1$ nicht verschwindet und den Wert $2\pi i$ hat.

Beispiele:

1. Besitzt f in z_0 einen Pol 1. Ordnung, d.h. gilt $f(z) = \frac{g(z)}{h(z)}$ mit $g(z_0) \neq 0$, wobei g und h in z_0 holomorph sind und h in z_0 eine einfache Nullstelle besitzt, dann gilt

$$a_{-1} = \lim_{z \to z_0} (z - z_0)f(z) = \frac{g(z_0)}{h'(z_0)},$$

   denn dann ist

$$
\begin{aligned}
f(z) &= \frac{a_{-1}}{z - z_0} + a_0 + a_1(z - z_0) + \dots, \\
(z - z_0)f(z) &= a_{-1} + a_0(z - z_0) + a_1(z - z_0)^2 + \dots
\end{aligned}
$$

und daher folgt

$$\lim_{z \to z_0} (z - z_0)f(z) = a_{-1}.$$

Andererseits ist

$$\lim_{z \to z_0} (z - z_0)f(z) = \lim_{z \to z_0} (z - z_0)\frac{g(z)}{h(z)} = \lim_{z \to z_0} \frac{g(z)}{\frac{h(z)-h(z_0)}{z-z_0}} = \frac{g(z_0)}{h'(z_0)}.$$

2. Besitzt f in z_0 einen Pol der Ordnung k, dann gilt

$$a_{-1} = \lim_{z \to z_0} \frac{1}{(k-1)!} \frac{\mathrm{d}^{k-1}}{\mathrm{d}z^{k-1}} \left[(z - z_0)^k f(z) \right],$$

denn schreibt man

$$f(z) = a_{-k}(z - z_0)^{-k} + \ldots + a_{-1}(z - z_0)^{-1} + a_0 + a_1(z - z_0) + \ldots$$

als Laurentreihe um z_0 und definiert

$$g(z) = (z - z_0)^k f(z) = a_{-k} + \ldots + a_{-1}(z - z_0)^{k-1} + a_0(z - z_0)^k + \ldots,$$

dann ist

$$\frac{d^{k-1}}{z^{k-1}} g(z) = (k-1)!a_{-1} + k!a_0(z - z_0) + \ldots.$$

Die Behauptung folgt auch hier wieder, indem man den Grenzwert für $z \to z_0$ betrachtet.

3. Konkrete Beispiele zur Bestimmung von Residuen:

(a)
$$\begin{aligned}
\mathrm{Res}\left(\frac{z}{z^4 - 1}, i \right) &= \mathrm{Res}\left(\frac{z}{z^2 - 1} \cdot \frac{1}{z^2 + 1}, i \right) = \mathrm{Res}\left(-\frac{i}{2}\frac{1}{z^2 + 1}, i \right) \\
&= \mathrm{Res}\left(-\frac{i}{2}\frac{1}{2i}\left(\frac{1}{z - i} - \frac{1}{z + i} \right), i \right) = -\frac{1}{4},
\end{aligned}$$

(b) $\mathrm{Res}\left(\frac{1}{z^3}, 0 \right) = 0$, da $\frac{1}{z^3} = \frac{0}{z} + \frac{0}{z^2} + \frac{1}{z^3}$

(c) $\mathrm{Res}\left(\sin\frac{1}{z-1}, 1 \right) = 1$, da

$$\sin\frac{1}{z - 1} = \frac{1}{z - 1} - \frac{1}{3!(z - 1)^3} + \frac{1}{5!(z - 1)^5} \mp \ldots.$$

Mit Hilfe von Residuen lassen sich die Integrale von Funktionen mit isolierten Singularitäten entlang geschlossener Kurven berechnen, ohne dass man die Kurven parametrisieren muss.

Satz 24.22. *(Residuensatz)*
Sei $U \subset \mathbb{C}$ offen, $S \subset U$ eine Menge ohne Häufungspunkte in $\mathbb{C}$, $f : U \setminus S \to \mathbb{C}$ holomorph und γ eine geschlossene Kurve in $U \setminus S$, die sich in U zu einem Punkt zusammenziehen lässt. Dann gilt

$$\frac{1}{2\pi i} \int_{\gamma} f(z)\,\mathrm{d}z = \sum_{z \in S, w(\gamma,z) \neq 0} w(\gamma, z) \cdot \mathrm{Res}(f, z).$$

Bemerkung: S ist die Menge der Singularitäten von f und f besitzt entweder nur endlich viele Singularitäten oder unendlich viele Singularitäten, die sich nirgends häufen. Insbesondere liegen auch in diesem Fall in jeder Kreisscheibe $B_r(0)$ nur endlich viele Singularitäten.

Beweis: Sei $H : [0,1] \times [a,b] \to U$ die Homotopie, mit der γ zu einem Punkt p zusammengezogen wird, d.h. $H(0,t) = \gamma(t)$ und $H(1,t) = p \in U$. Dann ist das Bild $K := H([0,1] \times [a,b])$ als Bild einer kompakten Menge unter einer stetigen Abbildung eine kompakte Teilmenge von U. Damit besteht $K \cap S =: \tilde{S} = \{z_1, \ldots, z_k\}$ nur aus endlich vielen Elementen. Die Menge $\tilde{S}$ besteht also aus den beim Zusammenziehen von γ überstrichenen Singularitäten. Seien $h_1, h_2, \ldots, h_k$ die Hauptteile der Laurententwicklungen von f in den Punkten $z_1, \ldots, z_k$. Nun betrachtet man die Funktion

$$F(z) := f(z) - \sum_{j=1}^{k} h_j(z)$$

die in der Menge $U \setminus (S \setminus \tilde{S})$ holomorph ist. Da γ in dieser Menge zu einem Punkt zusammenziehbar ist, gilt nach dem Cauchyschen Integralsatz

$$\int_{\gamma} F(z)\,\mathrm{d}z = 0$$

und folglich

$$\int_{\gamma} f(z)\,\mathrm{d}z = \sum_{j=1}^{k} \int_{\gamma} h_j(z)\,\mathrm{d}z\,.$$

Schreibt man die Funktionen $h_j(z) = \sum_{n=1}^{\infty} a_{jn}(z - z_j)^{-n}$ als Reihe aus, so ergibt sich für die in der Summe auftretenden Terme

$$\int_{\gamma} \sum_{n=1}^{\infty} a_{jn}(z - z_j)^{-n}\,\mathrm{d}z = a_{j1} \int_{\gamma} \frac{\mathrm{d}z}{z - z_j} = 2\pi i\,\mathrm{Res}(h_j, z_j)w(\gamma, z_j)\,.$$

Insgesamt ist also

$$\int_{\gamma} f(z)\,\mathrm{d}z = 2\pi i \sum_{j=1}^{k} \mathrm{Res}(h_j, z_j)w(\gamma, z_j)\,.$$

□

Beispiel: Sei $f(z) = \dfrac{1}{(z-1)^2(z-4)}$ und γ der im positiven Sinn durchlaufene Kreis mit Radius $r = 2$ um den Ursprung. Da von den beiden Polstellen der Funktion f nur $z_1 = 1$ im Innern dieses Kreises liegt, ist

$$\int_{\gamma} \frac{1}{(z-1)^2(z-4)}\,\mathrm{d}z = 2\pi i\,\mathrm{Res}(f,1)\underbrace{w(\gamma,1)}_{=1}\,.$$

Als Polstelle 2. Ordnung ist das Residuum

$$a_{-1} = \lim_{z \to 1} \frac{1}{1!}((z-1)^2 f(z))' = \lim_{z \to 1}\left(\frac{1}{z-4}\right)' = \lim_{z \to 1}\left(-\frac{1}{(z-4)^2}\right) = -\frac{1}{9}\,.$$

Daher ist

$$\int_{\gamma} \frac{1}{(z-1)^2(z-4)}\,\mathrm{d}z = -\frac{2}{9}\pi i\,.$$

Ohne Beweis geben wir noch eine weitere Anwendung des Residuensatzes an.

Satz 24.23. *(Argumentprinzip)*
Sei f meromorph im Gebiet $U \subset \mathbb{C}$ und $\overline{B_r(z_0)} \subset U$. Wenn f auf $\gamma = \partial B_r(z_0)$ weder Nullstellen noch Polstellen hat, dann gilt

$$\frac{1}{2\pi i} \int_\gamma \frac{f'(z)}{f(z)} \, dz = \text{Anzahl Nullstellen in } \gamma - \text{Anzahl Polstellen in } \gamma$$

wobei Nullstellen mit ihrer Vielfachheit und Polstellen mit ihrer Ordnung gezählt werden.

Bemerkung: Statt eines Kreises könnte man auch über eine geschlossene, überschneidungsfreie, stückweise stetig differenzierbare Kurve, deren Inneres in U liegt, integrieren.

Bemerkung: Sei U ein Gebiet, $f : U \to \mathbb{C}$ eine meromorphe Funktion und $\gamma : [a,b] \to U$ eine geschlossene überschneidungsfreie Kurve, deren Inneres zu U gehört und die weder durch eine Nullstelle noch durch einen Pol von f verläuft. Die Bildkurve $f(\gamma(t))$ ist eine geschlossene Kurve in $\mathbb{C}$, die nicht durch $z = 0$ verläuft und die Windungszahl des Nullpunkts ist

$$w(f \circ \gamma, 0) = \frac{1}{2\pi i} \int_{f(\gamma)} \frac{dz}{z}$$

Setzt man nun explizit $\zeta(t) = f(\gamma(t))$ und $\dot{\zeta}(t) = f'(\gamma(t))\dot{\gamma}(t)$ ein, dann ergibt sich daraus

$$w(f \circ \gamma, 0) = \frac{1}{2\pi i} \int_a^b \frac{f'(\gamma(t))\dot{\gamma}(t)}{f(\gamma(t))} \, dt = \frac{1}{2\pi i} \int_\gamma \frac{f'(z)}{f(z)} \, dz \, .$$

Die Windungszahl der Bildkurve $f(\gamma)$ ist daher gerade die Differenz aus der Anzahl der Nullstellen und der Anzahl der Polstellen von f im Innern von γ. Dies erklärt den Namen *Argumentprinzip*, da es für den Wert des Integrals auf die Anzahl der Umläufe der Bildkurve um den Nullpunkt ankommt.

Satz 24.24. *(Satz von Rouché)*
Sei $U \subset \mathbb{C}$ offen und $\overline{B_r(z_0)} \subset U$.
Falls $f, g : U \to \mathbb{C}$ holomorphe Funktionen sind mit $|f(z)| > |g(z)| > 0$ für alle z mit $|z - z_0| = r$, dann haben f und $f + g$ die gleiche Anzahl Nullstellen in der Kreisscheibe $B_r(z_0)$.

Beweisidee: Man definiert sich für $0 \le t \le 1$ die Funktion $F_t(z) = f(z) + tg(z)$, die auf U holomorph ist, und deren Nullstellen in $B_r(z_0)$ daher für jedes feste t durch

$$N(t) = \frac{1}{2\pi i} \int_{\partial B_r(z_0)} \frac{F_t'(z)}{F_t(z)} \, dz$$

gegeben ist. Es gilt $F_t(z) > \varepsilon$ für eine geeignete Zahl $\varepsilon > 0$, denn

$$|F_t(z)| = |f(z) + tg(z)| \ge |f(z)| - t|g(z)| \ge \min_{|z-z_0|=r} |f(z)| - |g(z)| =: \varepsilon$$

wobei das Minimum existiert, da eine stetige Funktion auf einer kompakten Menge betrachtet wird. Damit ist $\frac{F_t'(z)}{F_t(z)}$ eine stetige Funktion von t, also hängt $N(t)$ stetig von t ab. Andererseits nimmt $N(t)$ nur ganzzahlige Werte an, daher muss $N(t)$ konstant in t sein. Damit ist die Anzahl der Nullstellen von $f = N(0) = N(1) =$ Anzahl der Nullstellen von $f + g$.

□

Berechnung uneigentlicher Integrale mit dem Residuensatz

Beispiel: Für $0 < a < 1$ gilt

$$\int_{-\infty}^{\infty} \frac{e^{ax}}{1 + e^x} \, dx = \frac{\pi}{\sin(\pi a)}.$$

Das uneigentliche Integral existiert, da die Funktion $f(z) = \dfrac{e^{az}}{1 + e^z}$ für reelle z und $z \to \pm\infty$ exponentiell abklingt. Daher ist

$$\int_{-\infty}^{\infty} \frac{e^{ax}}{1 + e^x} \, dx = \lim_{R \to \infty} \int_{-R}^{R} \frac{e^{ax}}{1 + e^x} \, dx$$

Die Polstellen der Funktion f liegen bei $z = (2k + 1)\pi i$ mit $k \in \mathbb{Z}$. Wir wählen als Weg γ_R den Rand eines Rechtecks mit den Eckpunkten R, $R + 2\pi i$, $-R + 2\pi i$ und $-R$.

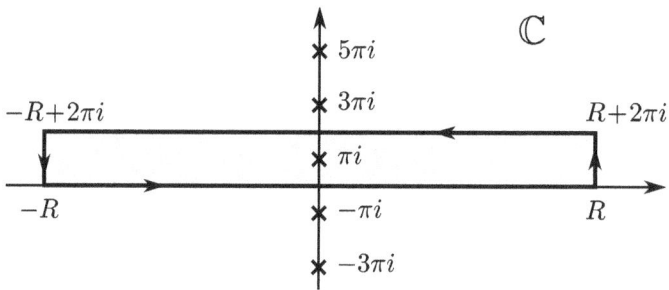

Dieser umschließt nur eine Singularität bei $z_0 = \pi i$ und dort gilt

$$\operatorname{Res}(f, z_0) = \lim_{z \to \pi i} (z - i\pi) f(z) = \frac{e^{az_0}}{e^{z_0}} = -e^{ia\pi},$$

da die Nullstelle des Nenners bei z_0 einfach ist. Das Randintegral berechnet man nun mit den Parametrisierungen

$$\begin{aligned}
\gamma_1(t) &= t, & -R \leq t \leq R \\
\gamma_2(t) &= R + ti, & 0 \leq t \leq 2\pi \\
\gamma_3(t) &= 2\pi i - t, & -R \leq t \leq R \\
\gamma_4(t) &= -R + (2\pi - t)i, & 0 \leq t \leq 2\pi
\end{aligned}$$

Dann ist

$$\int_{\gamma_1} f(z) \, dz = \int_{-R}^{R} \frac{e^{at}}{1 + e^t} \, dt$$

und

$$\left| \int_{\gamma_2} f(z) \, dz \right| \leq \int_0^{2\pi} \left| \frac{e^{aR} e^{iat}}{1 + e^R e^{it}} \right| dt \leq \int_0^{2\pi} \left| \frac{1}{2} \frac{e^{aR}}{e^R} \right| dt = \pi e^{-(1-a)R} \to 0 \text{ für } R \to \infty.$$

Genauso zeigt man auch

$$\int_{\gamma_4} f(z)\, \mathrm{d}z \to 0 \text{ für } R \to \infty.$$

Es bleibt noch

$$\int_{\gamma_3} f(z)\, \mathrm{d}z = -\int_{-R}^{R} \frac{e^{a(2\pi i - t)}}{1 + e^{2\pi i - t}}\, \mathrm{d}t \overset{s = -t}{=} -\int_{-R}^{R} \frac{e^{2a\pi i} e^{as}}{1 + e^{+s}}\, \mathrm{d}s = -e^{2a\pi i}\int_{\gamma_1} f(z)\, \mathrm{d}z$$

Für $R \to \infty$ ist also nach dem Residuensatz

$$\int_{-\infty}^{\infty} \frac{e^{ax}}{1 + e^{x}}\, \mathrm{d}x \left(1 - e^{2a\pi i}\right) = 2\pi i \operatorname{Res}(f, i\pi) = -2\pi i e^{ia\pi}.$$

Durch Umformen erhält man dann das gewünschte Ergebnis.

Beispiel: Es soll das uneigentliche Integral

$$\int_{-\infty}^{\infty} \frac{\mathrm{d}x}{x^4 + 1}$$

berechnet werden. Auch hier geht es um den Grenzwert

$$\int_{-\infty}^{\infty} \frac{\mathrm{d}x}{x^4 + 1} = \lim_{R \to \infty} \int_{-R}^{R} \frac{\mathrm{d}x}{x^4 + 1}.$$

Betrachtet man $f(z) = \frac{1}{1+z^4}$ als komplexe Funktion, so ist diese meromorph und besitzt vier Polstellen 1. Ordnung bei $z_k = e^{i(2k-1)\pi/4}$ mit $k = 1, 2, 3, 4$. Betrachtet man den geschlossenen Weg γ_R, der von $-R$ nach R und dann in einem Halbkreis mit Radius R in der oberen Halbebene zum Punkt $-R$ zurückführt, so sind die beiden Polstellen $z_1 = e^{i\pi/4}$ und $z_2 = e^{3i\pi/4}$ im Inneren von γ_R enthalten.

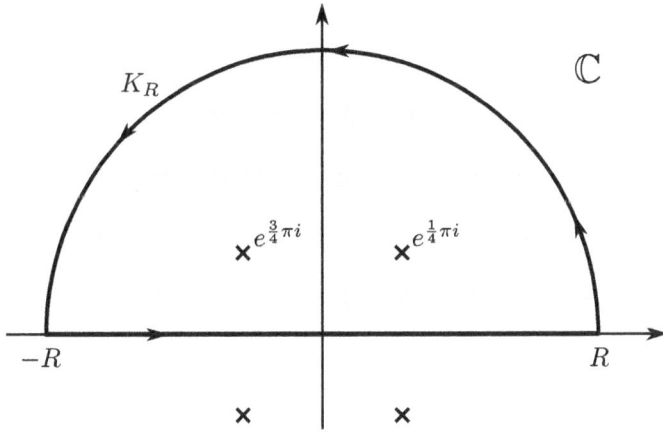

Nach dem Residuensatz ist dann

$$\int_{\gamma_R} \frac{\mathrm{d}z}{1 + z^4} = 2\pi i \operatorname{Res}\left(\frac{1}{1 + z^4}, z_1\right) + 2\pi i \operatorname{Res}\left(\frac{1}{1 + z^4}, z_2\right).$$

Daher ist

$$\int\limits_{-R}^{R} \frac{1}{1+z^4}\,\mathrm{d}x + \int\limits_{K_R} \frac{1}{1+z^4}\,\mathrm{d}z = 2\pi i\,\mathrm{Res}\left(\frac{1}{1+z^4}, z_1\right) + 2\pi i\,\mathrm{Res}\left(\frac{1}{1+z^4}, z_2\right),$$

wobei $K_R(t) = Re^{it}$ mit $0 \le t \le \pi$ der obere Halbkreisbogen ist. Zunächst gilt für das zweite Integral

$$\left| \int\limits_{K_R} \frac{1}{1+z^4}\,\mathrm{d}z \right| \le \int\limits_{K_R} \left| \frac{1}{1+z^4} \right| \mathrm{d}z \le \int\limits_{K_R} \frac{1}{|z|^4-1}\,\mathrm{d}z = \frac{\pi R}{R^4-1} \to 0 \text{ für } \to \infty.$$

Daher ist

$$\int\limits_{-\infty}^{\infty} \frac{1}{1+x^4}\,\mathrm{d}x = 2\pi i\,\mathrm{Res}\left(\frac{1}{1+z^4}, z_1\right) + 2\pi i\,\mathrm{Res}\left(\frac{1}{1+z^4}, z_2\right)$$

und es reicht jetzt, die beiden Residuen zu bestimmen: Da z_1 eine einfache Nullstelle von $1 + z^4$ ist, gilt für das Residuum in z_k für $k = 1, 2$:

$$\mathrm{Res}(\frac{1}{1+z^4}, z_k) = \lim_{z \to z_k} \frac{z - z_k}{z^4+1} = \frac{1}{\frac{\mathrm{d}}{\mathrm{d}z}(z^4+1)\big|_{z=z_k}} = \frac{1}{4z_k^3}.$$

Daher gilt

$$\begin{aligned}
\mathrm{Res}\left(\frac{1}{z^4+1}, e^{i\pi/4}\right) &= \frac{1}{4e^{3i\pi/4}} = \frac{1}{4}\cdot\left(-e^{i\pi/4}\right) \\
&= -\frac{1}{4}\left(\frac{1}{\sqrt{2}} + \frac{i}{\sqrt{2}}\right) = -\frac{\sqrt{2}}{8}(1+i).
\end{aligned}$$

und entsprechend

$$\begin{aligned}
\mathrm{Res}\left(\frac{1}{z^4+1}, e^{3i\pi/4}\right) &= \frac{1}{4e^{3\cdot 3i\pi/4}} = \frac{1}{4e^{i\pi/4}} = \frac{e^{-i\pi/4}}{4} \\
&= \frac{1}{4}\left(\frac{1}{\sqrt{2}} - \frac{i}{\sqrt{2}}\right) = \frac{\sqrt{2}}{8}(1-i).
\end{aligned}$$

Setzt man die Residuen oben ein, erhält man schließlich als Ergebnis

$$\int\limits_{-\infty}^{\infty} \frac{dx}{x^4+1} = \frac{\pi\sqrt{2}}{2}.$$

Bemerkung: In ähnlicher Weise kann man allgemein bei Integralen der Form $\int\limits_{-\infty}^{\infty} \frac{P(x)}{Q(x)}\,\mathrm{d}x$ vorgehen, bei denen $\mathrm{grad}\,Q - \mathrm{grad}\,P \ge 2$ ist und Q keine reellen Nullstellen besitzt.

24.5. Konforme Abbildungen

Definition.
Sei $U \subset \mathbb{C}$ offen. Eine Abbildung $f : U \to \mathbb{C}$, die holomorph und bijektiv ist, heißt **konforme Abbildung.**

Satz 24.25.
Sei $U \subset \mathbb{C}$ und $f : U \to V$ sei eine konforme Abbildung. Dann ist $f'(z) \neq 0$ für alle $z \in U$.

Beweis: Angenommen, $f'(z_0) = 0$. Dann kann man $f(z)$ in eine Potenzreihe um z_0 entwickeln mit

$$f(z) = f(z_0) + \sum_{n=2}^{\infty} a_n(z - z_0)^n$$

Für $w \in V$ zerlegt man nun

$$f(z) - f(z_0) - w = \underbrace{a_2(z - z_0)^2 - w}_{=F(z)} + \underbrace{\sum_{n=3}^{\infty} a_n(z - z_0)^n}_{=G(z)}$$

Wenn $|w|$ klein genug ist, dann gilt für alle z mit $|z - z_0| = \varepsilon$:

$$|a_2(z - z_0)^2 - w| \geq |a_2|\varepsilon^2 - |w| > \max_{|z-z_0|=\varepsilon} |G(z)|$$

Nach dem Satz von Rouché haben dann F und $F + G$ gleich viele Nullstellen in der Kreisscheibe $B_\varepsilon(z_0)$. Die Funktion F besitzt für $|w|$ hinreichend klein zwei Nullstellen.
Daher hat auch die Gleichung $f(z) - f(z_0) - w = 0$ zwei Lösungen. Die Funktion f ist damit nicht injektiv und schon gar nicht bijektiv. Dies widerspricht aber den Voraussetzungen an f, daher war unsere Annahme $f'(z_0) = 0$ falsch.

$\square$

Bemerkung: Ist f eine konforme Abbildung, dann ist f winkeltreu auf U und orientierungserhaltend.
Beispiel: $f(z) = z^2$ erfüllt außerhalb des Nullpunktes $f'(z_0) \neq 0$. Wählt man eine offene, konvexe Menge U, die den Nullpunkt nicht enthält, dann ist f konform auf U. Das verwundert vielleicht, weil die Darstellung $z^2 = r^2 e^{2i\varphi}$ suggeriert, dass Winkel verdoppelt werden, aber dies gilt nur in $z_0 = 0$. Ansonsten muss man nur dafür sorgen, dass f global bijektiv ist, d.h. es darf nicht z_0 und $-z_0$ in U enthalten sein.
Beispiel: Die *Möbiustransformation*

$$f(z) = \frac{az + b}{cz + d}$$

mit $ad - bc \neq 0$ hat die Ableitung

$$f'(z) = \frac{ad - bc}{(cz + d)^2} \neq 0$$

für $z \neq -\frac{d}{c}$. Sie ist daher konform auf $\mathbb{C} \setminus \{-\frac{d}{c}\}$. Man kann nachrechnen, dass die inverse Abbildung durch

$$g(w) = -\frac{dw - b}{cw - a} = \frac{-dw + b}{cw - a}$$

gegeben ist. Dies ist ebenfalls eine Möbiustransformation, deren Definitionsbereich $\mathbb{C} \setminus \{\frac{a}{c}\}$ ist. Somit ist f eine konforme Abbildung von $\mathbb{C} \setminus \{-\frac{d}{c}\}$ nach $\mathbb{C} \setminus \{\frac{a}{c}\}$.

Beispiel: Den *Hauptzweig des Logarithmus* erklärt man für $z = |z| \, e^{i\varphi}$ durch

$$\text{Log}\,(z) = \ln|z| + i\varphi$$

mit $-\pi < \varphi \leq \pi$. Dann ist

$$\text{Log} : \mathbb{C} \setminus \{z \in \mathbb{C}; \ \text{Im}\,z = 0, \text{Re}\,z \leq 0\} \to \{z \in \mathbb{C}; \ -\pi < \text{Im}\,z < \pi\}$$

eine bijektive holomorphe Abbildung mit der Ableitung $(\text{Log}\,(z))' = \frac{1}{z}$. Der Hauptzweig des Logarithmus ist daher konform auf der entlang der negativen reellen Achse aufgeschlitzten komplexen Ebene.

Es gibt noch viel mehr konforme Abbildungen. Der folgende Satz gibt einen Eindruck über ihre Vielfalt.

Satz 24.26. *(Riemannscher Abbildungssatz, ohne Beweis)*
Sei $U \subseteq \mathbb{C}$ ein einfach zusammenhängendes Gebiet (keine Löcher) mit $\emptyset \neq U \neq \mathbb{C}$ und sei $z_0 \in U$. Dann gibt es genau eine konforme Abbildung $f : U \to B_1(0)$ mit $f(z_0) = 0$ und $0 < f'(z_0) \in \mathbb{R}$.

Zweidimensionale Strömungen

Mit Hilfe der Funktionentheorie kann man einige zweidimensionale Probleme elegant lösen, die harmonische Funktionen oder den Laplace-Operator enthalten.

Für eine offene Menge $U \subset \mathbb{C}$ und eine holomorphe Funktion $f = u + iv : U \to \mathbb{C}$ ist die zugehörige reelle Abbildung $F : U \to \mathbb{R}^2$ gegeben durch

$$F(x,y) = \begin{pmatrix} u(x,y) \\ v(x,y) \end{pmatrix},$$

wobei U hier als Teilmenge des $\mathbb{R}^2$ aufgefasst wird.

Wir stellen eine zweidimensionale Strömung durch ein C^1-Geschwindigkeitsfeld $q = (q_1, q_2)$ dar. Es gilt die Kontinuitätsgleichung

$$\rho_t(x,y,t) + \text{div}\,(\rho q) = 0$$

für $t \in \mathbb{R}, (x,y) \in \mathbb{R}^2$.

Bei konstanter Dichte ρ der Flüssigkeit gilt weiter

$$\text{div}\,q = \frac{\partial q_1}{\partial x} + \frac{\partial q_2}{\partial y} = 0.$$

Verlangt man außerdem Wirbelfreiheit im Strömungsgebiet U, dann fasst man die Strömung als dreidimensionale Strömung $\tilde{q} = (q_1(x,y), q_2(x,y), 0)$ auf, die nicht von z abhängt und deren Rotation in U verschwinden muss: $\text{rot}\,\tilde{q}(x) = 0$ in U, also

$$\text{rot}\,\tilde{q}(x,y,z) = \left(0, 0, \frac{\partial q_2}{\partial x} - \frac{\partial q_1}{\partial y}\right) = (0,0,0) \Leftrightarrow \frac{\partial q_2}{\partial x} = \frac{\partial q_1}{\partial y}.$$

Die Integrabilitätsbedingung für das Vektorfeld $q = (q_1, q_2)$ ist daher erfüllt und falls U einfach zusammenhängend ist, dann gibt es eine Stammfunktion von q auf U, d.h. eine stetig differenzierbare Funktion $u : U \subset \mathbb{R}^2 \to \mathbb{R}$ mit

$$q(x,y) = \text{grad}\,u(x,y) = \nabla u(x,y) = (u_x(x,y), u_y(x,y))$$

also $q_1 = u_x$ und $q_2 = u_y$. Man nennt u ein Geschwindigkeitpotential.
Analog bedeutet das Verschwinden der Divergenz div $q = 0$

$$\frac{\partial(-q_2)}{\partial y} = \frac{\partial q_1}{\partial x}$$

und die Integrabilitätsbedingung für das Feld $w = (-q_2, q_1)$ ist erfüllt. Also gibt es eine Stammfunktion von w, d.h. eine stetig differenzierbare Funktion $v : U \to \mathbb{R}$ mit

$$w(x, y) = \operatorname{grad} v(x, y) = \nabla v(x, y) = (v_x(x, y), v_y(x, y)).$$

Man nennt v Stromfunktion und die Niveaulinien von v Stromlinien. Insgesamt gilt nun

$$-q_2 = \frac{\partial v}{\partial x} \text{ und } q_1 = \frac{\partial v}{\partial y}.$$

Es ist

$$q_1 = \frac{\partial u}{\partial x} = \frac{\partial v}{\partial y} \text{ und } q_2 = \frac{\partial u}{\partial y} = -\frac{\partial v}{\partial x}$$

die Funktionen u und v erfüllen also die Cauchy-Riemann-Differentialgleichungen und somit ist

$$f = u + iv$$

eine holomorphe Funktion auf U. Man nennt f das komplexe Geschwindigkeitpotential, aus dem man über

$$f'(z) = u_x + iv_x = u_x - iu_y = q_1 - iq_2$$

als Real- und Imaginärteil (fast) das reelle Geschwindigkeitsfeld q erhält. Wenn man tatsächlich $q_1 + iq_2$ benötigt, muss man noch komplex konjugieren:

$$q_1 + iq_2 = \overline{f'(z)}.$$

Bemerkung: Sei nun ein Vektorfeld v gegeben. Als Stromlinien (Feldlinien) bezeichnet man (reguläre) Kurven γ, deren Tangenten in jedem Punkt $P \in \gamma$ mit der jeweiligen Richtung des Geschwindigkeitsvektors $q(x, y)$ übereinstimmen. Ist γ durch $\gamma(t) = (x(t), y(t))$ beschrieben, so zeigen die Vektoren $\gamma'(t) = (x'(t), y'(t))$ und $q = (q_1(x(t), y(t)), q_2(x(t), y(t)))$ in die gleiche Richtung. Die Niveaulinien von

$$v(x, y) = const.$$

sind Stromlinien. Denn der Gradient $\operatorname{grad} v = (v_x, v_y) = (-q_2, q_1)$ steht senkrecht auf den Niveaulinien und auch senkrecht auf $q = (q_1, q_2)$. Damit ist also q parallel zu den Tangenten an die Niveaulinien.
Sehr wichtig sind für praktische Rechnungen zwei Prinzipien:

1. Das Superpositionsprinzip
   Sind $f_1, f_2 : U \to \mathbb{C}$ komplexe Geschwindigkeitspotentiale in U und $\lambda, \mu \in \mathbb{C}$, dann ist auch $\lambda f_1 + \mu f_2$ ein Geschwindigkeitspotential.

2. Das Abbildungsprinzip
   Ist $f : U \to \mathbb{C}$ ein komplexes Geschwindigkeitspotential und $h : V \to U$ holomorph, dann ist $f \circ h : V \to \mathbb{C}$ ein komplexes Geschwindigkeitspotential auf V. Mit Hilfe von holomorphen Abbildungen kann man also aus einem Geschwindigkeitspotential, das man für ein Gebiet U kennt, ein Geschwindigkeitspotential für ein anderes Gebiet machen.

Beispiele:

1. Konstante Strömung
   Auf $\mathbb{R}^2$ sei ein konstantes Geschwindigkeitsfeld v gegeben, d.h. $(q_1, q_2) = (a, -b)$. Das negative Vorzeichen wird sich später als praktisch herausstellen. Die oben hergeleiteten Differentialgleichungen für u und v lauten nun

$$\begin{aligned} u_x &= v_y = q_1 = a \\ u_y &= -v_x = q_2 = -b \end{aligned}$$

   und man erhält durch Integration $v(x, y) = bx + ay$ und $u(x, y) = ax - by$, also

$$f(z) = ax - by + i(bx + ay) = (a + ib)(x + iy) = (a + ib)z = cz$$

   mit $c = a + ib$. Die Stromlinien $v(x, y) = c$ sind dann Gerade $bx + ay = c$ orthogonal zu $(b, a) \in \mathbb{R}^2$.

   Zur Kontrolle berechnen wir noch

$$f'(z) = c = a + ib = q_1 - iq_2$$

   also ist tatsächlich $q_1 = a$ und $q_2 = -b$.

2. Staupunktströmung
   Wir beginnen diesmal mit den Stromlinien, die von der Form

$$y = \frac{c}{x}$$

   sein sollen. Dann ist $v(x, y) = 2xy = c$ und aus den Differentialgleichungen

$$\begin{aligned} v_x &= 2y = -u_y \\ v_y &= 2x = u_x \end{aligned}$$

   bestimmt man

$$u(x, y) = x^2 - y^2$$

   so dass sich als komplexes Potential $f(z) = x^2 - y^2 + 2ixy = (x + iy)^2 = z^2$ ergibt. Dann ist

$$\begin{aligned} f'(z) &= 2z = 2x + 2iy \\ \overline{f}'(z) &= 2x - 2iy = q_1 + iq_2 \end{aligned}$$

   also ist das Strömungsfeld

$$q_1 = 2x \quad \text{und} \quad q_2 = -2y \,.$$

3. Radialströmung
   Für $k \in \mathbb{R}$ und $a \in \mathbb{C}$ betrachte

$$\begin{aligned} f(z) &= k \ln(z - a) \\ f'(z) &= \frac{k}{z - a} = \frac{\overline{z}}{|z|^2} = \frac{x - iy}{|z|^2} \\ \overline{F}'(z) &= \frac{x + iy}{r^2} = q_1 + iq_2 \end{aligned}$$

   also

$$q_1 = \frac{x}{r^2} \text{ und } q_2 = \frac{y}{r^2} \,.$$

   Für $k > 0$ ist in $z = a$ eine Quelle, für $k < 0$ eine Senke.

4. Dipolströmung

Nach dem Superpositionsprinzip kann man zwei Strömungen direkt überlagern. Überlagert man eine Quelle der Stärke k und eine Senke der Stärke $-k$, die in einem Abstand von $2x_0$ auf der x-Achse liegen und lässt diesen Abstand gegen 0 konvergieren, wobei man das Produkt $M = 2x_0 \cdot k$ konstant hält, dann erhält man als komplexes Potential im Limes $x_0 \to 0$ genau $f(z) = \frac{M}{2\pi} \frac{1}{z}$. Dabei ist M das *Dipolmoment*. Wir gehen von $f(z) = \frac{1}{z}$ aus und lassen den Term $\frac{M}{2\pi}$ weg, den man ansonsten als Konstante durch alle Rechnungen schleppen müsste. Zunächst bestimmen wir u und v:

$$f(z) = \frac{1}{x+iy} = \frac{x-iy}{x^2+y^2} = \underbrace{\frac{x}{x^2+y^2}}_{=u(x,y)} + i \cdot \underbrace{\frac{-y}{x^2+y^2}}_{=v(x,y)}.$$

Wir untersuchen nun die Niveaulinen von u:

$$u(x,y) = c \Leftrightarrow x^2 - \frac{x}{c} + y^2 = 0 \Leftrightarrow \left(x - \frac{1}{2c}\right)^2 + y^2 = \left(\frac{1}{2c}\right)^2$$

die Äquipotentiallinien sind daher Kreise durch den Ursprung mit Mittelpunkten auf der x-Achse.

Mit einer praktisch identischen Rechnung erhält man

$$v(x,y) = c \Leftrightarrow x^2 + \left(y - \frac{1}{2c}\right)^2 = \left(\frac{1}{2c}\right)^2$$

die Stromlinien sind also Kreise durch den Ursprung mit Mittelpunkten auf der y-Achse.

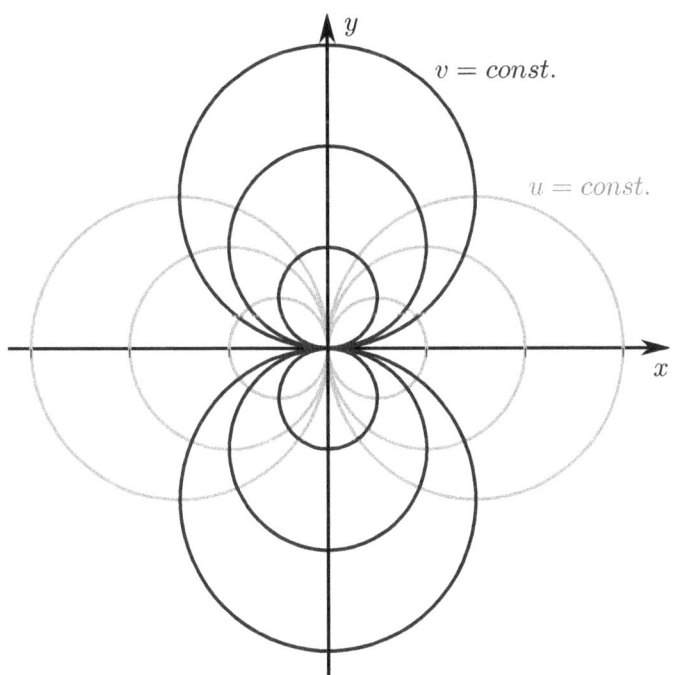

$$f(z) = \frac{1}{z} = \frac{1}{r} e^{-i\varphi}$$

$$f'(z) = -\frac{1}{z^2} = -\frac{1}{r^2} e^{-2i\varphi}$$

$$\overline{f}'(z) = -\frac{1}{r^2} \left(\cos 2\varphi + i \sin(2\varphi) \right) = q_1 + i q_2$$

Es ist also

$$v(r, \varphi) = \operatorname{Im} f = \frac{-\sin \varphi}{r} = const.$$

$$q_1 = -\frac{1}{r^2} \cos 2\varphi \text{ und } q_2 = -\frac{1}{r^2} \sin 2\varphi \,.$$

5. Wirbelströmung (Zirkulation)

$$f(z) = ik \ln(z)$$

$$f'(z) = \frac{ik}{z} = ik \frac{\overline{z}}{|z|^2} = ik \frac{x - iy}{|z|^2} = \frac{ikx + ky}{|z|^2}$$

$$\overline{f}'(z) = \frac{ikx - ky}{r^2} = q_1 + i q_2$$

also

$$q_1 = \frac{-ky}{r^2} \text{ und } q_2 = \frac{kx}{r^2}$$

6. Die Umströmung eines Zylinders erhält man aus der Überlagerung von Grund- und Dipolströmung. Sei $v_0 \in \mathbb{R}$

$$f(z) = v_0 \left(z + \frac{R^2}{z} \right) = u + iv$$

$$f'(z) = v_0 \left(1 - \frac{R^2}{z^2} \right) = q_1 - i q_2$$

$$\overline{f}'(z) = v_0 \left(1 - \frac{R^2}{\overline{z}^2} \right) = q_1 + i q_2$$

In Polarkoordinaten $z = re^{i\varphi}$ hat man dann

$$f(z) = v_0 z + \frac{v_0 R^2}{z} = v_0 \left(re^{i\varphi} + \frac{R^2}{r} e^{-i\varphi} \right)$$

$$f'(z) = v_0 - \frac{v_0 R^2}{z^2} = v_0 \left(1 - \frac{R^2}{r^2} e^{-2i\varphi} \right)$$

$$\overline{f}'(z) = v_0 \left(1 - \frac{R^2}{r^2} e^{2i\varphi} \right) = q_1 + i q_2$$

und damit

$$v(x, y) = \operatorname{Im} f = v_0 \left(r - \frac{R^2}{r} \right) \sin \varphi$$

Die Kreislinie $B_R(0) = \{ z \in \mathbb{C}; |z| = r = R \}$ ist eine Stromlinie. Man ignoriert nun die Funktion im Inneren von $B_R(0)$ und nimmt an, dass dort ein Hindernis (zum Beispiel ein Zylinder) ist.

Staupunkte liegen für $q = 0$ vor, also $\frac{R^2}{|z|^2} e^{2i\varphi} = 1$, d.h. $|z| = R$ und $\varphi = 0$ oder $\varphi = \pi$, also $z = \pm R$.

Speziell für $r = R$ gilt

$$
\begin{aligned}
q_1 + iq_2 &= v_0 \left(1 - e^{2i\varphi}\right) \\
&= v_0 \left(1 - \cos 2\varphi\right) - v_0 i \sin 2\varphi
\end{aligned}
$$

Nach diesem Kapitel sollten Sie

... wissen, was komplexe Differenzierbarkeit ist und mehrere Möglichkeiten kennen, um eine Funktion auf komplexe Differenzierbarkeit zu überprüfen

... wissen, dass Real- und Imaginärteil einer holomorphen Funktion harmonische Funktionen sind

... Kurvenintegrale in $\mathbb{C}$ berechnen können

... den Cauchyschen Integralsatz für geschlossene und für zueinander homotope Kurven formulieren können

... die Cauchy-Integralformel für eine holomorphe Funktion bzw. für die Ableitungen einer holomorphen Funktion formulieren und anwenden können, zum Beispiel für Abschätzungen der Ableitung einer holomorphen Funktion

... wissen, dass holomorphe Funktionen durch Potenzreihen dargestellt werden können

... wissen, wie die Windungszahl definiert ist

... den Satz von Liouville formulieren und anwenden können

... die verschiedenen Arten von Singularitäten kennen und die Singularitäten einer gegebenen Funktion klassifizieren können

... wissen, was eine Laurentreihe ist, wo sie konvergiert und wie man für rationale Funktionen mit Hilfe der Partialbruchzerlegung Laurentreihenentwicklungen konstruiert

... den Residuensatz formulieren und anwenden können, insbesondere auf die Berechnung uneigentlicher reeller Integrale

... den Satz von Rouché formulieren können und ihn in geeigneten Situationen nutzen können, um die Anzahl von Nullstellen einer gegebenen Funktion zu bestimmen oder abzuschätzen

Aufgaben zu Kapitel 24

1. Geben Sie *zwei* Begründungen, warum die Funktion $f : \mathbb{C} \to \mathbb{C}$ mit $f(z) = \operatorname{Im} z$, die jeder komplexen Zahl ihren Imaginärteil zuordnet, *nicht* komplex differenzierbar ist.

2. Sind die folgenden Funktionen holomorph auf ihrem Definitionsbereich?

$$f_1(z) = \cos(z) e^{-z^2}, \quad f_2(z) = |z|^2, \quad f_3(z) = \frac{1}{1+z^2}, \quad f_4(z) = \begin{cases} e^{-1/z^2} & \text{für } z \neq 0 \\ 0 & \text{für } z = 0 \end{cases}$$

   Wie ist es für eine Funktion $f_5(z) = \overline{f(\bar{z})}$, wobei $f : \mathbb{C} \to \mathbb{C}$ eine holomorphe Funktion ist?

3. (a) Berechnen Sie das Integral $\int_\gamma z^2 - 3z \, dz$, wobei γ die geradlinige Verbindung der Punkte $-2i$ und $2i$ ist.

   (b) Berechnen Sie das Integral $\int_\gamma z^2 - 3z \, dz$, wobei γ ein Halbkreisbogen um $z_0 = 0$ von $-2i$ nach $2i$ ist.

   (c) Berechnen Sie das Integral $\int_\gamma \frac{dz}{z}$, wobei γ der Rand des Quadrat mit den Ecken $2 + i$, $-2 + i$, $-2 - i$ und $2 - i$ (durchlaufen im mathematisch positiven Sinn) ist.

4. Sei $G \subseteq \mathbb{C}$ ein Gebiet und $f : G \to \mathbb{C}$ holomorph. Zeigen Sie: Falls $|f|$ in ganz G konstant ist, dann ist f konstant.
   Hinweis: Cauchy-Riemann Differentialgleichungen

5. Sei G ein Gebiet und $f : G \to \mathbb{C}$ eine holomorphe Funktion, die nur reelle Werte annimmt. Zeigen Sie, dass diese Funktion dann konstant sein muss.

6. (a) Bestimmen Sie mit Hilfe der Cauchyschen Integralformel den Wert des Integrals

$$\int_\gamma \frac{e^z}{z^2(z-i)} \, dz$$

   wobei $\gamma(t) = 2e^{it}$ mit $t \in [0, 2\pi]$.

   (b) Berechnen Sie mit Hilfe der Cauchyschen Integralformel für festes $a \in \mathbb{R} \setminus \{0\}$ die Fourier-Transformierte von

$$f(x) = \frac{1}{x^2 + a^2}.$$

7. Cayley-Abbildung
   Sei $H := \{z \in \mathbb{C}; \operatorname{Im} z > 0\}$ die obere Halbebene. Die Cayley-Abbildung $f : H \to \mathbb{C}$ ist definiert durch

$$f(z) := \frac{z-i}{z+i}.$$

   (a) Zeigen Sie, dass f holomorph in H ist und bestimmen Sie die Bildmenge $B := f(H)$.

   (b) Veranschaulichen Sie die Abbildung f, indem Sie die Bilder von Linien $\{x = const.\}$ und $\{y = const.\}$ skizzieren.

   (c) Bestimmen Sie die Umkehrabbildung $g : B \to H$ von f und prüfen Sie nach, dass diese holomorph auf B ist.

8. Sei $P(z) = a(z - z_1)(z - z_2)\ldots(z - z_n)$ ein Polynom n-ten Grades ($n \geq 2$). Zeigen Sie, dass sich jede Nullstelle ζ der Ableitung P' als *Konvexkombination* der Nullstellen von P darstellen lässt, also in der Form

$$\zeta = \lambda_1 z_1 + \lambda_2 z_2 + \ldots + \lambda_n z_n, \text{ wobei } \lambda_1 + \lambda_2 + \ldots \lambda_n = 1.$$

Hinweis: Zeigen Sie zunächst

$$\frac{P'(z)}{P(z)} = \sum_{k=1}^{n} \frac{1}{z - z_k} = \sum_{k=1}^{n} |z - z_k|^{-2} (\bar{z} - \bar{z}_k)$$

für $z \in \mathbb{C} \setminus \{z_1, z_2, \ldots, z_n\}$.

9. Sei $f : \mathbb{C} \to \mathbb{C}$ eine ganze Funktion mit $f(z + 1) = f(z)$ und $f(z + i) = f(z)$ für alle $z \in \mathbb{C}$. Zeigen Sie, dass f konstant ist.
   Hinweis: f ist bereits durch die Funktionswerte im Quadrat $Q = \{z = x + iy; \ 0 \leq x, y \leq 1\}$ festgelegt (warum?).

10. (a) Wo ist die Funktion $g(z) = \dfrac{z^3}{(z - i)(z + 3)}$ komplex differenzierbar?

    (b) Berechnen Sie die komplexen Kurvenintegrale $\displaystyle\int_\gamma g(z)\,\mathrm{d}z$ und $\displaystyle\int_\sigma g(z)\,\mathrm{d}z$, wobei

    γ der im mathematisch positiven Sinn durchlaufene Kreis um $z_0 = 0$ mit Radius $r = 2$ und

    σ der im mathematisch positiven Sinn durchlaufene Kreis um $z_1 = -1$ mit Radius $r = 1$ ist.

    (c) Entwickeln Sie die Funktion $g(z)$ im Kreisring $\{z \in \mathbb{C}; \ 1 < |z| < 3\}$ in eine Laurentreihe um den Entwicklungspunkt $z_0 = 0$ (Potenzen von i müssen dabei nicht vereinfacht werden).

11. Fresnelsche Integrale
    Zeigen Sie, dass für $0 \leq a \leq 1$

$$\int_0^\infty e^{-(1+ia)^2 t^2}\,\mathrm{d}t = \frac{1 - ai}{2(1 + a^2)} \sqrt{\pi}$$

ist, indem Sie $f(z) = e^{-z^2}$ entlang des Randes eines Dreiecks mit den Eckpunkten 0, r und $r(1 + ai)$ integrieren.
Folgern Sie daraus

$$\int_0^\infty \cos(t^2)\,\mathrm{d}t = \int_0^\infty \sin(t^2)\,\mathrm{d}t = \frac{1}{2}\sqrt{\frac{\pi}{2}}.$$

Diese Integrale spielen bei der Theorie der Lichtbeugung eine Rolle.
Hinweis: Sie dürfen natürlich $\int_0^\infty e^{-t^2}\,\mathrm{d}t = \frac{1}{2}\sqrt{\pi}$ benutzen.

12. Berechnen Sie mit Hilfe des Residuensatzes das uneigentliche Integral

$$\int_{-\infty}^{\infty} \frac{e^{iz}}{(z^2 + 1)^2}\,\mathrm{d}z.$$

25. Lineare Operatoren

25.1. Banach- und Hilberträume

In diesem Kapitel knüpfen wir an Kapitel 14 an. Dort wurden normierte Vektorräume und Abbildungen zwischen normierten Vektorräumen eingeführt, um einen allgemeinen Zugang zur Stetigkeit und Differenzierbarkeit in höherdimensionalen Räumen zu bekommen. Jetzt geht es mehr um die Struktur der Räume selbst und um lineare Abbildungen zwischen Funktionenräumen. Auch wenn es nicht völlig in den unten behandelten Rahmen passt, kann man sich als angestrebtes Beispiel den Funktionenraum $L^2(\mathbb{R}^n, \mathbb{C})$ der quadratintegrierbaren Funktionen mit dem Schrödinger-Operator als linearer Abbildung vorstellen. Eine wichtige Rolle bei der Untersuchung von Operatoren spielt deren Spektrum. Dieses Kapitel soll daher zum Spektralsatz für kompakte Operatoren hinführen, der ein erstes wichtiges Resultat in dieser Richtung darstellt. Wir beginnen mit einer kurzen Erinnerung an grundlegende Begriffe:

Definition. *(Vollständigkeit)*
*Ein normierter Vektorraum heißt **vollständig**, wenn in ihm jede Cauchy-Folge konvergiert.*

Definition. *(Banachraum)*
*Ein **Banachraum** ist ein vollständiger normierter Vektorraum.*

Definition. *(Hilbertraum)*
*Ein **Hilbertraum** ist ein euklidischer oder unitärer Vektorraum, der bezüglich der durch das Skalarprodukt induzierten Norm vollständig ist.*

Beispiele:

1. $X = \mathbb{R}^n$ oder $X = \mathbb{C}^n$

2. $X = C^0([0,1], \mathbb{R})$, der Raum der stetigen Funktionen $f : [0,1] \to \mathbb{R}$ versehen mit der Supremumsnorm $\|f\|_\infty = \sup\limits_{x \in [0,1]} |f(x)| = \max\limits_{x \in [0,1]} |f(x)|$.

3. der Folgenraum $X = \ell^p = \{(a_n)_{n \in \mathbb{N}}; \sum\limits_{n=1}^{\infty} |a_n|^p < \infty\}$

   mit der Norm $\|(a_n)_{n \in \mathbb{N}}\|_{\ell^p} = \left(\sum\limits_{n=1}^{\infty} |a_n|^p\right)^{1/p}$ für $1 \leq p < \infty$.

4. Der Raum $X = L^2(\Omega, \mathbb{R})$ aller Funktionen, für die $|f|^2$ auf $\Omega \subset \mathbb{R}^n$ Lebesgue-integrierbar ist versehen mit der L^2-Norm.

25.2. Lineare Operatoren

In Band 2 hatten wir lineare Abbildungen zwischen Vektorräumen definiert und vor allem die Eigenschaften linearer Abbildungen $f : X \to Y$ zwischen endlich-dimensionalen Vektorräumen X und Y studiert. So war beispielsweise der Kern einer linearen Abbildung, also die Menge aller Vektoren aus X mit $f(x) = 0 \in Y$, immer ein Untervektorraum von X. Genauso war das Bild von f, also die Menge aller Vektoren $f(x)$ mit $x \in X$ ein Untervektorraum von Y. Wenn in den Vektorräumen Basen gewählt wurden, ließ sich die lineare Abbildung durch eine Matrix darstellen, wobei die genaue Gestalt der Matrix von der Wahl der Basen abhängig war.

Die folgenden drei Eigenschaften einer linearen Abbildung $A : X \to Y$ hatten wir für endlich-dimensionale Vektorräume, d.h. $\dim X < \infty$ und $\dim Y < \infty$ bewiesen:

1. lineare Abbildungen sind automatisch stetig,

2. es gilt die Dimensionsformel: $\dim \operatorname{Kern} A + \dim \operatorname{Bild} A = \dim X$,

3. falls $\dim X = \dim Y$ ist, dann gilt: A ist surjektiv $\Leftrightarrow$ A ist injektiv

Alle drei Eigenschaften gelten im Fall $\dim X = \dim Y = \infty$ nicht mehr. Das macht das (mathematische) Leben zugleich komplizierter, aber auch interessanter. Da Stetigkeit in vieler Hinsicht wichtig ist, werden wir vor allem stetige lineare Abbildungen betrachten, müssen die Stetigkeit aber tatsächlich nachweisen, wenn X oder Y unendlich-dimensional ist. Die folgende Charakterisierung wurde bereits in Kapitel 14 bewiesen:

Satz 25.1.
Seien X, Y normierte VR und $A : X \to Y$ eine lineare Abbildung. Dann sind äquivalent:

(i) *A ist (überall) stetig*

(ii) *A ist stetig in 0*

(iii) $\displaystyle \sup_{\|x\|=1} \|Ax\|_Y < \infty$

(iv) *A ist beschränkt, d.h.* $\displaystyle \sup_{\|x\|\neq 0} \frac{\|Ax\|_Y}{\|x\|_X} < \infty$

Die letzte Gleichung bedeutet anschaulich, dass die Bilder beschränkter Mengen unter A wieder beschränkte Mengen sind.

Definition.
Wir nennen
$$\mathcal{L}(X, Y) = \{ A : X \to Y ; \ A \text{ ist linear und beschränkt } \}$$
*den Raum der **beschränkten** linearen Operatoren. Außerdem schreiben wir als Abkürzung*
$$\mathcal{L}(X) := \mathcal{L}(X, X)$$

Definition. *(Dualraum)*
*Für einen normierten Vektorraum X über dem Körper $\mathbb{K} = \mathbb{R}$ oder $\mathbb{C}$ nennt man eine beschränkte lineare Abbildung $f : X \to \mathbb{K}$ auch **lineares Funktional**. Die Menge $\mathcal{L}(X, \mathbb{K})$ aller linearen Funktionale nennt man den **Dualraum** von X.*

Definition. *(Operatornorm)*
Für $A \in \mathcal{L}(X,Y)$ nennt man

$$\|A\| = \sup_{\|x\|=1} \|Ax\|_Y = \sup_{\|x\|\neq 0} \frac{\|Ax\|_Y}{\|x\|_X}$$

*die **Operatornorm** von A.*

Beispiele:

1. $X = C^0([0,2],\mathbb{R})$, $Y = \mathbb{R}$, $A : X \to Y$ mit $Af := \int\limits_0^2 f(t)\,\mathrm{d}t$

   ist beschränkt, denn für $\|f\|_{C^0} = 1$ ist

   $$|Af| = \left| \int\limits_0^2 f(t)\,\mathrm{d}t \right| \leq \int\limits_0^2 |f(t)|\,\mathrm{d}t \leq \int\limits_0^2 1\,\mathrm{d}t = 2.$$

   Andererseits wird für die konstante Funktion $f \equiv 1$ wegen $Af = 2$ dieser Wert tatsächlich angenommen, daher ist $\|A\|_{\mathcal{L}(X,Y)} = 2$.

2. $X = Y = C^0([0,1],\mathbb{R})$, $A : X \to Y$ mit $(Af)(x) := \int\limits_0^x f(t)\,\mathrm{d}t$ („Stammfunktion-Operator")

   $$Af = 0 \Leftrightarrow \int\limits_0^x f(t)\,\mathrm{d}t = 0 \text{ für alle } x \in [0,1] \Leftrightarrow f \equiv 0\,.$$

   Daher ist Kern $(A) = \{0\}$ und A ist somit injektiv.
   A ist jedoch nicht surjektiv, denn $Af \in C^1([0,1],\mathbb{R})$ und $(Af)(0) = 0$.

   Um die Operatornorm von A zu bestimmen, kann man zunächst abschätzen:

   $$|(Af)(x)| = \left| \int\limits_0^x f(t)\,\mathrm{d}t \right| \leq \int\limits_0^x |f(t)|\,\mathrm{d}t \leq \int\limits_0^x \|f\|_\infty \,\mathrm{d}t \leq \|f\|_\infty$$

   so dass

   $$\max_{x \in [0,1]} |(Af)(x)| \leq \|f\|_\infty \quad \Rightarrow \quad \|A\| = \sup_{f \neq 0} \frac{\|Af\|_\infty}{\|f\|_\infty} \leq 1.$$

   Um einzusehen, dass hier Gleichheit herrscht, kann man konkret die Funktion $f \equiv 1$ betrachten für die $\frac{\|Af\|_\infty}{\|f\|_\infty} = 1$ ist.

3. Betrachte $X = C^1([0,1],\mathbb{R})$ und $Y = C^0([0,1],\mathbb{R})$ jeweils versehen mit der Supremumsnorm $\|f\|_\infty = \max\limits_{0 \leq x \leq 1} |f(x)|$.
   Betrachte den „Ableitungsoperator" $D : X \to Y$ mit $(Df)(x) = f'(x)$, der jeder Funktion ihre Ableitung zuordnet. Dann ist D nicht beschränkt denn für $f_k(x) = x^k$ ist $\|f_k\|_\infty = 1$, aber $\|f_k'\|_\infty = k$.

4. Gewichtetes Integralmittel
   Sei $X = C^0([0,1],\mathbb{R})$, $Y = \mathbb{R}$ und $g \in C^0([0,1],\mathbb{R})$. Betrachte

   $$T_g f = \int_0^1 f(t)g(t)\,\mathrm{d}t$$

   Dann ist $T_g : X \to Y$ ein beschränkter linearer Operator mit $\|T_g\|_{\mathcal{L}(X,Y)} = \int_0^1 |g(t)|\,\mathrm{d}t$

5. Fredholmscher Integraloperator
Sei $X = Y = C^0([a, b], \mathbb{R})$ und $k \in C^0([a, b] \times [a, b], \mathbb{R})$. Betrachte

$$(T_k f)(x) = \int_0^1 f(y) k(x, y) \, \mathrm{d}y$$

Dann ist $T_k : X \to X$ linear. Die Beschränktheit folgt aus der gleichmäßigen Stetigkeit von k auf $[a, b]^2$. Als Operatornorm ergibt sich

$$\|T_k\|_{\mathcal{L}(X)} = \sup_{x \in [a, b]} \int_0^1 |k(x, y)| \, \mathrm{d}y .$$

6. Man kann die in der Physik so beliebte „δ-Funktion" mathematisch streng definieren, indem man sogenannte *verallgemeinerte Funktionen* oder *Distributionen* als lineare Funktionale auf einem Funktionenraum, dem Schwartz-Raum der rasch abfallenden Funktionen, erklärt. Für solche verallgemeinerten Funktionen kann man dann auch beispielsweise die Fourier-Transformation mathematisch präzise definieren. Das geht aber über den Rahmen dieses Buchs hinaus, Details findet man in Büchern über Funktionalanalysis, Fourieranalysis oder Distributionentheorie.

Mit Hilfe der Operatornorm kann man die Menge aller beschränkten Abbildungen selbst wieder als einen normierten Vektorraum auffassen.

Satz 25.2.
Seien X, Y normierte Vektorräume.

(i) $\mathcal{L}(X, Y)$ ist mit der Operatornorm ein normierter Vektorraum.

(ii) Falls Y vollständig ist, dann ist $\mathcal{L}(X, Y)$ sogar ein Banachraum.

Beweis: (i) ergibt sich durch direktes Nachrechnen der entsprechenden Eigenschaften.
Beim Beweis von (ii) muss man eine Cauchy-Folge $(A_n)_{n \in \mathbb{N}}$ von linearen Abbildungen betrachten. Für jedes feste $x \in X$ bildet $(A_n x)_{n \in \mathbb{N}}$ dann eine Cauchy-Folge in Y. Weil Y vollständig ist, konvergiert diese Cauchyfolge in Y, und man kann den Grenzwert benutzen, um eine Abbildung $A : X \to Y$ zu definieren durch

$$Ax = \lim_{n \to \infty} A_n x.$$

Diese Abbildung ist linear, denn die Linearität der einzelnen Abbildungen A_n „überträgt" sich auf A. Um zu zeigen, dass $\lim_{n \to \infty} \|A_n - A\|_{\mathcal{L}(X, Y)} = 0$ ist, wendet man ein Standardargument an. Zu $\varepsilon > 0$ gibt es ein $N \in \mathbb{N}$, so dass gilt:

$$n, m \geq N \Rightarrow \|A_n - A_m\|_{\mathcal{L}(X, Y)} < \varepsilon.$$

Nun lässt man $m \to \infty$ gehen und erhält für $n \geq N$ die Ungleichung $\|A_n - A\|_{\mathcal{L}(X, Y)} < \varepsilon$. Dadurch ist die Konvergenz bezüglich der Operatornorm bewiesen.

$\square$

Bemerkung: Für zwei beschränkte Operatoren $S \in \mathcal{L}(Y, Z)$ und $T \in \mathcal{L}(X, Y)$ ist die Verkettung $ST \in \mathcal{L}(X, Z)$ und

$$\|ST\|_{\mathcal{L}(X, Z)} \leq \|S\|_{\mathcal{L}(Y, Z)} \cdot \|T\|_{\mathcal{L}(X, Y)}.$$

Mit $S = T$ folgt daraus

$$\|S^2\| \leq \|S\|^2$$

und daraus wiederum mit vollständiger Induktion

$$\|S^n\| \leq \|S\|^n \text{ bzw. } \|S^n\|^{1/n} \leq \|S\|.$$

Satz 25.3. *(Spektralradius)*
*Sei X ein Banachraum und $S \in \mathcal{L}(X)$ ein beschränkter linearer Operator. Dann existiert der Grenzwert $r(S) = \lim\limits_{n\to\infty} \|S^n\|^{1/n}$ und heißt **Spektralradius** von S.*

Beweis: Um zu beweisen, dass der Limes, der in der Definition des Spektralradius auftritt, überhaupt existiert, kann man die Folge $(a_n)_{n\in\mathbb{N}}$ mit $a_n := \ln\|S^n\|$ betrachten. Nach den Rechenregeln für die Operatornorm ist $\|S^{n+m}\| \leq \|S^n\|\cdot\|S^m\|$ und damit $a_{n+m} \leq a_n + a_m$. Daraus ergibt sich mit $n = m$ zunächst $a_{2m} \leq 2a_m$ und dann per vollständiger Induktion $a_{km} \leq ka_m$ für $k = 1, 2, 3, \ldots$. Wir setzen nun

$$\rho = \inf_{n\in\mathbb{N}} \ln\|S^n\|^{1/n} = \inf_{n\in\mathbb{N}} \frac{\ln\|S^n\|}{n} = \inf_{n\in\mathbb{N}} \frac{a_n}{n}$$

und möchten gerne zeigen, dass die Folge $\left(\frac{a_n}{n}\right)$ gegen ρ konvergiert. Sei dafür ein beliebiges $\varepsilon > 0$ gegeben. Wir zeigen nun, dass $\frac{a_n}{n}$ für hinreichend großes n im Intervall $[\rho, \rho + \varepsilon]$ liegt. Daraus ergibt sich unmittelbar die Konvergenz, d.h.

$$\lim_{n\to\infty} \frac{\ln\|S^n\|}{n} = \rho \Leftrightarrow \lim_{n\to\infty} \|S^n\|^{1/n} = e^\rho.$$

Da ρ als Infimum definiert ist, gilt die Ungleichung $\rho \leq \frac{a_n}{n}$ für alle n. Um noch zu zeigen, dass $\frac{a_n}{n} \leq \rho + \varepsilon$ zumindest für alle großen n gilt, wählen wir ein $N \in \mathbb{N}$ mit $\frac{a_N}{N} < \rho + \frac{\varepsilon}{2}$. Dass ein solches N existiert, folgt ebenfalls aus der Wahl von ρ als Infimum. Nun kann man jede Zahl $n \in \mathbb{N}$ schreiben als $n = pN + q$ mit $p \in \mathbb{N}_0$ und $q \in \{1, 2, \ldots, N-1\}$. Daher ist

$$\frac{a_n}{n} = \frac{a_{pN+q}}{n} \leq \frac{a_{pN}}{n} + \frac{a_q}{n} \leq \frac{pa_N}{pN+q} + \frac{a_q}{n} \leq \frac{a_N}{N} + \frac{a_q}{n} < \rho + \frac{\varepsilon}{2} + \frac{a_q}{n}.$$

Da a_q nur $N-1$ verschiedene Werte annehmen kann, konvergiert $\frac{a_q}{n}$ für $n \to \infty$ gegen Null. Insbesondere gibt es eine Zahl $n_0 \in \mathbb{N}$, so dass $\frac{a_q}{n} < \frac{\varepsilon}{2}$ ist für alle $n \geq n_0$. Insbesondere ist dann für $n \geq n_0$ auch

$$\frac{a_n}{n} < \rho + \frac{\varepsilon}{2} + \frac{a_q}{n} < \rho + \varepsilon.$$

$\square$

Bemerkung: Wenn $\lambda \in \mathbb{C}$ ein Eigenwert von S mit zugehörigem Eigenvektor v ist, dann ist $S^n v = \lambda^n v$, d.h. v ist auch Eigenvektor von S^n zum Eigenwert λ^n. Insbesondere ist damit $\|S^n\| \geq |\lambda|^n$ und somit

$$r(S) \geq \lim_{n\to\infty} (|\lambda|^n)^{1/n} = |\lambda|.$$

Hierbei kann auch der Fall echter Ungleichheit eintreten.

Satz 25.4. *(Neumann-Reihe)*
Sei X ein Banachraum. Wenn $S \in \mathcal{L}(X)$ ein beschränkter linearer Operator mit Spektralradius $r(S) < 1$ ist, dann ist $\mathrm{Id} - S$ invertierbar und

$$(\mathrm{Id} - S)^{-1} = \sum_{n=0}^\infty S^n = \mathrm{Id} + S + S^2 + S^3 + \ldots$$

Beweisidee: Setze $S_k = \sum_{n=0}^{k} S^n$ und zeige, dass $(S_k)_{k\in\mathbb{N}}$ eine Cauchyfolge in $\mathcal{L}(X)$ ist, deren Grenzwert die gesuchte Inverse ist.

Sei dazu $n_0 \in \mathbb{N}$ so groß, dass $\|S^n\|^{1/n} < \rho < 1$ für alle $n \geq n_0$. Für $k > \ell \geq n_0$ gilt dann

$$\|S_k - S_\ell\|_{\mathcal{L}(X)} = \|\sum_{n=0}^{k} S^n - \sum_{n=0}^{\ell} S^n\|_{\mathcal{L}(X)} = \|\sum_{n=\ell+1}^{k} S^n\|_{\mathcal{L}(X)} \leq \sum_{n=\ell+1}^{k} \|S^n\|$$

und damit

$$\|S_k - S_\ell\|_{\mathcal{L}(X)} \leq \rho^{l+1} + \rho^{l+2} + \ldots + \rho^k = \rho^{l+1}(1 + \rho + \ldots + \rho^{k-\ell-1}) \leq \frac{\rho^{l+1}}{1-\rho} \overset{k,\ell\to\infty}{\to} 0.$$

Da X vollständig ist, konvergiert die Folge $(S_k)_{k\in\mathbb{N}}$ gegen ein Element aus $\mathcal{L}(X)$:

$$\lim_{k\to\infty} S_k = \tilde{S}.$$

Wir müssen jetzt zeigen, dass $\tilde{S}$ die Inverse von $\mathrm{Id} - S$ ist. Damit ist

$$(\mathrm{Id} - S)\tilde{S}x = \lim_{k\to\infty} (\mathrm{Id} - S) \sum_{n=0}^{k} S^n x$$

$$= \lim_{k\to\infty} \left(\sum_{n=0}^{k} S^n x - \sum_{n=1}^{k+1} S^n x \right)$$

$$= \lim_{k\to\infty} (x - S^{k+1}x) = x.$$

Genauso lässt sich auch $\tilde{S}(\mathrm{Id} - S)x = x$ zeigen, also ist $\tilde{S} = (\mathrm{Id} - S)^{-1}$.

$\square$

Bemerkungen:

1. Falls $\|S\| = \rho < 1$, dann ist $\|S^n\| \leq \|S\|^n < \rho^n$ und damit $\|S^n\|^{1/n} < \rho < 1$. Damit ist die Bedingung des Satzes auf jeden Fall erfüllt und $\mathrm{Id} - S$ ist invertierbar.

2. Ist $T \in \mathcal{L}(X)$ beliebig, dann gilt für $\varepsilon < \|T\|^{-1}$: $\mathrm{Id} - \varepsilon T$ ist invertierbar und

$$(\mathrm{Id} - \varepsilon T)^{-1} = \sum_{n=0}^{\infty} (\varepsilon T)^n = \mathrm{Id} + \varepsilon T + \varepsilon^2 T^2 + \varepsilon^3 T^3 + \ldots$$

   Auf diese Weise kann man den Operator $(\mathrm{Id} - \varepsilon T)^{-1}$ im Rahmen der Störungsrechnung nach ε entwickeln.

3. Eine weitere Konsequenz der Neumann-Reihe ist, dass die Menge der invertierbaren Operatoren in $\mathcal{L}(X)$ offen ist, d.h. zu einem invertierbaren Operator $T \in \mathcal{L}(X)$ gibt es ein $\varepsilon > 0$, so dass S ebenfalls invertierbar ist, wenn $\|S - T\| < \varepsilon$.

25.3. Hilberträume

In einem Hilbertraum hat man neben einer Norm auch ein Skalarprodukt $\langle \cdot, \cdot \rangle$ und damit zusätzlich den Begriff der Orthogonalität. Insbesondere gibt es zu jedem Untervektorraum U eines Hilbertraums das orthogonale Komplement

$$U^\perp = \{v \in H; \ \langle u, v \rangle = 0 \text{ für alle } u \in U\}.$$

Etwas Vorsicht ist hier geboten, denn das orthogonale Komplement muss kein Komplement von U im Vektorraumsinn sein. Falls U allerdings endlich-dimensional oder ein abgeschlossener Unterraum ist, dann ist tatsächlich $H = U \oplus U^\perp$.

Satz 25.5. *(Orthogonalprojektion)*

Sei H ein Hilbertraum und $A \subset H$ eine abgeschlossene, konvexe Menge. Dann existiert zu jedem Punkt $x_0 \in H$ ein eindeutiges $y \in A$ mit

$$\|x_0 - y\| = \inf_{a \in A} \|x_0 - a\|.$$

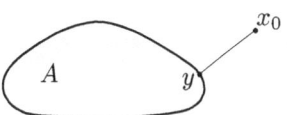

Beweis: Betrachte eine Folge $y_1, y_2, \ldots \in A$ mit $\|x_0 - y_n\| \to \inf_{a \in A} \|x_0 - a\| = d$. Diese Folge ist eine Cauchyfolge, denn mit der Parallelogrammgleichung

$$\|u + v\|^2 + \|u - v\|^2 = 2\|u\|^2 + 2\|v\|^2 \quad \text{für alle} \quad u, v \in H$$

erhält man

$$\|y_n - x_0 + y_m - x_0\|^2 + \|y_n - x_0 - (y_m - x_0)\|^2 = 2\left(\|y_n - x_0\|^2 + \|y_m - x_0\|^2\right)$$

wobei die rechte Seite für $n, m \to \infty$ gegen $4d^2$ konvergiert. Schreibt man die linke Seite etwas um, führt das auf

$$4\left\|\frac{y_n + y_m}{2} - x_0\right\|^2 + \|y_n - y_m\|^2 \to 4d^2 \quad \text{für } n, m \to \infty.$$

Da wegen der Konvexität von A auch $\frac{y_n + y_m}{2} \in A$ liegt, muss $\left\|\frac{y_n + y_m}{2} - x_0\right\|^2 \geq d^2$ sein und schließlich $\|y_n - y_m\|^2 \to 0$ für $n, m \to \infty$.
Damit ist gezeigt, dass die Folge $(y_n)_{n \in \mathbb{N}}$ eine Cauchyfolge in H ist und einen Grenzwert y in H besitzt. Weil die gesamte Folge in der abgeschlossenen Menge A liegt, muss auch der Grenzwert y in A liegen und aus der Stetigkeit der Norm folgt, dass $\|x_0 - y\| = \lim_{n \to \infty} \|x_0 - y_n\| = \inf_{a \in A} \|x_0 - a\|$.
Die Eindeutigkeit von y ist ebenfalls eine Konsequenz der Parallelogrammgleichung, denn wenn $y, \tilde{y}$ zwei Punkte in A sind, die den Abstand zu x_0 minimieren, dann ist

$$\|y - x_0 + \tilde{y} - x_0\|^2 + \|y - x_0 - (\tilde{y} - x_0)\|^2 = 2\left(\|y - x_0\|^2 + \|\tilde{y} - x_0\|^2\right)$$

$$\Leftrightarrow 4\underbrace{\left\|\frac{y + \tilde{y}}{2} - x_0\right\|^2}_{\geq d^2} + \|y - \tilde{y}\|^2 = 4d^2$$

und folglich ist $\|y - \tilde{y}\|^2 = 0$.

$\square$

Dieser Satz ermöglicht es insbesondere für einen abgeschlossenen Unterraum U von H die Orthogonalprojektion auf U zu definieren:

Definition. *(Orthogonalprojektion)*
*Sei U ein abgeschlossener Unterraum eines Hilbertraums H. Dann ist die **Orthogonalprojektion** $P_U : H \to H$ auf U definiert durch $P_U(x) = y$, wobei $\|x - y\| = \min_{u \in U} \|x - u\|$ ist.*

Es ist nicht unmittelbar klar, dass auf diese Weise tatsächlich eine lineare Abbildung definiert wird. Das zeigen wir unter anderem im folgenden Satz (vergleiche auch Satz 13.6 zur Orthogonal-projektion auf endlich-dimensionale Unterräume).

Satz 25.6. *(Eigenschaften der Orthogonalprojektion)*
Sei U ein abgeschlossener Unterraum eines Hilbertraums H. Dann hat die Orthogonalprojektion $P_U : H \to H$ auf U folgende Eigenschaften:

(i) $\langle x - P_U x, u - P_U x \rangle = 0$ *für alle $u \in U$*

(ii) $x - P_U x \in U^\perp$, *d.h. $x - P_U x$ steht senkrecht zu jedem Vektor aus U*

(iii) P_U *ist linear*

(iv) P_U *ist eine Projektion, d.h. $P_U \circ P_U = P_U$*

(v) Bild $(P_U) = U$ *und* Kern $(P_U) = U^\perp$

(vi) $\|P_U\|_{\mathcal{L}(H)} = 1$

Beweisidee:

(i)
$$\|x - u\|^2 = \|x - P_U x + P_U x - u\|^2 = \langle (x - P_U x) + (P_U x - u), (x - P_U x) + (P_U x - u) \rangle$$
$$= \|x - P_U x\|^2 + 2\langle x - P_U x, P_U x - u \rangle + \|P_U x - u\|^2$$
$$\geq \|x - P_U x\|^2$$
$$\Rightarrow \langle x - P_U x, P_U x - u \rangle \leq 0$$

Dasselbe Argument mit $\tilde{u} = 2P_U x - u \in U$ statt u liefert die umgekehrte Ungleichung:

$$\langle x - P_U x, P_U x - (2P_U x - u) \rangle \leq 0 \Rightarrow \langle x - P_U x, -(P_U x - u) \rangle \leq 0 \Rightarrow \langle x - P_U x, P_U x - u \rangle \geq 0$$

Beide Ungleichungen zusammen zeigen, dass $\langle x - P_U x, u - P_U x \rangle = 0$ ist.

(ii) $x - P_U x \in U^\perp$ und $P_U x$ ist der einzige Vektor aus U mit dieser Eigenschaft, denn für $\tilde{u} \in U$ ist $u = \tilde{u} + P_U x \in U$ und somit nach (i)

$$\langle x - P_U x, u - P_U x \rangle = 0 \Rightarrow \langle x - P_U x, \tilde{u} \rangle = 0 .$$

Für $v \in U$ mit $v \neq 0$ ist $\langle x - (P_U x - v), u \rangle = 0$ für alle $u \in U$, also auch für $u = v$. $\langle x - (P_U x - v), v \rangle = \langle x - P_U x, v \rangle + \langle v, v \rangle \neq 0$.

(iii) $P_U x_1$ ist der eindeutig bestimmte Punkt in U mit $x_1 - P_U x_1 \in U^\perp$.

$P_U x_2$ ist der eindeutig bestimmte Punkt in U mit $x_2 - P_U x_2 \in U^\perp$.

Da $U^\perp$ ein Unterraum von H ist, liegt $\lambda P_U x_1 + \mu P_U x_2$ in U und ist der eindeutig bestimmte Punkt in U mit
$$(\lambda x_1 + \mu x_2) - (\lambda P_U x_1 + \mu P_U x_2) \in U^\perp .$$

Nach (ii) muss daher $P_U(\lambda x_1 + \mu x_2) = \lambda P_U x_1 + \mu P_U x_2$ sein und P_U ist linear.

(iv)-(vi) Übungsaufgabe

$\square$

Der folgende Darstellungssatz von Riesz beschreibt eine der wichtigsten Eigenschaften, die Hil-berträume gegenüber Banachräumen auszeichnen: Der Dualraum eines Hilbertraums lässt sich einfach beschreiben, er ist in einem gewissen Sinne „derselbe" Raum.

Satz 25.7. *(Rieszscher Darstellungssatz)*
Sei H ein Hilbertraum. Dann ist der Dualraum H^* isometrisch isomorph zu H, d.h. es gibt eine bijektive, isometrische Abbildung zwischen H und H^*, nämlich $\Phi : H \to H^*$ mit $(\Phi(y))(x) = \langle x, y \rangle$.

Man kann die Aussage dieses Satzes auch folgendermaßen ausdrücken: Zu jedem $f \in H^*$ gibt es ein eindeutiges $y \in H$, so dass $f(x) = \langle x, y \rangle$ ist, und es ist $\|y\|_H = \|f\|_{H^*} = \|f\|_{\mathcal{L}(H,\mathbb{R})}$.
Kurz gefasst stimmt der Dualraum eines Hilbertraums H also („bis auf Isomorphie") mit H überein.
Das ist im allgemeinen in Banachräumen nicht der Fall. Zum Beispiel ist für eine messbare Teilmenge $A \subset \mathbb{R}^n$ der Dualraum von $L^1(A)$ der Raum $L^\infty(A)$ und es gibt keine offensichtliche bijektive Abbildung zwischen den beiden Räumen. Den Dualraum von $C^0([0,1],\mathbb{R})$ könnten wir mit unseren Mitteln gar nicht beschreiben.

Beweis: Sei zunächst $y \in H$. Dann wird durch $f(x) = \langle x, y \rangle$ eine beschränkte lineare Abbildung definiert, denn nach der Cauchy-Schwarz-Ungleichung ist für $x \neq 0$

$$|f(x)| = |\langle x, y \rangle| \leq \|x\| \cdot \|y\| \Rightarrow \frac{|f(x)|}{\|x\|} \leq \|y\|.$$

Andererseits ist speziell für $x = y$

$$|f(y)| = |\langle y, y \rangle| = \|y\|^2 \Rightarrow \sup \frac{|f(x)|}{\|x\|} \geq \frac{|f(y)|}{\|y\|} = \|y\|.$$

Somit ist $\|f\|_{H^*} = \|y\|_H$.
Zu zeigen ist noch, dass sich jedes Funktional $f \in H^*$ als Skalarprodukt mit einem geeigneten y darstellen lässt, d.h. die Surjektivität von Φ. Sei dazu ein $f \in H^*$ gegeben mit $f \not\equiv 0$. Sei P die Projektion auf den abgeschlossenen Unterraum Kern(f) und $y \in H$ so gewählt, dass $f(y) = 1$ ist. Definiere $x_0 := y - Py$, dann ist

$$f(x_0) = \underbrace{f(y)}_{=1} - \underbrace{f(Py)}_{=0,\text{ weil } Py \in \text{Kern}(f)} = 1$$

Für jedes $u \in \text{Kern}(f)$ gilt nun

$$\langle u - Py, x_0 \rangle_H = \langle u - Py, y - Py \rangle_H \leq 0$$

und da Kern(f) ein Unterraum von H ist, folgt daraus

$$\langle u, x_0 \rangle_H = 0 \text{ für alle } u \in \text{Kern}(f).$$

Für beliebiges $x \in H$ ist schließlich $x = \underbrace{x - f(x)x_0}_{\in \text{Kern}(f)} + f(x)x_0$ und somit

$$\langle x, x_0 \rangle_H = \langle f(x)x_0, x_0 \rangle = f(x)\|x_0\|^2 \Rightarrow f(x) = \langle x, \frac{x_0}{\|x_0\|^2} \rangle_H.$$

$\square$

25.4. Adjungierte Operatoren

Definition. *(adjungierter Operator)*
Seien E, F Hilberträume und $A : E \to F$ eine lineare Abbildung. Dann ist der zu A adjungierte Operator $A^* : F \to E$ definiert durch

$$\langle x, A^* y \rangle = \langle Ax, y \rangle \ \text{für alle } x \in E \text{ und alle } y \in F.$$

Man muss sich klarmachen, dass auf diese Weise überhaupt ein linearer Operator definiert wird. Betrachte dafür zu einem festen $y \in F$ die Abbildung $f \in E^*$ mit

$$f(x) = \langle Ax, y \rangle_F.$$

Diese Abbildung ist linear (wie man unmittelbar nachrechnen kann) und wegen

$$|f(x)| = |\langle Ax, y \rangle| \leq \|Ax\| \cdot \|y\| \leq \|A\| \cdot \|x\| \cdot \|y\| \Rightarrow \frac{|f(x)|}{\|x\|} \leq \|A\| \cdot \|y\|$$

auch beschränkt. Nach dem Rieszschen Darstellungssatz lässt sich f daher als $f(x) = \langle x, z \rangle_E$ mit einem geeigneten $z \in E$ darstellen. Dieses z ist auch eindeutig, denn falls für alle $x \in E$

$$\langle Ax, y \rangle_F = \langle x, z \rangle_E = \langle x, \tilde{z} \rangle_E$$

dann ist $\langle x, z - \tilde{z} \rangle_E = 0$ für alle $x \in E$, insbesondere auch für $x = z - \tilde{z}$. Daher ist $\|z - \tilde{z}\| = 0$, das heißt $z = \tilde{z}$. Damit ist gezeigt, dass $A^* y = z$ wohldefiniert ist. Die Linearität von A^* rechnet man wieder direkt nach:

$$\langle x, A^*(y + \tilde{y}) \rangle_E = \langle Ax, y + \tilde{y} \rangle_F = \langle Ax, y \rangle_F + \langle Ax, \tilde{y} \rangle_F = \langle x, A^* y \rangle_X + \langle x, A^* \tilde{y} \rangle_E = \langle x, A^* y + A^* \tilde{y} \rangle_E$$

für alle $x \in E$ und mit dem Eindeutigkeitsargument von oben ist $A^*(y + \tilde{y}) = A^* y + A^* \tilde{y}$.

Um zu sehen, dass A^* beschränkt ist, benutzt man noch einmal den Rieszschen Darstellungssatz. Dieser sagte aus, dass der Isomorphismus $\Phi : E^* \to E$, der einem Funktional $f \in E^*$ den Vektor $z \in E$ mit $f(x) = \langle x, z \rangle$ zuordnet isometrisch ist, d.h. $\|f\|_{E^*} = \|z\|_E$.
In unserem Fall ist $A^* y = z$, d.h. für alle $y \in F$ ist

$$\|A^* y\| = \|z\| = \|f\|_{E^*} \leq \|A\| \cdot \|y\| \ \Rightarrow \ \frac{\|A^* y\|}{\|y\|} \leq \|A\|$$

und somit ist A^* beschränkt mit $\|A^*\| \leq \|A\|$.

Beispiel: (Multiplikationsoperator)
Sei $H = L^2(\mathbb{R}, \mathbb{C})$ und $A \in \mathcal{L}(H)$ definiert durch $(Af)(x) = m(x)f(x)$, wobei $m \in L^2(\mathbb{R}, \mathbb{C})$ liege. Dann ist

$$
\begin{aligned}
\langle Af, g \rangle_{L^2} &= \int_{-\infty}^{\infty} f(x)m(x)\overline{g(x)} \, \mathrm{d}x \\
&= \int_{-\infty}^{\infty} f(x)\overline{\overline{m(x)}g(x)} \, \mathrm{d}x \\
&= \langle f, A^* g \rangle_{L^2}
\end{aligned}
$$

Daher ist $(A^* g)(x) = \overline{m(x)}g(x)$ der adjungierte Operator.

Die adjungierte Abbildung hat die folgenden Eigenschaften:

Satz 25.8.
Seien E, F und G Hilberträume, S, T $\in \mathcal{L}(E, F)$ und R $\in \mathcal{L}(F, G)$. Dann gilt:

(i) $(S + T)^* = S^* + T^*$, $(\lambda S)^* = \overline{\lambda} S^*$

(ii) $(RS)^* = S^* R^*$

(iii) $S^{**} = S$

(iv) $S^* \in \mathcal{L}(F, E)$ mit $\|S^*\| = \|S\|$

(v) Kern $(S) = (\text{Bild}\,(S^*))^{\perp}$ *und* Bild $(S) = (\text{Kern}\,(S^*))^{\perp}$

Beweis:

(i) direktes Nachrechnen

(ii) $\langle RSx, y \rangle = \langle Sx, R^* y \rangle = \langle x, S^* R^* y \rangle$

(iii) Nach Definition ist $\langle S^* x, y \rangle = \langle x, S^{**} y \rangle$.
Andererseits ist aber
$$\langle S^* x, y \rangle = \overline{\langle y, S^* x \rangle} = \overline{\langle Sy, x \rangle} = \langle x, Sy \rangle$$
für alle x, y.

(iv) Im Beweis über die Existenz der adjungierten Abbildung hatten wir schon die Abschätzung $\|S^*\| \leq \|S\|$ gezeigt, um die Beschränktheit von S^* sicherzustellen.
Betrachtet man nun S^* statt S, dann wird daraus die Ungleichung $\|S^{**}\| \leq \|S^*\|$.
Wegen $S^{**} = S$ ist also auch $\|S\| \leq \|S^*\|$ und damit $\|S\| = \|S^*\|$.

(v)
$$x \in \text{Kern}\,(S) \Leftrightarrow Sx = 0 \Leftrightarrow \langle Sx, y \rangle = 0 \text{ für alle } y \in F$$
$$\Leftrightarrow \langle x, S^* y \rangle = 0 \text{ für alle } y \in F$$
$$\Leftrightarrow x \in (\text{Bild}\,(S^*))^{\perp}$$

Analog:
$$y \in \text{Kern}\,(S^*) \Leftrightarrow S^* y = 0 \Leftrightarrow \langle x, S^* y \rangle = 0 \text{ für alle } x \in E$$
$$\Leftrightarrow \langle Sx, y \rangle = 0 \text{ für alle } x \in E$$
$$\Leftrightarrow y \in (\text{Bild}\,(S))^{\perp}.$$

$\square$

Definition. *(selbstadjungiert)*
*Sei H ein Hilbertraum. Eine beschränkte lineare Abbildung A : H $\to$ H heißt **selbstadjungiert**, falls $A^* = A$ ist, d.h. falls für alle $x, y \in H$*

$$\langle Ax, y \rangle = \langle x, Ay \rangle \,.$$

Beispiele:

1. Im Hilbertraum $\mathbb{R}^n$ mit dem Standardskalarprodukt $\langle x, y \rangle = x^T y$ entsprechen die symmetrischen Matrizen den selbstadjungierten Abbildungen, d.h. die Matrixdarstellung einer selbstadjungierten Abbildung bezüglich der Standardbasis ist eine symmetrische Matrix.

2. Im Hilbertraum $\mathbb{C}^n$ mit dem Standardskalarprodukt $\langle x, y \rangle = x^T \bar{y}$ entsprechen die hermiteschen Matrizen den selbstadjungierten Abbildungen, d.h. die Matrixdarstellung A einer selbstadjungierten Abbildung erfüllt $A^T = \bar{A}$.

3. Die Orthogonalprojektion P_U auf einen abgeschlossenen Unterraum U eines Hilbertraums ist ebenfalls eine selbstadjungierte Abbildung.

Definition. *(normal)*
*Sei H ein Hilbertraum. Eine beschränkte lineare Abbildung $A \in \mathcal{L}(H)$ heißt **normal**, falls $AA^* = A^* A$ ist.*

Insbesondere sind selbstadjungierte Operatoren immer normal (aber nicht umgekehrt). Zum Beispiel ist der oben untersuchte Multiplikationsoperator $A : L^2(\mathbb{R}, \mathbb{C}) \to L^2(\mathbb{R}, \mathbb{C})$ mit $(Af)(x) = m(x)f(x)$ genau dann selbstadjungiert, wenn m nur reelle Werte annimmt, aber immer normal.

Beispiel: (Normaler Operator)
Sei $H = L^2(\mathbb{R}, \mathbb{C})$ und $A \in \mathcal{L}(H)$ definiert durch $(Af)(x) = f(x-1)$ ein Verschiebungsoperator. Dann ist

$$\langle Af, g \rangle_{L^2} = \int_{-\infty}^{\infty} f(x-1)\overline{g(x)}\,\mathrm{d}x = \int_{-\infty}^{\infty} f(x)\overline{g(x+1)}\,\mathrm{d}x = \langle f, A^* g \rangle_{L^2},$$

also ist $(A^* g)(x) = g(x+1)$. Damit ist $A^*(A(f))(x) = A^* f(x-1) = f(x-1+1) = f(x)$ und analog $(AA^* f)(x) = Af(x+1) = f(x+1-1) = f(x)$.
Daher ist A zwar normal, aber offensichtlich nicht selbstadjungiert.

Satz 25.9.
Sei $A \in \mathcal{L}(H)$ ein normaler Operator. Dann ist $\|Ax\| = \|A^* x\|$ für alle $x \in H$. Insbesondere ist dann $\mathrm{Kern}(A) = \mathrm{Kern}(A^*)$.

Satz 25.10.
Sei H ein Hilbertraum.

(i) *Ist $A \in \mathcal{L}(H)$ selbstadjungiert, dann ist $\langle Ax, x \rangle \in \mathbb{R}$ für alle $x \in H$.*

(ii) *Ist $A \in \mathcal{L}(H)$ normal und λ ein Eigenwert von A, dann ist $\bar{\lambda}$ Eigenwert von A^*.*

(iii) *Ist $A \in \mathcal{L}(H)$ selbstadjungiert und v, w sind Eigenvektoren zu zwei verschiedenen Eigenwerten $\lambda \neq \mu$ von A, dann sind v und w orthogonal zueinander.*

Beweis: wie für Matrizen...

(i) $\langle Ax, x \rangle = \langle x, A^* x \rangle = \langle x, Ax \rangle = \overline{\langle Ax, x \rangle}$.

(ii) λ ein Eigenwert von A bedeutet, dass $\mathrm{Kern}(A - \lambda\,\mathrm{Id}) \neq \{0\}$. Nach dem vorigen Satz ist dann auch $\mathrm{Kern}(A - \lambda\,\mathrm{Id})^* = \mathrm{Kern}(A^* - \bar{\lambda}\,\mathrm{Id}) \neq \{0\}$ und $\bar{\lambda}$ muss ein Eigenwert von A^* sein.

(iii) $\lambda\langle v, w \rangle = \langle \lambda v, w \rangle = \langle Av, w \rangle = \langle v, A^*w \rangle = \langle v, Aw \rangle = \overline{\mu}\langle v, w \rangle$ Da $\lambda \neq \overline{\mu}$ muss $\langle v, w \rangle = 0$ sein.

$\square$

25.5. Schwache Konvergenz

Eine kompakte Menge K in einem normierten Vektorraum X war dadurch charakterisiert, dass jede beschränkte Folge in K eine (in K) konvergente Teilfolge besitzt, d.h. die Folge muss in X konvergent sein und der Grenzwert in K liegen. Im $\mathbb{R}^n$ und $\mathbb{C}^n$ ließ sich Kompaktheit mit Hilfe des Satzes von Heine-Borel nachprüfen: Eine Teilmenge von $\mathbb{R}^n$ bzw. $\mathbb{C}^n$ ist demnach genau dann kompakt, wenn sie beschränkt und abgeschlossen ist. Der nächste Satz sagt aus, dass diese Charakterisierung wirklich nur im Endlich-dimensionalen gilt.

Satz 25.11.
Sei H ein Hilbertraum. Dann gilt: Die abgeschlossene Einheitskugel

$$\overline{B_1(0)} = \{x \in H;\ \|x\| \leq 1\}$$

ist genau dann kompakt, wenn H endlich-dimensional ist.

Beweisidee: Die Richtung „$\Leftarrow$" ergibt sich direkt aus dem Satz von Heine-Borel, denn jeder endlich-dimensionale Hilbertraum ist isomorph zu $\mathbb{R}^n$ oder $\mathbb{C}^n$.
Für die umgekehrte Richtung nehmen wir an, dass H unendlich-dimensional ist und konstruieren eine Folge $(x_n)_{n \in \mathbb{N}}$ mit $\|x_n\| = 1$ für alle n, die keine konvergente Teilfolge besitzt.
Dazu wählen wir x_1 mit $\|x_1\|$ beliebig. Anschließend wählen wir x_2 aus dem orthogonalen Komplement von Span (x_1) mit $\|x_2\| = 1$. Dieses Komplement ist nichtleer, sonst wäre Span $(x_1) = H$ und H nur eindimensional. Nun wählt man x_3 aus Span $(x_1, x_2)^\perp$ mit $\|x_3\| = 1$. Das geht, weil im Fall Span $(x_1, x_2) = H$ nur dim $H = 2$ wäre.
So kann man fortfahren und x_n aus Span $(x_1, x_2, \ldots, x_{n-1})^\perp$ mit $\|x_n\| = 1$ finden, so dass man eine Folge von Einheitsvektoren erhält. Diese Menge ist nie leer, da sonst dim $H = n - 1$ wäre. Für $n \neq m$ ist

$$\|x_n - x_m\|^2 = \|x_n\|^2 + 2\underbrace{\langle x_n, x_m \rangle}_{=0} + \|x_m\|^2 = 2\,.$$

Damit kann keine Teilfolge Cauchy-Folge sein und somit auch keine Teilfolge konvergent sein.

$\square$

Das bedeutet, dass der Satz von Bolzano Weierstraß in einem unendlich-dimensionalen Hilbertraum nicht gilt. Mit der folgenden Definition kann man dieses Manko wieder etwas wettmachen, wie der daran anschließende Satz zeigt.

Definition. *(schwache Konvergenz)*
Sei H ein Hilbertraum. Eine Folge $(x_n)_{n \in \mathbb{N}}$ heißt **schwach konvergent** *gegen $x \in H$, geschrieben*

$$x = w - \lim_{n \to \infty} x_n \quad oder \quad x_n \rightharpoonup x$$

falls

$$\lim_{n \to \infty} \langle x_n, y \rangle = \langle x, y \rangle \quad f\ddot{u}r\ alle \quad y \in H.$$

Satz 25.12.
Sei H ein Hilbertraum und $(x_n)_{n \in \mathbb{N}}$ eine Folge. Dann gilt:

(i) *Der schwache Grenzwert ist eindeutig, d.h. $x_n \rightharpoonup x$ und $x_n \rightharpoonup \tilde{x} \Rightarrow x = \tilde{x}$,*

(ii) *$x_n \to x \Rightarrow x_n \rightharpoonup x$ („starke Konvergenz impliziert schwache Konvergenz")*

(iii) *Falls $(x_n)_{n \in \mathbb{N}}$ beschränkt ist, dann besitzt die Folge eine schwach konvergente Teilfolge.*

Beweisideen:

(i) Da $\langle x_n - x, y \rangle \to 0$ und $\langle x_n - \tilde{x}, y \rangle \to 0$ für alle $y \in H$ gilt $\langle x - \tilde{x}, y \rangle = 0$ insbesondere auch für $y = x - \tilde{x} \Rightarrow x = \tilde{x}$,

(ii) $\langle x_n - x, y \rangle \leq \|x_n - x\| \cdot \|y\| \to 0$ für alle y

(iii) Man betrachtet den abgeschlossenen Unterraum $M := \overline{\{x_1, x_2, \ldots\}}$. Dieser ist **separabel**, das bedeutet, es gibt eine Teilmenge $y_1, y_2, \ldots$, die dicht in M liegt. Beispielsweise bilden alle endlichen Linearkombinationen der Vektoren $x_1, x_2, \ldots$ mit rationalen Koeffizienten eine solche dichte Teilmenge.
Aus den (Zahlen-)Folgen

$$\langle x_1, y_j \rangle, \ \langle x_2, y_j \rangle, \ \langle x_3, y_j \rangle, \ldots$$

wählt man der Reihe nach für $j = 1, 2, \ldots$ konvergente Teilfolgen aus. Das geht mit Hilfe des Satzes von Bolzano-Weierstrass, weil jede dieser Folgen eine beschränkte Folge reeller oder komplexer Zahlen ist, denn es ist $|\langle x_i, y_j \rangle| \leq \|x_i\| \cdot \|y_j\|$ und die (x_i) bilden eine beschränkte Folge. Mit einem Diagonalfolgenargument konstruiert man *eine* Teilfolge, so dass

$$\langle x_{n_k}, y_j \rangle \to c_j \text{ für } k \to \infty$$

und alle j gleichzeitig konvergiert.
Da die y_j eine dichte Teilmenge bilden, gilt auch $\langle x_{n_k}, y \rangle \to c(y)$ für $k \to \infty$, wenn y im Unterraum $M = \overline{\{x_1, x_2, \ldots\}}$ liegt. Ein beliebiges $u \in H$ kann man zerlegen in $u = y + z$ mit $y \in M$ und $z \in M^\perp$. Da $\langle x_n, z \rangle = 0$ für $n = 1, 2, \ldots$ ist

$$\lim_{k \to \infty} \langle x_{n_k}, u \rangle = \lim_{k \to \infty} \langle x_{n_k}, y \rangle = c(u).$$

Man zeigt noch, dass die Abbildung $u \mapsto c(u)$ linear und beschränkt ist. Dann liefert der Rieszsche Darstellungssatz ein $x \in H$, so dass $c(u) = \langle x, u \rangle$ ist für alle u und somit $x_n \rightharpoonup x$.

$\square$

25.6. Kompakte Operatoren

Definition. *(kompakter Operator)*
Sei X ein Banachraum. Eine beschränkte lineare Abbildung $A : X \to X$ heißt **kompakt,** *wenn für jede beschränkte Folge $(x_n)_{n \in \mathbb{N}}$ in X die Folge $(A(x_n))_{n \in \mathbb{N}}$ eine konvergente Teilfolge besitzt.*

Bemerkung: Wir hatten gesehen, dass in unendlich-dimensionalen Hilberträumen (und tatsächlich genauso in unendlich-dimensionalen Banachräumen) die abgeschlossene Einheitskugel $\overline{B_1(0)}$ nie kompakt ist.

Man kann aber mit wenig Aufwand zeigen, dass $A : X \to X$ genau dann kompakt ist, wenn $\overline{A(B_1(0))}$ eine kompakte Menge ist.

Kompakte Operatoren machen aus beschränkten Mengen also (bis auf die Abgeschlossenheit) kompakte Mengen und kompakte Mengen sind in vielerlei Hinsicht fast so gut wie endlich-dimensionale Mengen.

Satz 25.13.
Ist $A \in \mathcal{L}(H)$ stetig und $T \in \mathcal{L}(H)$ kompakt, dann sind AT und TA beide kompakt.

Beweis: Sei $(x_n)_{n \in \mathbb{N}}$ eine beschränkte Folge in H, d.h. $\|x_n\| \leq C$ für alle n. Dann besitzt $(Tx_n)_{n \in \mathbb{N}}$ eine konvergente Teilfolge $Tx_{n_k} \overset{k \to \infty}{\longrightarrow} y$. Wegen der Stetigkeit von A gilt auch

$$ATx_{n_k} \overset{k \to \infty}{\longrightarrow} Ay \,.$$

Die Folge $(ATx_n)_{n \in \mathbb{N}}$ besitzt also eine konvergente Teilfolge. Das zeigt, dass der Operator AT kompakt ist.

Um die Kompaktheit von TA nachzuweisen, betrachtet man ebenfalls eine beschränkte Folge $(x_n)_{n \in \mathbb{N}}$ in H mit $\|x_n\| \leq C$. Wegen $\|Ax_n\| \leq \|A\| \cdot C$ ist $(Ax_n)_{n \in \mathbb{N}}$ ebenfalls eine beschränkte Folge und wegen der Kompaktheit von T enthält dann $(TAx_n)_{n \in \mathbb{N}}$ eine konvergente Teilfolge. Somit ist auch TA kompakt.

$\square$

Beispiel: Betrachte den Integraloperator $T : L^2([a,b], \mathbb{C}) \to L^2([a,b], \mathbb{C})$ mit

$$(Tf)(x) = \int_a^b k(x,y) f(y) \, \mathrm{d}y$$

wobei $k \in C^0([a,b]^2, \mathbb{C})$ eine stetige Funktion ist. Dieser Operator ist kompakt. Zur Begründung stellt man zunächst fest, dass Tf nach Satz 21.1 über die Stetigkeit von Parameterintegralen immer stetig ist.

Sei nun $(f_n)_{n \in \mathbb{N}}$ eine Folge in L^2 mit $\|f_n\|_{L^2} \leq C$. Da k stetig ist, gibt es eine Konstante M, so dass $|k(x,y)| \leq M$ für alle $x, y \in [a,b]$. Damit ist nach der Hölderungleichung

$$\left| (Tf_n)(x) \right| = \left| \int_a^b k(x,y) f_n(y) \, \mathrm{d}y \right| \leq \int_a^b |k(x,y) f_n(y)| \, \mathrm{d}y \leq \|k(x,\cdot)\|_{L^2} \cdot \|f_n\|_{L^2} \leq M \sqrt{b-a} \, C$$

für alle $x \in [a,b]$. Also ist $\|Tf_n\|_{C^0} \leq \tilde{C}$ beschränkt. Damit ist auch $\|Tf_n\|_{L^2}$ beschränkt, denn $\|g\|_{L^2} \leq \sqrt{b-a} \|g\|_{C^0}$ für alle $g \in C^0$. Das genügt aber nicht. Was man benötigt ist noch der Satz von Arzela-Ascoli, der in diesem Zusammenhang aussagt, dass die Folge (Tf_n) eine gleichmäßig konvergente Teilfolge besitzt, die gegen eine stetige Funktion g konvergiert. Damit konvergiert dieselbe Teilfolge auch in L^2 gegen g.

25.7. Der Spektralsatz für kompakte selbstadjungierte Operatoren

Für lineare Abbildungen $A : \mathbb{C}^n \to \mathbb{C}^n$ wird die Invertierbarkeit der Abbildungen $A - \lambda \mathrm{Id}$ durch die Eigenwerte von A beschrieben: Wenn $\lambda \in \mathbb{C}$ kein Eigenwert von A ist, dann ist $A - \lambda \mathrm{Id}$ eine bijektive Abbildung, wenn λ hingegen ein Eigenwert ist, dann besitzt die Gleichung $Av = \lambda v$ eine nichttriviale Lösung.

In Hilberträumen ist die Situation komplizierter, daher benötigen wir zur Beschreibung einige neue Begriffe.

Definition. *(Resolventenmenge und Spektrum)*
Sei H ein komplexer Hilbertraum und $A : H \to H$ ein linearer Operator. Dann heißt

$$\rho(A) = \{\lambda \in \mathbb{C}; \ (A - \lambda \operatorname{Id}) \ \text{ist invertierbar und } (A - \lambda \operatorname{Id})^{-1} \in \mathcal{L}(H)\}$$

die Resolventenmenge von A. Für $\lambda \in \rho(A)$ heißt $(A - \lambda \operatorname{Id})^{-1}$ die Resolvente von A an der Stelle λ.
Das Spektrum von A ist definiert als $\sigma(A) = \mathbb{C} \setminus \rho(A)$.

Nun können verschiedene Dinge dazu führen, dass eine Zahl λ zum Spektrum gehört: entweder ist A gar nicht invertierbar, oder die Inverse ist nicht stetig. Wenn A nicht invertierbar ist, dann kann das daran liegen, dass A nicht injektiv ist oder dass A nicht surjektiv ist. Aus diesem Grund unterteilt man das Spektrum noch etwas feiner.

Definition. *(Punktspektrum, kontinuierliches Spektrum)*
Sei H ein komplexer Hilbertraum und $A : H \to H$ ein linearer Operator. Wir nennen

$$\sigma_p(A) = \{\lambda \in \mathbb{C}; \ (A - \lambda \operatorname{Id}) \ \text{ist nicht injektiv}\}$$

das Punktspektrum von A,

$$\sigma_c(A) = \{\lambda \in \mathbb{C}; \ (A - \lambda \operatorname{Id}) \ \text{ist injektiv}, \operatorname{Bild}(A - \lambda \operatorname{Id}) \neq H \text{ und } \overline{\operatorname{Bild}(A - \lambda \operatorname{Id})} = H\}$$

das kontinuierliche Spektrum von A und

$$\sigma_r(A) = \{\lambda \in \mathbb{C}; \ (A - \lambda \operatorname{Id}) \ \text{ist injektiv und } \overline{\operatorname{Bild}(A - \lambda \operatorname{Id})} \neq H\}$$

das Residualspektrum von A.

Bemerkungen:

1. Ist $\lambda \in \sigma_p(A)$, dann gibt es ein $v \neq 0$ mit $Av = \lambda v$. Damit ist λ ein Eigenwert und v ein zugehöriger Eigenvektor. Das Punktspektrum entspricht also der Menge der Eigenwerte einer Matrix. Wir nennen wie im Endlich-Dimensionalen $E_\lambda = \operatorname{Kern}(A - \lambda \operatorname{Id})$ den *Eigenraum* von A zum Eigenwert λ.

2. Wenn $\lambda \in \sigma_p(A)$ ist, dann ist $(A - \lambda \operatorname{Id})$ nicht injektiv, daher kann λ dann weder zum kontinuierlichen Spektrum noch zum Residualspektrum gehören.

3. Wenn $\lambda \in \sigma_r(T)$ zum Residualspektrum von T gehört, dann ist $\bar{\lambda} \in \sigma_p(T^*)$, denn wenn $\overline{\operatorname{Bild}(A - \lambda \operatorname{Id})} \neq H$ ist, dann muss es einen Vektor $v \neq 0$ geben mit

$$v \in \left(\overline{\operatorname{Bild}(A - \lambda \operatorname{Id})} \right)^\perp = \left(\overline{(\operatorname{Kern}(A^* - \bar{\lambda} \operatorname{Id}))^\perp)} \right)^\perp.$$

Da das orthogonale Komplement jedes Unterraums abgeschlossen ist, ist

$$= \left(\overline{(\operatorname{Kern}(A^* - \bar{\lambda} \operatorname{Id}))^\perp)} \right)^\perp == \left(\operatorname{Kern}(A^* - \bar{\lambda} \operatorname{Id})^\perp \right)^\perp = \operatorname{Kern}(A^* - \bar{\lambda} \operatorname{Id})$$

Die Relation $v \in \operatorname{Kern}(A^* - \bar{\lambda} \operatorname{Id})$ bedeutet aber, dass v ein Eigenvektor von A^* zum Eigenwert $\bar{\lambda}$ ist und $\bar{\lambda}$ daher zum Punktspektrum von A^* gehört.

4. Insbesondere folgt daraus, dass ein selbstadjungierter Operator kein Residualspektrum besitzt, denn aus $\lambda \in \sigma_r(A)$ würde $\bar{\lambda} \in \sigma_p(A)$ folgen und da die Eigenwerte selbstadjungierter Operatoren reell sind, wäre λ gleichzeitig auch im Punktspektrum von A, was nach 2) nicht möglich ist.

Satz 25.14.
Sei H ein unendlich-dimensionaler Hilbertraum. Ist $T : H \to H$ ein kompakter linearer Operator, dann ist $0 \in \sigma(T)$.

Beweis: Falls $0 \notin \sigma(T)$, dann wäre $T^{-1} \in \mathcal{L}(H)$ ein beschränkter linearer Operator. Da T als beschränkt vorausgesetzt ist, wäre nach Satz 25.13 auch $\mathrm{Id} = TT^{-1}$ kompakt. Das ist aber genau dann der Fall, wenn $\overline{B_1(0)}$ kompakt ist, also nach Satz 25.11 nur dann, wenn H endlich-dimensional ist. $\square$

Bemerkung: Im allgemeinen ist 0 kein Eigenwert von T.

Satz 25.15.
Sei $T : H \to H$ ein kompakter Operator und $0 \neq \lambda \in \sigma_p(T)$. Dann gilt für den Eigenraum

$$\dim E_\lambda = \dim \mathrm{Kern}\,(T - \lambda\,\mathrm{Id}) < \infty.$$

Beweis: Man kann indirekt vorgehen und zunächst annehmen, dass $\dim E_\lambda = \infty$ ist. Dann gibt es unendlich viele linear unabhängige Eigenvektoren $v_1, v_2, \ldots$ zum Eigenwert λ. Mit Hilfe des Gram-Schmidt-Verfahrens können wir aus dieser Folge eine Folge $b_1, b_2, \ldots$ von Eigenvektoren machen, die jeweils die Norm 1 haben und paarweise senkrecht aufeinander stehen. Dann ist aber

$$\|b_n - b_m\|^2 = \langle b_n - b_m, b_n - b_m \rangle = \underbrace{\langle b_n, b_n \rangle}_{=1} + 2\mathrm{Re}\,\underbrace{\langle b_n, b_m \rangle}_{=0} + \underbrace{\langle b_m, b_m \rangle}_{=1} = 2\,.$$

Die Folge ist also beschränkt und enthält keine Teilfolge, die eine Cauchy-Folge ist, somit also auch keine konvergente Teilfolge.
Aus diesem Widerspruch zur Kompaktheit von T folgt, dass $\dim E_\lambda < \infty$ sein muss. $\square$

Satz 25.16.
Sei $T : H \to H$ ein kompakter Operator und $\varepsilon > 0$. Dann gibt es nur endlich viele linear unabhängige Eigenvektoren zu Eigenwerten λ mit $|\lambda| > \varepsilon$.

Beweis: Seien $x_1, x_2, \ldots$ Eigenvektoren von T, von denen jeweils endlich viele linear unabhängig seien. Sei $Tx_n = \lambda_n x_n$ mit nicht unbedingt verschiedenen Eigenwerten λ_n. Wir zeigen nun, dass $\lambda_n \to 0$ streben muss für $n \to \infty$. Das Gram-Schmidtsche Orthonormalisierungsverfahren liefert wieder eine Folge von Vektoren $b_1, b_2, \ldots$ die paarweise orthogonal sind und die Norm 1 haben. Diese sind aber im allgemeinen keine Eigenvektoren mehr. Wir zeigen zunächst

$$(T - \lambda_n\,\mathrm{Id})b_n \perp b_n\,.$$

Der Vektor b_n liegt im $\mathbb{C}$-Vektorraum, der von $x_1, \ldots, x_n$ aufgespannt wird, also gibt es Koeffizienten $c_k \in \mathbb{C}$ mit

$$b_n = \sum_{k=1}^{n} c_k x_k\,.$$

Sei $y_n = (T - \lambda_n \operatorname{Id})b_n$, also

$$y_n = \sum_{k=1}^{n}(c_k T x_k - \lambda_n c_k x_k) = \sum_{k=1}^{n}(c_k \lambda_k x_k - \lambda_n c_k x_k) = \sum_{k=1}^{n}(\lambda_k - \lambda_n)c_k x_k = \sum_{k=1}^{n-1}(\lambda_k - \lambda_n)c_k x_k \, .$$

Damit liegt y_n in dem Unterraum von H, der von $x_1, \ldots, x_{n-1}$ aufgespannt wird. Andererseits folgt aus der Konstruktion von b_n durch das Gram-Schmidtsche Orthogonalisierungsverfahren, dass b_n gerade senkrecht auf diesem Unterraum steht. Aus $(T - \lambda_n \operatorname{Id})b_n \perp b_n$ folgt direkt

$$0 = \langle Tb_n - \lambda_n b_n, b_n \rangle = \langle Tb_n, b_n \rangle - \lambda_n \langle b_n, b_n \rangle \Rightarrow \lambda_n = \langle Tb_n, b_n \rangle \, .$$

Da die $b_1, b_2, \ldots$ ein Orthonormalsystem bilden, folgt aus der Besselschen Ungleichung die Konvergenz der Reihe

$$\sum_{n=1}^{\infty} |\langle x, b_n \rangle|^2$$

für alle $x \in H$. Daher müssen die Reihenglieder eine Nullfolge bilden:

$$\lim_{n \to \infty} \langle x, b_n \rangle \text{ für } x \in H \, .$$

Wir zeigen jetzt, dass $\lim\limits_{n \to \infty} \|Tb_n\| = 0$ ist.

Dazu nehmen wir an, dass $\|Tb_n\|$ nicht gegen 0 konvergiert. Dann existiert ein $\delta > 0$ und eine Teilfolge (Tb_{n_k}) mit $\|Tb_{n_k}\| \geq \delta$. Die Urbildfolge $(b_{n_k})_{k \in \mathbb{N}}$ ist beschränkt, daher existiert wegen der Kompaktheit von T eine Teilfolge der Teilfolge (b_{n_k}), die wir wieder mit $(b_{n_k})_{k \in \mathbb{N}}$ bezeichnen, so dass $Tb_{n_k} \to f$ in H für $k \to \infty$ in H mit $f \neq 0$. Dann ist

$$\|f\|^2 = \left\langle \lim_{k \to \infty} Tb_{n_k}, f \right\rangle = \lim_{k \to \infty} \langle Tb_{n_k}, f \rangle = \lim_{k \to \infty} \langle b_{n_k}, T^* f \rangle = 0,$$

wie eben gezeigt, da ja $\lim\limits_{k \to \infty} \langle b_{n_k}, x \rangle = 0$ für jedes $x \in H$. Dies ist ein Widerspruch zu $f \neq 0$, also muss $\lim\limits_{n \to \infty} \|Tb_n\| \to 0$ gelten.

Wir zeigen nun noch, dass $|\lambda_n| \leq \|Tb_n\|$ ist für alle $n \in \mathbb{N}$. Aus der schon bewiesenen Relation $\lambda_n = \langle Tb_n, b_n \rangle$ folgt

$$|\lambda_n| = |\langle Tb_n, b_n \rangle| \leq \|Tb_n\| \underbrace{\|b_n\|}_{=1} = \|Tb_n\| \, .$$

Aus $|\lambda_n| \leq \|Tb_n\|$ und $\|Tb_n\| \to 0$ für $n \to \infty$ folgt dann schließlich der Satz. $\qquad \square$

Bemerkung: Insbesondere folgt hieraus, dass ein kompakter Operator höchstens abzählbar viele Eigenwerte haben kann, denn nur endlich viele können vom Betrag größer als 1 sein, nur endlich viele vom Betrag größer als $1/2$, nur endlich viele vom Betrag größer als $1/3$ etc.

Man beachte dass zum Beispiel der Shift-Operator auf ℓ^2 die abgeschlossene Einheitskreisscheibe als Spektrum besitzt, die Kompaktheit ist also eine wesentliche Voraussetzung.

Die bisherigen Ergebnisse über das Spektrum kompakter Operatoren kann man folgendermaßen zusammenfassen:

Satz 25.17.
Sei $T : H \to H$ ein kompakter Operator. Dann hat T entweder

▶ *keinen Eigenwert oder*

▶ *endlich viele Eigenwerte oder*

▶ *unendlich viele Eigenwerte jeweils endlicher Vielfachheit, deren einziger Häufungspunkt 0 ist.*

Den letzten Fall kann man auch so formulieren, dass die unendlich vielen Eigenwerte eine Null-folge bilden und man kann die Eigenwerte (betragsmäßig der Größe nach sortieren.

Kompakte selbstadjungierte Operatoren lassen sich auf eine Art beschreiben, die ähnlich ist zur Diagonalisierung symmetrischer Matrizen mit Hilfe einer orthogonalen Matrix. Wir beginnen mit einer Charakterisierung der Norm selbstadjungierter Operatoren, die später Verwendung finden wird.

Wenn T ein selbstadjungierter Operator ist, dann muss $\langle Tx, x \rangle$ immer reell sein, denn es ist

$$\langle Tx, x, \rangle = \langle x, Tx \rangle = \overline{\langle Tx, x \rangle} \, .$$

Außerdem ist für jedes $x \in H$

$$|\langle Tx, x \rangle| = \left| \langle T\frac{x}{\|x\|}, \frac{x}{\|x\|} \rangle \right| \cdot \|x\|^2 \leq \sup_{\|y\|=1} |\langle Ty, y \rangle| \cdot \|x\|^2 \, .$$

Satz 25.18.
Ist $T : H \to H$ ein selbstadjungierter Operator, dann ist

$$\|T\| = \sup_{\|y\|=1} |\langle Ty, y \rangle| \, .$$

Beweis: Es ist zunächst nach der Cauchy-Schwarz-Ungleichung

$$|\langle Ty, y \rangle| \leq \|Ty\| \cdot \|y\| \implies \sup_{\|y\|=1} |\langle Ty, y \rangle| \leq \sup_{\|y\|=1} \|Ty\| \cdot \|y\| = \|T\|,$$

also $\|T\| \geq \sup_{\|y\|=1} |\langle Ty, y \rangle|$.

Für die umgekehrte Ungleichung setzen wir als Abkürzung $M := \sup_{\|y\|=1} |\langle Ty, y \rangle|$.

Zunächst erhält man für beliebige $x, y \in H$ die Identität

$$\begin{aligned}
\langle T(x+y), x+y \rangle - \langle T(x-y), x-y \rangle &= 2\langle Tx, y \rangle + 2\langle Ty, x \rangle \\
&= 2\langle Tx, y \rangle + 2\langle y, Tx \rangle \\
&= 2\langle Tx, y \rangle + 2\overline{\langle Tx, y \rangle} \\
&= 4\,\mathrm{Re}\,\langle Tx, y \rangle \, .
\end{aligned}$$

Mit Hilfe der Parallelogrammgleichung ergibt sich daraus die Abschätzung

$$4\,\mathrm{Re}\,\langle Tx, y \rangle \leq M\|x+y\|^2 + M\|x-y\|^2 = 2M\left(\|x\|^2 + \|y\|^2\right)$$

und damit

$$\mathrm{Re}\,\langle Tx, y \rangle \leq M$$

für alle $x, y \in H$ mit $\|x\| = \|y\| = 1$.

Ist $\langle Tx, y \rangle = e^{i\varphi}|\langle Tx, y \rangle|$, dann ist mit $e^{i\varphi}y$ statt y

$$\langle Tx, e^{i\varphi}y \rangle = e^{-i\varphi}\langle Tx, y \rangle = e^{-i\varphi}e^{i\varphi}|\langle Tx, y \rangle| = |\langle Tx, y \rangle| \leq M$$

und da

$$\sup_{\|x\|=\|y\|=1} |\langle Tx, y \rangle| \geq \sup_{\|x\|=1} |\langle Tx, \frac{Tx}{\|Tx\|} \rangle| = \sup_{\|x\|=1} \|Tx\| = \|T\|$$

folgt durch Bilden des Supremums über alle x, y mit $\|x\| = \|y\| = 1$ die Ungleichung $\|T\| \leq M$.

$\square$

Satz 25.19.
Ist $T : H \to H$ kompakt und selbstadjungiert, dann ist $\|T\|$ oder $-\|T\|$ ein Eigenwert von T.

Beweis: Nach dem vorigen Satz kann für kein $n \in \mathbb{N}$ die Ungleichung

$$|\langle Tx, x \rangle| \leq \|T\| - \frac{1}{n}$$

für alle $x \in H$ mit $\|x\| = 1$ erfüllt sein.
Man findet man also immer ein $x_n \in H$ mit $\|x_n\| = 1$ und

$$|\langle Tx_n, x_n \rangle| > \|T\| - \frac{1}{n},$$

so dass nach der Cauchy-Schwarz-Ungleichung gilt:

$$\|T\| - \frac{1}{n} < |\langle Tx_n, x_n \rangle| \overset{CSU}{\leq} \|Tx_n\| \cdot \underbrace{\|x_n\|}_{=1} \leq \|T\|.$$

Nach dem Einschließungskriterium konvergiert sowohl $\|Tx_n\| \to \|T\|$ als auch $|\langle Tx_n, x_n \rangle| \to \|T\|$. Indem wir eine unendliche Teilfolge auswählen, für die $\langle Tx_n, x_n \rangle$ konstantes Vorzeichen hat und die wir der Einfachheit halber wieder (x_n) nennen, ist

$$\lim_{n \to \infty} \langle Tx_n, x_n \rangle = \lambda$$

wobei $\lambda = \|T\|$ oder $\lambda = -\|T\|$ ist. Im Rest des Beweises konstruieren wir einen Eigenvektor zum Eigenwert λ und zeigen dadurch, dass λ ein Eigenwert ist.
Wegen der Kompaktheit von T können wir zunächst eine weitere Teilfolge der Folge (x_n) wählen, so dass $Tx_n \to y$, bleiben aber auch diesmal bei der Notation (x_n).
Wir zeigen nun, dass die x_n „fast" Eigenvektoren sind, d.h. $Tx_n - \lambda x_n \to 0$. Es ist nämlich

$$
\begin{aligned}
0 \leq \|Tx_n - \lambda x_n\| &= \langle Tx_n - \lambda x_n, Tx_n - \lambda x_n \rangle \\
&= \|Tx_n\|^2 - 2\lambda \langle Tx_n, x_n \rangle + \lambda^2 \underbrace{\|x_n\|^2}_{=1} \\
&\leq \|T\|^2 - 2\lambda \langle Tx_n, x_n \rangle + \lambda^2 \\
&= 2\lambda^2 - 2\lambda \underbrace{\langle Tx_n, x_n \rangle}_{\to \lambda} \to 0.
\end{aligned}
$$

Wieder mit Hilfe des Einschließungskriteriums folgt also

$$\lim_{n \to \infty} \|Tx_n - \lambda x_n\| = 0.$$

Damit konstruiert man nun einen Kandidaten für einen Eigenvektor. Wegen $\lim_{n \to \infty} Tx_n = y$ und $\lim_{n \to \infty} (Tx_n - \lambda x_n) = 0$ ist

$$\lim_{n \to \infty} x_n = \frac{1}{\lambda} \lim_{n \to \infty} Tx_n = \frac{y}{\lambda}.$$

Wir zeigen nun noch, dass $x = \frac{y}{\lambda}$ ein Eigenvektor zum Eigenwert λ ist:

$$Tx = T\left(\lim_{n \to \infty} x_n \right) = \lim_{n \to \infty} (Tx_n) = y = \lambda x.$$

$\square$

Nun sind wir endlich in der Lage die Analogie zwischen kompakten, selbstadjungierten Operatoren und symmetrischen Matrizen präzise zu formulieren und zu beweisen.

Satz 25.20. *(Spektralsatz für kompakte selbstadjungierte Operatoren)*
Sei $0 \neq T \in \mathcal{L}(H)$ *kompakt und selbstadjungiert und* T *besitze (abzählbar) unendlich viele Eigenwerte* $\lambda_1, \lambda_2, \ldots,$ *die sich dem Betrag nach anordnen lassen:*

$$|\lambda_1| \geq |\lambda_2| \geq \cdots$$

wobei $\lim\limits_{n\to\infty} \lambda_n = 0.$ *Dabei wird jeder Eigenwert entsprechend seiner Vielfachheit gezählt. Dann gibt es ein Orthonormalsystem* $\{v_1, v_2, \ldots\}$ *von* H *mit*

$$Tv_n = \lambda_n v_n$$

so dass sich jedes $x \in H$ *eindeutig darstellen lässt als*

$$x = x_0 + \sum_{n=1}^{\infty} a_n v_n$$

mit $a_n = \langle x, v_n \rangle$ *und* $x_0 \in \mathrm{Kern}\,(T) = \overline{\mathrm{span}\,(v_1, v_2, \ldots)}^{\perp}.$ *Außerdem ist*

$$Tx = \sum_{n=1}^{\infty} a_n \lambda_n v_n \,.$$

Beweis: Wir können die Eigenwerte nach ihrem Betrag geordnet auf die folgende Art erhalten. Zunächst gibt es nach dem vorhergehenden Satz einen Eigenwert λ_1 mit $|\lambda_1| = \|T\|$. Dessen Vielfachheit ist endlich, also $\dim E_{\lambda_1} = k_1 < \infty$. In E_{λ_1} wählen wir eine Orthonormalbasis $\{u_1^{(1)}, u_2^{(1)}, \ldots, u_{k_1}^{(1)}\}$.
Sei nun H_1 das orthogonale Komplement von E_{λ_1}. Dann ist H_1 invariant unter T und $T_1 = T|_{H_1}$ ist ein kompakter selbstadjungierte Operator auf H_1. Dieser besitzt einen Eigenwert $\|T_1\|$ oder $-\|T_1\|$, den wir λ_2 nennen. Man kann so fortfahren und auf diese Weise sukzessive Eigenwerte und Eigenvektoren bestimmen. Da Eigenvektoren zu verschiedenen Eigenwerten automatisch orthogonal zueinander sind, erhält man auf diese Weise ein Orthonormalsystem aus Eigenvektoren von T. Schreibt man die Eigenwerte noch entsprechend ihrer Vielfachheit mehrfach hintereinander, und benennt die Eigenvektoren der Reihe nach in $v_1, v_2, \ldots$ um, hat man die Objekte, die im Satz vorkommen alle konstruiert.
Es bleibt noch zu zeigen, dass sie die angegebenen Eigenschaften besitzen. Sei dazu $\tilde{H}$ der Abschluss der linearen Hülle von $\{v_1, v_2, \ldots\}$, d.h. die Menge aller Vektoren $x \in H$, die Grenzwert von endlichen Linearkombinationen aus $\{v_1, v_2, \ldots\}$ sind. Da dieser Unterraum per Definition abgeschlossen ist, gibt es ein orthogonales Komplement $\tilde{H}^{\perp}$ mit

$$H = \tilde{H} \oplus \tilde{H}^{\perp}.$$

Sei nun $y \in \tilde{H}^{\perp}$. Dann ist

$$\langle Ty, v_n \rangle = \langle y, Tv_n \rangle = \lambda_n \langle y, v_n \rangle = 0$$

es ist also $T(\tilde{H}^{\perp}) \subseteq \tilde{H}^{\perp}$. Damit ist die Einschränkung $T_0 : \tilde{H}^{\perp} \to \tilde{H}^{\perp}$ von T mit $T_0 y = Ty$ kompakt und selbstadjungiert. Wenn T_0 nicht der Nulloperator ist, besitzt T_0 nach dem vorigen Satz einen Eigenwert $\|T_0\|$ oder $-\|T_0\|$.
Sei μ dieser Eigenwert und y der zugehörige Eigenvektor. wir zeigen nun, dass die Annahme $\mu \neq 0$ zu einem Widerspruch führt. Das bedeutet wiederum, dass T_0 doch der Nulloperator ist und somit alle Vektoren aus $\tilde{H}^{\perp}$ auf die Null abbildet. Daraus folgt, dass $\tilde{H}^{\perp} \subseteq \mathrm{Kern}\,(T)$. Aus der Zerlegung

$H = \tilde{H} \oplus \tilde{H}^\perp$ ergibt sich für jedes $x \in H$ nun

$$x = \sum_{n=1}^{\infty} a_n v_n + x_0$$

mit $x_0 \in \tilde{H}^\perp \subset \operatorname{Kern}(T)$ und

$$Tx = \sum_{n=1}^{\infty} a_n T v_n + T x_0 = \sum_{n=1}^{\infty} a_n \lambda_n v_n$$

Es gilt auch $\operatorname{Kern}(T) \subseteq \tilde{H}^\perp$, denn falls $Tx = 0$ ist, dann ist für alle n

$$0 = \langle Tx, v_n \rangle = \langle x, Tv_n \rangle = \underbrace{\lambda_n}_{\neq 0} \langle x, v_n \rangle \Rightarrow \langle x, v_n \rangle = 0$$

also $x \in \tilde{H}^\perp$.

Es fehlt nur noch der Nachweis der Behauptung, dass $\mu \neq 0$ kein Eigenwert von T_0 sein kann. Dafür unterscheiden wir zwei Fälle:

1. $\mu = \lambda_n$ für ein n
   Dann ist $T_0 y = \mu y$, also $y \in E_{\lambda_n} \subset \tilde{H}$ und wegen $\tilde{H} \cap \tilde{H}^\perp = \{0\}$ muss $y = 0$ sein im Widerspruch zur Eigenschaft, Eigenvektor zu sein.

2. $\mu \neq \lambda_n$ für alle n, d.h. $|\lambda_j| \geq |\mu| \geq |\lambda_{j+1}|$
   Bei der sukzessiven Konstruktion der Eigenwerte hätte man dann aber auf den Eigenwert μ stoßen müssen und der zugehörige Eigenraum E_μ wäre in $\tilde{H}$ enthalten. Auch hier müsste wieder $y = 0$ sein wegen der direkten Summe $\tilde{H} \oplus \tilde{H}^\perp$.

Da beide Möglichkeiten ausscheiden, kann $\mu \neq 0$ kein Eigenwert von T_0 sein und T_0 hat daher die Norm $\|T_0\| = 0$. Damit ist T_0 der Nulloperator und die oben ausgeführte Argumentation ist gerechtfertigt.

$\square$

Eine Anwendung dieses Satzes ist die sogenannte „Fredholm-Alternative", die etwas über die Lösbarkeit und die Lösungen linearer Gleichungen aussagt.

Satz 25.21. *(Fredholm-Alternative)*
Sei H ein Hilbertraum und ist $T \in \mathcal{L}(H)$ kompakt und selbstadjungiert.
Dann sind äquivalent:

(i) *Die inhomogene Gleichung*
$$x - Tx = f \qquad (*)$$
besitzt für jedes $f \in H$ eine eindeutige Lösung.

(ii) *Die homogene Gleichung*
$$x - Tx = 0 \qquad (**)$$
besitzt nur die triviale Lösung $x = 0$.

Außerdem gilt: Wenn $(*)$ für ein $g \in H$ eine Lösung besitzt, dann ist jede Lösung von $(**)$ orthogonal zu g.

Beweis: Wir benutzen den Spektralsatz und setzen

$$f = \sum_{j=1}^{\infty} c_n v_n \quad \text{und} \quad x = \sum_{j=1}^{\infty} a_n v_n$$

Dann erhalten wir das (unendliche) Gleichungssystem

$$(1 - \lambda_j)a_j = c_j \Rightarrow a_j = \frac{c_j}{1 - \lambda_j}$$

für das man die Behauptung direkt nachprüfen kann.

$\square$

Beispiel:
Sei $H = L^2([a,b], \mathbb{C})$ und $k : [a,b] \times [a,b] \to \mathbb{R}$ sei stetig. Dann ist der Operator $T \in \mathcal{L}(H)$

$$(Tf)(x) = \int_a^b k(x,y)f(y)\,\mathrm{d}y$$

kompakt. Falls k symmetrisch ist, das heißt falls $k(y,x) = k(x,y)$ ist, dann rechnet man relativ leicht nach, dass T selbstadjungiert ist. Die Fredholm-Alternative bedeutet hier:

▶ Wenn $1/\lambda$ kein Eigenwert von T ist, dann hat die Integralgleichung

$$f(x) = \lambda \int_a^b k(x,y)f(y)\,\mathrm{d}y + g(x)$$

für jedes $g \in H$ genau eine Lösung.

▶ Falls $1/\lambda$ ein Eigenwert von T ist, dann besitzt die Integralgleichung genau dann eine Lösung, wenn $g \in E_{1/\lambda}^{\perp}$ liegt. In diesem Fall hat die Integralgleichung unendlich viele Lösungen.

Nach diesem Kapitel sollten Sie

... wissen, was ein beschränkter linearer Operator ist und konkrete lineare Abbildungen auf Beschränktheit untersuchen können

... wissen, wann der Raum $\mathcal{L}(X, Y)$ selbst ein Banachraum ist

... die Neumann-Reihe kennen und nutzen können, um die Invertierbarkeit von Operatoren nachzuweisen

... den Rieszschen Darstellungssatz formulieren können und ihn nutzen können, um den adjungierten Operator mathematisch sauber zu definieren

... Rechenregeln für adjungierte Operatoren sowie Eigenschaften selbstadjungierter Operatoren kennen

... wissen, dass die abgeschlossene Einheitskugel in unendlich-dimensionalen Räumen nie kompakt ist

... wissen, was ein kompakter Operator ist und Beispiele dafür angeben können

... wissen, wie die Resolventenmenge definiert ist und aus welchen Teilen das Spektrum eines Operators bestehen kann

... den Spektralsatz für selbstadjungierte, kompakte Operatoren formulieren können

... die Fredholmsche Alternative als Konsequenz des Spektralsatzes darstellen können

Aufgaben zu Kapitel 25

1. (a) Zeigen Sie, dass die Menge der invertierbaren Operatoren in $\mathcal{L}(X)$ offen ist, d.h. zu jedem invertierbaren Operator $T \in \mathcal{L}(X)$ gibt es ein $\varepsilon > 0$, so dass S ebenfalls invertierbar ist, falls $\|S - T\|_{\mathcal{L}(X)} < \varepsilon$ ist.

   (b) Folgern Sie: Wenn $T - \lambda_0\mathrm{Id}$ für ein $\lambda_0 \in \mathbb{C}$ invertierbar ist, dann gibt es ein $\varepsilon > 0$, so dass $T - \lambda\,\mathrm{Id}$ invertierbar ist für alle $\lambda \in \mathbb{C}$ mit $|\lambda - \lambda_0| < \varepsilon$.

2. Shiftabbildung
   Wir betrachten die *Shift-Abbildung* $S : \ell^2 \to \ell^2$ mit $S(x_1, x_2, x_3, \dots) = (x_2, x_3, x_4, \dots)$.

   (a) Zeigen Sie, dass S beschränkt ist und bestimmen Sie die Operatornorm $\|S\|_{\mathcal{L}(\ell^2)}$ von S.

   (b) Bestimmen Sie alle Eigenwerte von S.

   (c) Zeigen Sie, dass die Abbildung $S - \lambda\,\mathrm{Id}$ mit $\lambda \in \mathbb{C}$ mit $|\lambda| > 1$ invertierbar ist.

   (d) Bestimmen Sie die Menge aller $\lambda \in \mathbb{C}$ für die $S - \lambda\,\mathrm{Id}$ invertierbar ist.

3. Sei H ein Hilbertraum. Die Folge $(x_n)_{n\in\mathbb{N}}$ konvergiere schwach gegen x.
   Zeigen Sie: Falls auch $\|x_n\| \to \|x\|$ konvergiert, dann konvergiert die Folge $(x_n)_{n\in\mathbb{N}}$ sogar in der Norm gegen x.

4. (a) Bestimmen Sie für eine $n \times n$-Matrix A (d.h. für $A \in \mathcal{L}(\mathbb{C}^n)$) den Spektralradius.

   (b) Bestimmen Sie für die Abbildung $M : \ell^1 \to \ell^1$ mit $M(x_1, x_2, x_3, \ldots) = (2x_2, x_3, x_4, \ldots)$ die Iterierten M^n für $n \geq 2$, die Operatornorm von M^n für $n \geq 1$ und den Spektralradius von M.

5. Seien $S, T \in \mathcal{L}(X)$ invertierbare Operatoren. Zeigen Sie:

$$\|S - T\| \leq \frac{1}{2\|T^{-1}\|} \Rightarrow \|S^{-1}\| \leq 2\|T^{-1}\|.$$

6. Sei X ein Banachraum und $T \in \mathcal{L}(X)$ invertierbar. Zeigen Sie, dass

$$\sigma(T^{-1}) = \{\lambda \in \mathbb{C}; \ \frac{1}{\lambda} \in \sigma(T)\}.$$

7. Wir betrachten für $\lambda \in \mathbb{C}$ die Integralgleichung

$$\lambda u(t) - \int_0^\pi \cos(t + s) u(s) \, \mathrm{d}s = f(t).$$

   (i) Bestimmen Sie alle $\lambda \in \mathbb{C}$, so dass die Integralgleichung für alle $f \in L^2([0,1], \mathbb{R})$ eine Lösung $u \in L^2([0,1], \mathbb{R})$ besitzt.

   (ii) Ist die Gleichung für $\lambda = \frac{\pi}{2}$ und $f(t) \equiv 1$ eindeutig lösbar ?

Tipp: Sei T der lineare Operator, der durch $(Tu)(t) := \int_0^\pi \cos(t + s) u(s) \, \mathrm{d}s$ definiert wird.

Benutzen Sie Additionstheoreme, um zu zeigen, dass der Bildbereich von T zweidimensional ist.

Anhang A. Differentialformen

Im Laufe dieses Kurses haben wir verschiedene Arten von Integralen kennengelernt, zunächst das Integral von Regelfunktionen auf Intervallen $[a, b]$, später Kurvenintegrale, Lebesgue-Integrale im $\mathbb{R}^n$ und schließlich noch Integrale über differenzierbare Untermannigfaltigkeiten des $\mathbb{R}^n$. Differentialformen bilden einen mathematischen Rahmen, mit dem viele dieser Aspekte in einem einheitlichen Rahmen behandelt werden können. In diesem Anhang sollen die entsprechenden Begriffe eingeführt werden, so dass am Ende der allgemeine Satz von Stokes formuliert und bewiesen werden kann.

A.1. Alternierende Multilinearformen

Für die Sei V ein endlich-dimensionaler $\mathbb{R}$-Vektorraum und

$$V^k = \underbrace{V \times \ldots \times V}_{k\text{-mal}},$$

das heißt V^k ist die Menge aller (geordneten) k-Tupel aus V mit der komponentenweisen Addition und der der naheliegenden skalaren Multiplikation $\lambda(v_1, v_2) = (\lambda v_1, \lambda v_2)$. Später werden wir $V = T_p M$ wählen, also den Tangentialraum an eine Mannigfaltigkeit M in einem Punkt p, so dass beispielsweise ein Element von V^2 ein (geordnetes) Paar von Tangentialvektoren ist. Zunächst kann man aber an den Fall $V = \mathbb{R}^n$ denken.

Definition.
*Sei $k \in \mathbb{N}$. Eine **alternierende** k-**Form** auf V ist eine Abbildung*

$$\omega : V^k \to \mathbb{R}$$

mit den folgenden Eigenschaften:

(i) *ω ist multilinear, d.h. linear in jedem Argument. Anders ausgedrückt:*
Die Abbildung, die sich ergibt, wenn man alle Komponenten bis auf eine festhält, ist linear:
$\omega(\ldots, \lambda v_j + \mu \tilde{v}_j, \ldots) = \lambda \omega(\ldots, v_j, \ldots) + \mu \omega(\ldots, \tilde{v}_j, \ldots)$

(ii) *ω ist alternierend, d.h. das Vorzeichen von ω ändert sich, wenn man zwei Argumente vertauscht:*

$$\omega(\ldots, v_i, \ldots, v_j, \ldots) = -\omega(\ldots, v_j, \ldots, v_i, \ldots)$$

Der Dualraum $V^* = L(V, \mathbb{R})$ von V ist der Vektorraum aller alternierenden 1-Formen. Die Menge aller alternierenden k-Formen bildet einen Vektorraum, der mit $\Lambda^k(V^*)$ bezeichnet wird. Außerdem setzt man noch per Definition $\Lambda^0(V^*) = \mathbb{R}$.

Bemerkungen:

1. Für $k = 1$ ist jede lineare Abbildung $f : V \to \mathbb{R}$ alternierend, denn die Bedingung (ii) spielt für eine Funktion mit nur einem Argument keine Rolle.

2. Für $V = \mathbb{R}^n$ definiert

$$\omega(v, w) = \langle v, Aw \rangle$$

mit dem Standardskalarprodukt genau dann eine 2-Form, wenn $A^T = -A$, d.h. A eine schiefsymmetrische Matrix ist.

3. Ist $v \in V = \mathbb{R}^3$ ein beliebiger Vektor, dann definiert $\alpha : \mathbb{R}^3 \times \mathbb{R}^3 \to \mathbb{R}$ mit

$$\alpha(v_1, v_2) = \det(v, v_1, v_2)$$

eine 2-Form $\alpha \in \Lambda^2(V^*)$.

Die folgende physikalische Interpretation von α lässt erahnen, warum 2-Formen bei der Integration über zweidimensionale Flächen im $\mathbb{R}^3$ eine Rolle spielen: Wenn v das Geschwindigkeitsfeld einer konstanten Strömung beschreibt, dann ist $\alpha(v_1, v_2)$ nach den Überlegungen zu Beginn von Kapitel 23 das Volumen des von v, v_1 und v_2 aufgespannten Spats. Dieses Volumen beschreibt wiederum den Fluss durch das durch v_1 und v_2 aufgespannte, orientierte Parallelogramm. Die Reihenfolge der Vektoren v_1 und v_2 legt dabei die Orientierung des Parallelogrammes fest. Sie bestimmt, ob die Strömung das Parallelogramm in positiver oder negativer Richtung durchläuft.

4. Bedingung (ii) bedeutet (ähnlich wie bei den Rechenregeln für Determinanten), dass

$$\omega(\dots, v, \dots, v, \dots) = 0$$

ist, d.h. wenn zwei Argumente identisch sind, verschwindet die k-Form automatisch.

Für alternierende k-Formen gibt es eine neue Verknüpfung.

Definition. *(Äußeres Produkt, Dachprodukt)*
*Seien $\phi_1, \dots, \phi_k \in V^*$ 1-Formen. Wir definieren das **äußere Produkt** $\phi_1 \wedge \dots \wedge \phi_k : V^k \to \mathbb{R}$ durch*

$$(\phi_1 \wedge \dots \wedge \phi_k)(v_1, \dots, v_k) = \det \begin{pmatrix} \phi_1(v_1) & \dots & \phi_k(v_1) \\ \vdots & \ddots & \vdots \\ \phi_1(v_k) & \dots & \phi_k(v_k) \end{pmatrix}$$

Aus den drei Eigenschaften, die die Determinante festlegten folgt, dass $(\phi_1 \wedge \dots \wedge \phi_k)$ eine alternierende k-Form ist. Beispielsweise führt das Vertauschen von zwei Argumenten v_i und v_j dazu, dass in der Determinante zwei Zeilen vertauscht werden. Dies bewirkt wiederum, dass das Vorzeichen sich ändert.

Bemerkung: Falls es $i \neq j$ gibt mit $\phi_i = \phi_j$, dann ist

$$\phi_1 \wedge \dots \wedge \phi_k = 0, \text{ das heißt } (\phi_1 \wedge \dots \wedge \phi_k)(v_1, \dots, v_k) = 0 \text{ für alle } v_1, \dots, v_k,$$

denn in der Determinante, die $(\phi_1 \wedge \dots \wedge \phi_k)(v_1, \dots, v_k)$ festlegt, stimmen dann zwei Spalten überein.

Satz A.1.
Ist $\dim V = n$, so ist $\Lambda^k(V^*)$ ein Vektorraum der Dimension $\binom{n}{k}$, genauer: Ist $\{b_1, \dots, b_n\}$ eine geordnete Basis von V und $\{\phi_1, \dots, \phi_n\}$ die zugehörige duale Basis von V^*, dann bilden die Elemente

$$\phi_{i_1} \wedge \dots \wedge \phi_{i_k} \text{ mit } 1 \leq i_1 < i_2 < \dots < i_k \leq n$$

eine Basis von $\Lambda^k(V^*)$. Insbesondere ist $\Lambda^k(V^*) = \{0\}$ für $k > n$.

Beweis: Dass $\{\phi_1, \dots, \phi_n\}$ die duale Basis zu $\{b_1, \dots, b_n\}$ ist, bedeutet

$$\phi_i(b_j) = \begin{cases} 1 & \text{falls } i = j \\ 0 & \text{falls } i \neq j \end{cases}.$$

Daraus folgt, dass für $1 \leq j_1 < \dots < j_k \leq n$

$$(\phi_{i_1} \wedge \dots \wedge \phi_{i_k})(b_{j_1}, \dots, b_{j_k}) = \begin{cases} 1 & \text{falls } (i_1, \dots, i_k) = (j_1, \dots, j_k) \\ 0 & \text{sonst,} \end{cases}.$$

denn nach der Definition des äußeren Produkts enthält die Determinante

$$\det \begin{pmatrix} \phi_{i_1}(b_{j_1}) & \dots & \phi_{i_k}(b_{j_1}) \\ \vdots & \ddots & \vdots \\ \phi_{i_1}(b_{j_k}) & \dots & \phi_{i_k}(b_{j_k}) \end{pmatrix}$$

nur dann keine Nullzeile, wenn $\{j_1, \dots, j_k\} \subseteq \{i_1, \dots, i_k\}$ und keine Nullspalte, wenn $\{i_1, \dots, i_k\} \subseteq \{j_1, \dots, j_k\}$ ist.

Daher muss $(j_1, \dots, j_k)$ eine Permutation der Indizes $(i_1, \dots, i_k)$ sein und da die Indizes der Größe nach angeordnet sind, muss in diesem Fall sogar $(i_1, \dots, i_k) = (j_1, \dots, j_k)$ sein.

Daraus kann man nun folgern, dass die Elemente $\phi_{i_k} \wedge \dots \wedge \phi_{i_k}$ linear unabhängig sind, denn eine Linearkombination dieser k-Formen muss insbesondere verschwinden, wenn man ein k-Tupel $(b_{j_1}, \dots, b_{j_k})$ einsetzt. Dann verschwinden aber alle Terme bis auf einen, so dass dessen Vorfaktor 0 sein muss.

Die angegebenen k-Formen bilden auch ein Erzeugendensystem, denn eine k-Form ω lässt sich folgendermaßen als Linearkombination darstellen: Für jedes k-Tupel mit $1 \leq i_1 < \dots < i_k \leq n$ sei $c_{i_1 \dots i_k} = \omega(b_{i_1}, \dots, b_{i_k})$. Man sieht dann relativ leicht, dass

$$\omega = \sum_{i_1 < \dots < i_k} c_{i_1 \dots i_k} \, \phi_{i_1} \wedge \dots \wedge \phi_{i_k},$$

da die beiden k-Formen für alle Elemente der Form $(b_{i_1}, \dots, b_{i_k})$ von V^k übereinstimmen und sich die Übereinstimmung wegen der Multilinearität auf alle Elemente von V^k überträgt.

Da $\binom{n}{k}$ genau die Anzahl der Tupel $(i_1, \dots, i_k)$ mit $1 \leq i_1 < \dots < i_k \leq n$ ist, ist die Behauptung bewiesen.

$\square$

Beispiel: 2-Formen
Der Raum $\Lambda^2(V^*)$ der 2-Formen besteht also aus Elementen der Form

$$\sum_{i<j} \lambda_{ij}(\phi_i \wedge \phi_j)$$

wobei die λ_j reelle Zahlen sind und $\{\phi_1, \dots, \phi_n\}$ eine Basis von V^* ist.

1. Für $V = \mathbb{R}^3$ erhält man aus der Basis $\{\phi_1, \phi_2, \phi_3\}$ von V^* als Basis von $\Lambda^2(V^*)$ die drei 2-Formen $\{\phi_1 \wedge \phi_2, \phi_2 \wedge \phi_3, \phi_3 \wedge \phi_1\}$.

2. Für $V = \mathbb{R}^4$ erhält man erhält man aus der Basis $\{\phi_1, \phi_2, \phi_3, \phi_4\}$ von V^* als Basis von $\Lambda^2(V^*)$ die $\binom{4}{2}$=sechs 2-Formen $\{\phi_1 \wedge \phi_2, \phi_2 \wedge \phi_3, \phi_3 \wedge \phi_4, \phi4 \wedge \phi_1, \phi_1 \wedge \phi_3, \phi_2 \wedge \phi_4\}$.

Da eine Basis $(b_1, \ldots, b_n)$ ja einem Koordinatensystem von V entspricht, schreibt man für die Elemente der dualen Basis oft auch $dx^1, \ldots, dx^n$, wobei $dx^j : V \to \mathbb{R}$ die lineare Abbildung ist, die dem Koordinatenvektor $(x_1, \ldots, x_j) \in \mathbb{R}^n$ die j-te Komponente x_j zuordnet.

Beispielsweise betrachtet man in der Hamiltonschen Mechanik oft (lokale) Koordinaten $(p_1, \ldots, p_n, q_1, \ldots, q_n) \in \mathbb{R}^{2n}$ aus Impuls- und Ortsvariablen. Die in diesem Zusammenhang auftretende 2-Form

$$\omega = dp^1 \wedge dq^1 + \ldots + dp^n \wedge dq^n$$

heißt die kanonische symplektische Form.

Satz A.2.
Seien $\phi_1, \ldots, \phi_k \in V^*$ und

$$\psi_i = \sum_{j=1}^{k} a_{ij}\phi_j \quad i = 1, \ldots, k\,.$$

Dann ist

$$\psi_1 \wedge \ldots \wedge \psi_k = \det(a_{ij})\phi_1 \wedge \ldots \wedge \phi_k.$$

Beweis: Nach der Leibnizschen Formel für die Determinante ist

$$\det(a_{ij}) = \sum_{\sigma \in S_k} \operatorname{sign}(\sigma)\, a_{1\sigma(1)} \cdots a_{k\sigma(k)},$$

wobei über alle Permutationen σ summiert wird. Daraus folgt durch „Ausmultiplizieren" des Dachprodukts

$$\psi_1 \wedge \cdots \wedge \psi_k = \left(\sum a_{1j}\phi_j\right) \wedge \ldots \wedge \left(\sum a_{kj}\phi_j\right) = \sum_{\sigma \in S_k} a_{1\sigma(1)} \cdots a_{k\sigma(k)}\phi_{\sigma(1)} \wedge \ldots \wedge \phi_{\sigma(k)}$$

denn alle anderen Terme verschwinden, weil im Dachprodukt Faktoren doppelt vorkommen. Durch Umsortieren der ϕ_j erreicht man schließlich

$$\sum_{\sigma \in S_k} a_{1\sigma(1)} \cdots a_{k\sigma(k)}\phi_{\sigma(1)} \wedge \ldots \wedge \phi_{\sigma(k)} = \sum_{\sigma \in S_k} \operatorname{sign}(\sigma)\, a_{1\sigma(1)} \cdots a_{k\sigma(k)}\phi_1 \wedge \ldots \wedge \phi_k.$$

$\square$

So wie man das äußere Produkt von 1-Formen definiert hat, kann man nun auch k- und ℓ-Formen durch das Dachprodukt zu einer $(k + \ell)$-Form verknüpfen.

Satz A.3. *(Produkt von k- und ℓ-Formen)*
Es gibt genau eine Abbildung

$$\wedge : \Lambda^k(V^*) \times \Lambda^\ell(V^*) \to \Lambda^{k+\ell}V^*$$

mit folgenden Eigenschaften:

(i) Für $\phi_1, \ldots, \phi_k \in V^*$ und $\eta_1, \ldots, \eta_\ell \in V^*$ ist

$$(\phi_1 \wedge \ldots \wedge \phi_k) \wedge (\eta_1 \wedge \ldots \wedge \eta_\ell) = \phi_1 \wedge \ldots \wedge \phi_k \wedge \eta_1 \wedge \ldots \wedge \eta_\ell$$

(ii) Die Abbildung $(\omega, \sigma) \mapsto \omega \wedge \sigma$ ist in beiden Argumenten linear:

$$\begin{aligned}
(\lambda\omega + \mu\tilde{\omega}) \wedge \sigma &= \lambda\omega \wedge \sigma + \mu\tilde{\omega} \wedge \sigma \\
\omega \wedge (\lambda\sigma + \mu\tilde{\sigma}) &= \lambda\omega \wedge \sigma + \mu\omega \wedge \tilde{\sigma}
\end{aligned}$$

Beweis: Die Eindeutigkeit ergibt sich daraus, dass (i) die Abbildung auf $V^{k+\ell}$ festlegt, wenn wir Basen von $\Lambda^k(V^*)$ bzw. $\Lambda^\ell(V^*)$ wählen.

Um die Existenz zu zeigen, betrachten wir eine beliebige Basis $\phi_1, \ldots, \phi_n$ von V^*. Für

$$\omega = \sum_{i_1 < \ldots < i_k} a_{i_1 \ldots i_k} \phi_{i_1} \wedge \ldots \wedge \phi_{i_k} \text{ und } \sigma = \sum_{j_1 < \ldots < j_\ell} b_{j_1 \ldots j_\ell} \phi_{j_1} \wedge \ldots \wedge \phi_{j_\ell}$$

definieren wir nun

$$\omega \wedge \sigma = \sum_{\substack{i_1 < \ldots < i_k \\ j_1 < \ldots < j_\ell}} a_{i_1 \ldots i_k} b_{j_1 \ldots j_\ell} \phi_{i_1} \wedge \ldots \wedge \phi_{i_k} \wedge \phi_{j_1} \wedge \ldots \wedge \phi_{j_\ell} .$$

Man kann dann nachrechnen, dass die Eigenschaften (i) und (ii) erfüllt sind.

$\square$

Bemerkung: Erlaubt sind auch die Fälle $k = 0$ und $\ell = 0$. Für $\lambda \in \mathbb{R} = \Lambda^0(V^*)$ und $\sigma \in \Lambda^\ell(V^*)$ ist beispielsweise

$$\lambda \wedge \sigma = \sigma \wedge \lambda = \lambda \cdot \sigma .$$

Satz A.4.
Seien $\omega \in \Lambda^k(V^*)$, $\sigma \in \Lambda^\ell(V^*)$ und $\rho \in \Lambda^p(V^*)$. Dann gilt:

(i) $\omega \wedge \sigma = (-1)^{kl}(\sigma \wedge \omega)$ und

(ii) $(\omega \wedge \sigma) \wedge \rho = \omega \wedge (\sigma \wedge \rho)$

Beweisidee: Für (i) genügt es wegen der Linearität wieder, den Fall

$$\omega = \sum_{i_1 < \ldots < i_k} a_{i_1 \ldots i_k} \phi_{i_1} \wedge \ldots \wedge \phi_{i_k} \text{ und } \sigma = \sum b_{j_1 \ldots j_\ell} \phi_{j_1} \wedge \ldots \wedge \phi_{j_\ell}$$

zu betrachten. In $\omega \wedge \sigma$ bleiben nur Dachprodukte übrig, bei denen $i_1, \ldots, i_k, j_1, \ldots, j_\ell$ alle verschieden sind. In $\sigma \wedge \omega$ stehen dieselben Terme, allerdings sind die Dachprodukte anders angeordnet. Um zu entscheiden, ob die Änderung der Anordnung das Vorzeichen ändert, muss man die Permutation

$$(1, \ldots, k, k+1, \ldots, k+\ell) \mapsto (k+1, \ldots, k+l, 1, \ldots, k)$$

betrachten. Deren Signum ist $(-1)^{k\ell}$, was man zum Beispiel einsieht, indem man de Reihe nach $k, k-1, \ldots, 1$ durch Vertauschen mit benachbarten Zahlen nach rechts bringt.
(ii) ergibt sich aus der Definition, indem man alle vorkommenden Multilinearformen als Summe von Dachprodukten von 1-Formen schreibt und dann „ausmultipliziert".

$\square$

A.2. Differentialformen auf $\mathbb{R}^n$

Nun werden die Objekte eingeführt, die wir in einem späteren Abschnitt integrieren möchten. Etwas verkürzt sind Differentialformen k-ter Ordnung genau das, was man „über eine k-dimensionale Menge integrieren kann".

Definition. *(Differentialform)*
Sei $U \subset \mathbb{R}^n$ offen.
*Eine **Differentialform der Ordnung** k (oder k-Form) auf U ist eine Abbildung $\omega : U \to \Lambda^k((\mathbb{R}^n)^*)$.*
Eine k-Form ω heißt m-mal stetig differenzierbar, falls für alle Vektoren $v_1, \ldots, v_k \in \mathbb{R}^n$ die Abbildung

$$p \mapsto \omega(p)(v_1, \ldots, v_k)$$

m-mal stetig differenzierbar ist Wir schreiben $\Omega_m^k(U)$ für die Menge aller m-mal stetig differenzierbaren k-Formen auf U.
Die Menge aller unendlich oft differenzierbaren k-Formen auf U bezeichnen wir mit $\Omega^k(U)$.

Insbesondere sind 0-Formen reellwertige Funktionen $f : U \to \mathbb{R}$.

Die Menge der k-Formen lässt sich auf naheliegende Weise zu einem Vektorraum machen, indem man die Verknüpfung von alternierenden Multilinearformen einfach punktweise ausführt. Seien dazu $U \subset \mathbb{R}^n$, $\lambda \in \mathbb{R}$ und ω, η seien k-Formen auf U. Dann defniert man durch

$$(\lambda \omega)(p) = \lambda \omega(p) \text{ und } (\omega + \eta)(p) = \omega(p) + \eta(p)$$

die skalare Multiplikation und die Addition von k-Formen auf U. Es ist kein Problem nachzurechnen, dass die Vektorraumaxiome erfüllt sind. Allerdings ist $\Omega_m^k(U)$ für offene Mengen $U \subset \mathbb{R}^n$ im Unterschied zu $\Lambda^k((\mathbb{R}^n)^*)$ immer ein unendlich-dimensionaler Vektorraum.

Man kann die (endliche) Basis des Vektorraums $\Lambda^k((\mathbb{R}^n)^*)$ aber immer noch nutzen, um k-Formen $\omega \in \Omega_m^k(U)$ auf eine Art darzustellen, die für viele Rechnungen gut geeignet ist.
Dazu betrachtet man die Koordinatenfunktionen $x_i : U \to \mathbb{R}$, die einem Vektor v die i-te Komponente v_i zuordnen. Wenn $(e_1, \ldots, e_n)$ die Standardbasis des $\mathbb{R}^n$ bezeichnet, dann ist

$$\mathrm{d}x_i(p)e_j = \begin{cases} 1 & \text{falls } i = j \\ 0 & \text{falls } i \neq j \end{cases}$$

mit der üblichen Konvention im Zusammenhang mit Differentialformen immer $\mathrm{d}x_i(p)$ statt $Dx_i(p)$ zu schreiben. Insbesondere ist $(\mathrm{d}x_1(p), \ldots, \mathrm{d}x_n(p))$ für jedes $p \in U$ die zu $(e_1, \ldots, e_n)$ duale Basis von $(\mathbb{R}^n)^*$.
Sei nun $U \subset \mathbb{R}^n$ und $\omega \in \Omega_m^k(U)$ eine k-Form. Da $\omega(p)$ für jedes feste p eine alternierende k-Form ist und wir eine Basis von $\Lambda^k((\mathbb{R}^n)^*)$ kennen, gibt es wegen Satz A.1 immer Funktionen $a_{i_1 \ldots i_k} : U \to \mathbb{R}$ mit

$$\omega(p) = \sum_{1 \leq i_1 < \ldots < i_k \leq n} a_{i_1 \ldots i_k}(p) \, \mathrm{d}x_{i_1}(p) \wedge \ldots \wedge \mathrm{d}x_{i_k}(p).$$

Bemerkung: Die k-Form ω ist genau dann m-mal stetig differenzierbar, wenn alle Koeffizienten $a_{i_1 \ldots i_k}$ m-mal stetig differenzierbar sind.
Auch das Dachprodukt kann man von den alternierenden Multilinearformen direkt auf die k-Formen übertragen, indem man es punktweise erklärt

Definition. *(Äußeres Produkt)*
Für eine k-Form ω und eine ℓ-Form σ ist das Dachprodukt ebenfalls punktweise durch

$$(\omega \wedge \sigma)(p) = \omega(p) \wedge \sigma(p)$$

definiert. Für $\omega \in \Omega_m^k(U)$ und $\sigma \in \Omega_m^\ell(U)$ ist $(\omega \wedge \sigma) \in \Omega_m^{k+\ell}(U)$, genauer:

$$(\omega \wedge \sigma)(p)(v_1, \ldots, v_{k+\ell}) = \omega(p)(v_1, \ldots, v_k) \wedge \sigma(p)(v_{k+1}, \ldots, v_{k+\ell})$$

Bemerkung: Die Rechenregeln

$$\omega \wedge \sigma = (-1)^{kl}(\sigma \wedge \omega) \text{ und } (\omega \wedge \sigma) \wedge \rho = \omega \wedge (\sigma \wedge \rho)$$

aus Satz A.4 gelten analog auch für $\omega \in \Omega_m^k(U)$, $\sigma \in \Omega_m^\ell(U)$ und $\rho \in \Omega_m^p(U)$.

Definition. *(Äußere Ableitung, Cartan-Ableitung)*
Sei $\omega \in \Omega_1^k(U)$ gegeben in der Darstellung

$$\omega = \sum_{i_1 < \cdots < i_k} a_{i_1 \ldots i_k}(x) dx_{i_1} \wedge dx_{i_2} \wedge \cdots \wedge dx_{i_k}.$$

Dann heißt die $(k+1)$-Form

$$
\begin{aligned}
d\omega \ &:= \ \sum_{i_1 < \cdots < i_k} da_{i_1 \ldots i_k} \wedge dx_{i_1} \wedge dx_{i_2} \wedge \cdots \wedge dx_{i_k} \\
&= \ \sum_{i_1 < \cdots < i_k} \sum_{j=1}^n \frac{\partial a_{i_1 \ldots i_k}}{\partial x_j} dx_j \wedge dx_{i_1} \wedge dx_{i_2} \wedge \cdots \wedge dx_{i_k}
\end{aligned}
$$

*die **äußere Ableitung** von ω.*

Beispiel:
Sei $U = \mathbb{R}^2$ und $\omega = \sin(xy) \, dx + xy^3 \, dy$ eine 1-Form auf U. Dann ist

$$
\begin{aligned}
d\omega \ &= \ \cos(xy)y \underbrace{dx \wedge dx}_{=0} + \cos(xy)x \underbrace{dy \wedge dx}_{=-dx \wedge dy} + y^3 \, dx \wedge dy + 3xy^2 \underbrace{dy \wedge dy}_{=0} \\
&= \ (-\cos(xy)x + y^3) \, dx \wedge dy.
\end{aligned}
$$

Wie gewohnt darf man Summen gliedweise ableiten:

Satz A.5. *(Linearität der äußeren Ableitung)*
Seien $U \subset \mathbb{R}^n$, $\lambda, \mu \in \mathbb{R}$ und $\omega, \sigma \in \Omega_1^k(U)$. Dann ist

$$d(\lambda\omega + \mu\sigma) = \lambda \, d\omega + \mu \, d\sigma.$$

Insbesondere kann man die äußere Ableitung als eine lineare Abbildung $d : \Omega_1^k(U) \to \Omega_0^{k+1}(U)$ *oder* $d : \Omega_m^k(U) \to \Omega_{m-1}^{k+1}(U)$ *oder* $d : \Omega^k(U) \to \Omega^{k+1}(U)$ *auffassen.*

Beweis: Setzt man

$$\omega = \sum_{i_1 < \cdots < i_k} a_{i_1 \ldots i_k}(x) dx_{i_1} \wedge dx_{i_2} \wedge \cdots \wedge dx_{i_k} \text{ und } \sigma = \sum_{i_1 < \cdots < i_k} b_{i_1 \ldots i_k}(x) dx_{i_1} \wedge dx_{i_2} \wedge \cdots \wedge dx_{i_k}$$

dann ergibt sich die Behauptung direkt durch Nachrechnen aus der Definition unter Ausnutzung der Linearität.

$\square$

Beispiel:
Sei $U \subset \mathbb{R}^n$ und $f : U \to \mathbb{R}$ zweimal stetig differenzierbar. Dann ist

$$\mathrm{d}f = \sum_{j=1}^{n} \frac{\partial f}{\partial x_j} \, \mathrm{d}x_j$$

und

$$
\begin{aligned}
\mathrm{dd}f = \mathrm{d}\left(\sum_{j=1}^{n} \frac{\partial f}{\partial x_j} \, \mathrm{d}x_j \right) &= \sum_{j=1}^{n} \sum_{k=1}^{n} \frac{\partial^2 f}{\partial x_j \partial x_k} \, \mathrm{d}x_j \wedge \mathrm{d}x_k \\
&= \sum_{1 \leq j < k \leq n} \underbrace{\left(\frac{\partial^2 f}{\partial x_j \partial x_k} - \frac{\partial^2 f}{\partial x_k \partial x_j} \right)}_{=0 \text{ nach dem Satz von Schwarz}} \mathrm{d}x_j \wedge \mathrm{d}x_k = 0
\end{aligned}
$$

Dass in diesem Beispiel $\mathrm{dd}f = 0$ ist, ist nur ein Spezialfall einer sehr viel allgemeineren Tatsache.

Satz A.6. *(Rechenregeln für die äußere Ableitung)*
Sei $U \subset \mathbb{R}^n$.

(i) *Für $\omega \in \Omega_1^k(U)$ und $\sigma \in \Omega_1^\ell(U)$ ist*

$$\mathrm{d}(\omega \wedge \sigma) = \mathrm{d}\omega \wedge \sigma + (-1)^k \omega \wedge \mathrm{d}\sigma$$

eine $(k + \ell + 1)$-Form.

(ii) *Für $\omega \in \Omega_2^k(U)$ ist $\mathrm{d}\,\mathrm{d}\omega = 0$.*

Beweis: Übungsaufgabe

Definition. *(geschlossene und exakte k-Formen)*
*Eine stetig differenzierbare k-Form heißt **geschlossen**, falls $\mathrm{d}\omega = 0$. Sie heißt **exakt**, falls es eine $(k-1)$-Form η gibt mit $\mathrm{d}\eta = \omega$.*

Nach Teil (ii) des vorhergehenden Satzes ist jede exakte Form geschlossen, wenn sie zweimal stetig differenzierbar ist. Im allgemeinen ist aber nicht jede geschlossene Form exakt. Aus der Menge der geschlossenen, aber nicht exakten k-Formen lassen sich Informationen über Eigenschaften des Gebiets U gewinnen. Das Stichwort hierzu lautet *de Rham-Kohomologie*, wir werden dieses Thema aber nicht verfolgen.

Ohne Beweis geben wir ein wichtiges Resultat an, das genauer beschreibt, wann geschlossene Formen auch exakt sind.

Satz A.7. *(Lemma von Poincaré)*
Falls $U \subseteq \mathbb{R}^n$ sternförmig ist, dann ist jede auf U geschlossene k-Form auch exakt. Ist also ω eine k-Form mit $\mathrm{d}\omega = 0$, dann existiert eine $(k + 1)$-Form η mit $\mathrm{d}\eta = \omega$.

A.3. Differentialformen im $\mathbb{R}^3$ und Vektoranalysis

Sei $U \subset \mathbb{R}^3$ offen und $\omega = a_1(x)\,\mathrm{d}x_1 + a_2(x)\,\mathrm{d}x_2 + a_3(x)\,\mathrm{d}x_3$ eine stetig differenzierbare 1-Form. Wir können die 1-Formen mit den Vektorfeldern auf U identifizieren, indem wir (a_1, a_2, a_3) als Abbildung von U nach $\mathbb{R}^3$ auffassen. Umgekehrt können wir jedem Vektorfeld $f : U \to \mathbb{R}^3$ eine 1-Form zuordnen. Wir schreiben

$$\alpha_f = f_1(x)\,\mathrm{d}x_1 + f_2(x)\,\mathrm{d}x_2 + f_3(x)\,\mathrm{d}x_3$$

für diese 1-Form, die dem Vektorfeld f entspricht.
Jede 2-Form auf U hat die Form

$$\eta = b_1(x)\,\mathrm{d}x_2 \wedge \mathrm{d}x_3 + b_2(x)\,\mathrm{d}x_3 \wedge \mathrm{d}x_1 + b_3(x)\,\mathrm{d}x_1 \wedge \mathrm{d}x_2$$

Auch hier kann man der 2-Form ein Vektorfeld (b_1, b_2, b_3) zuordnen. Man beachte, dass die Indizes so gewählt sind, dass in jedem Summanden alle Indizes vorkommen und die Reihenfolge von Summand zu Summand zyklisch durchgetauscht wird. Wie oben kann man auch umgekehrt einem Vektorfeld $g : U \to \mathbb{R}^3$ eine 2-Form zuordnen, die wir mit

$$\omega_g = g_1(x)\,\mathrm{d}x_2 \wedge \mathrm{d}x_3 + g_2(x)\,\mathrm{d}x_3 \wedge \mathrm{d}x_1 + g_3(x)\,\mathrm{d}x_1 \wedge \mathrm{d}x_2$$

bezeichnen. Jede 3-Form auf U hat die Form

$$\sigma = c(x)\,\mathrm{d}x_1 \wedge \mathrm{d}x_2 \wedge \mathrm{d}x_3$$

d.h. zu jeder Funktion $c : U \to \mathbb{R}^3$ gibt es genau eine 3-Form und umgekehrt.

Wie hängen nun die äußeren Ableitungen mit der Vektoranalysis zusammen?
Wir berechnen dazu für eine k-Form mit $k = 0, 1, 2$ die äußere Ableitung.

▶ $k = 0$
Eine 0-Form entspricht einer differenzierbaren Funktion $f : U \to \mathbb{R}$. Also ist nach Definition

$$\mathrm{d}f = \frac{\partial f}{\partial x_1}\,\mathrm{d}x_1 + \frac{\partial f}{\partial x_2}\,\mathrm{d}x_2 + \frac{\partial f}{\partial x_3}\,\mathrm{d}x_3 = \alpha_{\mathrm{grad}\,f}$$

▶ $k = 1$
Sei $\alpha_f = f_1(x)\,\mathrm{d}x_1 + f_2(x)\,\mathrm{d}x_2 + f_3(x)\,\mathrm{d}x_3$ eine differenzierbare 1-Form. Somit ist

$$
\begin{aligned}
\mathrm{d}\alpha_f &= \left(\frac{\partial f_3}{\partial x_2} - \frac{\partial f_2}{\partial x_3}\right)\mathrm{d}x_2 \wedge \mathrm{d}x_3 + \left(\frac{\partial f_3}{\partial x_1} - \frac{\partial f_1}{\partial x_3}\right)\mathrm{d}x_3 \wedge \mathrm{d}x_1 + \left(\frac{\partial f_2}{\partial x_1} - \frac{\partial f_1}{\partial x_2}\right)\mathrm{d}x_1 \wedge \mathrm{d}x_2 \\
&= \omega_{\mathrm{rot}\,f}
\end{aligned}
$$

▶ $k = 2$
Sei $\omega_g = g_1(x)\,\mathrm{d}x_2 \wedge \mathrm{d}x_3 + g_2(x)\,\mathrm{d}x_3 \wedge \mathrm{d}x_1 + g_3(x)\,\mathrm{d}x_1 \wedge \mathrm{d}x_2$ eine differenzierbare 2-Form. Dann ist

$$\mathrm{d}\omega_g = \left(\frac{\partial g_1}{\partial x_1} + \frac{\partial g_2}{\partial x_2} + \frac{\partial g_3}{\partial x_3}\right)\mathrm{d}x_m \wedge \mathrm{d}x_2 \wedge \mathrm{d}x_3 = \mathrm{div}\,g(x)\,\mathrm{d}x_1 \wedge \mathrm{d}x_2 \wedge \mathrm{d}x_3.$$

Die Gleichung $dd\omega = 0$ aus Satz A.6(ii) bedeutet also in diesem Zusammenhang

- $ddf = d\alpha_{\text{grad } f} = \omega\text{rot grad } f = 0$

- $dd\alpha_f = d\omega_{\text{rot } f} = \text{div rot } f(x)\, dx_1 \wedge dx_2 \wedge dx_3 = 0$

entspricht also den Identitäten $\text{rot grad } f = 0$ und $\text{div rot } f = 0$.

Bemerkung: Das Lemma von Poincaré besagt nun, dass auf einer sternförmigen Menge $U \subset \mathbb{R}^3$ jede geschlossene 2-Form exakt ist. Ist also $b = (b_1, b_2, b_3)$ ein differenzierbares Vektorfeld mit $\text{div } b = 0$, so betrachten wir die 2-Form

$$\omega_b = b_1(x)\, dx_2 \wedge dx_3 + b_2(x)\, dx_3 \wedge dx_1 + b_3(x)\, dx_1 \wedge dx_2$$

Dann ist $d\omega_b = 0$ Also ist die 2-Form ω_b geschlossen und nach dem Lemma von Poincaré existiert eine 1-Form mit $d\eta = \omega$. Wir erhalten die (vermutlich schon bekannte) Aussage, dass jedes divergenzfreie Vektorfeld die Rotation eines anderen Vektorfeldes ist. In der Physik nennt man ein solches Vektorfeld auch das *Vektorpotential* von b.

A.4. Zurückholen von Differentialformen

Um das Integral von k-Formen zu definieren, benötigen wir die Operation des Zurückholens (pull-back) von Differentialformen. Damit lässt sich später eine Differentialform von einer „gekrümmten" k-dimensionalen Untermannigfaltigkeit zurück in den „flachen" $\mathbb{R}^k$ transportieren.

Definition. *(Pull-back)*
Seien $U \subset \mathbb{R}^n$ und $V \subset \mathbb{R}^m$ offen, $\varphi : V \to U$ stetig differenzierbar und ω eine k-Form auf U. Dann heißt die auf V durch

$$(\varphi^*\omega)(p)(v_1, \ldots, v_k) := \omega(\varphi(p))(D\varphi(p)(v_1), \ldots, D\varphi(p)(v_k)) \quad p \in V; v_1, \ldots, v_k \in \mathbb{R}^m$$

*definierte k-Form die mittels φ zurückgeholte k-Form oder **Pullback** von ω und wird mit $\varphi^*\omega$ notiert. Für eine 0-Form ω, d.h. eine Funktion $f : U \to \mathbb{R}$ ist*

$$(\varphi^*\omega)(p) = \varphi^* f(p) = (f \circ \varphi)(p) :$$

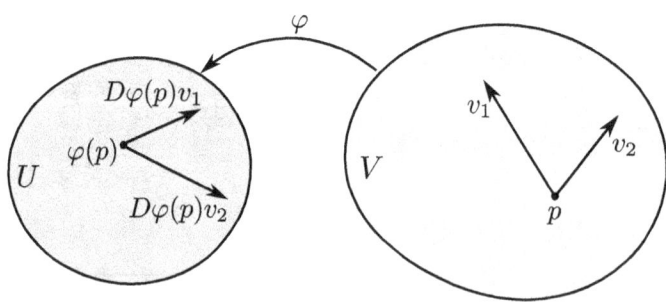

Für $k = 1$, ist ω von der Form $\omega = f_1(x)\, dx_1 + \ldots + f_n(x)\, dx_n$ Man erhält in diesem Fall

$$\varphi^*\omega(p)(v_1) = \omega(\varphi(p))(D\varphi(p)) = f_1(\varphi(p))\, dx_1(D\varphi(p)) + \cdots + f_n(\varphi(p))\, dx_n(D\varphi(p))$$
$$= (f_1 \circ \varphi)(p)\, d\varphi_1(p) + \cdots + (f_n \circ \varphi)(p)\, d\varphi_n(p).$$

Für pull-backs gelten folgende Rechenregeln:

Satz A.8.
Seien $V \subset \mathbb{R}^m$ und $U \subset \mathbb{R}^n$ offen und $\varphi : V \to U$ eine C^1-Abbildung. Dann gilt:

(a) *Sind ω und σ zwei k-Formen auf U und $f : U \to \mathbb{R}$ eine Funktion, dann ist*

$$\varphi^*(\omega + \sigma) = \varphi^*\omega + \varphi^*\sigma \quad \text{und}$$
$$\varphi^*(f\omega) = (f \circ \varphi)\varphi^*(\omega) = \varphi^* f \, \varphi^*(\omega)\,.$$

(b) *Sind $f_1 \dots, f_k : U \to \mathbb{R}$ stetig differenzierbare Funktionen, dann gilt:*

$$\varphi^*(\mathrm{d}f_1 \wedge \cdots \wedge \mathrm{d}f_k) = \mathrm{d}(f_1 \circ \varphi) \wedge \cdots \wedge \mathrm{d}(f_k \circ \varphi)$$

(c) *Ist ω eine k-Form auf U und η eine ℓ-Form auf U, dann gilt*

$$\varphi^*(\omega \wedge \eta) = \varphi^*\omega \wedge \varphi^*\eta :$$

(d) *Ist $W \subset \mathbb{R}^\ell$ offen und $\psi : W \to V$ eine C^1-Abbildung, dann gilt für jede k-Form ω auf U*

$$(\varphi \circ \psi)^*\omega = \psi^*(\varphi^*\omega)$$

Beweis:

(a) folgt direkt aus der Definition. Für den Fall $f \cdot \omega$ ist

$$
\begin{aligned}
\varphi^*(f\omega)(p)(v_1,\ldots,v_k) &= (f\omega)(\varphi(p))(D\varphi(p)v_1,\ldots,D\varphi(p)v_k) \\
&= f(\varphi(p))\omega(\varphi(p))(D\varphi(p)v_1,\ldots,D\varphi(p)v_k) \\
&= (f \circ \varphi)(p)\varphi^*\omega(p)(v_1,\ldots,v_k) = \varphi^* f \, \varphi^*\omega
\end{aligned}
$$

(b) ist eine Konsequenz der Kettenregel. Betrachte dazu einen beliebigen Punkt $p \in V$ und beliebige Vektoren $v_1,\ldots,v_k \in \mathbb{R}^m$. Dann ist nach der Definition des Pull-backs

$$\varphi^*(\mathrm{d}f_1 \wedge \cdots \wedge \mathrm{d}f_k)(p)(v_1,\ldots,v_k)$$

$$= (\mathrm{d}f_1 \wedge \cdots \wedge \mathrm{d}f_k)(\varphi(p))(D\varphi(p)v_1,\ldots,D\varphi(p)v_k)$$

$$= (\mathrm{d}f_1(\varphi(p)) \wedge \cdots \wedge \mathrm{d}f_k(\varphi(p)))(D\varphi(p)v_1,\ldots,D\varphi(p)v_k)$$

$$= \det\begin{pmatrix} \mathrm{d}f_1(\varphi(p))D\varphi(p)v_1 & \cdots & \mathrm{d}f_1(\varphi(p))D\varphi(p)v_k \\ \vdots & & \vdots \\ \mathrm{d}f_k(\varphi(p))D\varphi(p)v_1 & \cdots & \mathrm{d}f_k(\varphi(p))D\varphi(p)v_k \end{pmatrix}$$

$$\overset{\text{Kettenregel}}{=} \det\begin{pmatrix} \mathrm{d}(f_1 \circ \varphi)(p))v_1 & \cdots & \mathrm{d}(f_1 \circ \varphi)v_k \\ \vdots & & \vdots \\ \mathrm{d}(f_k \circ \varphi))v_1 & \cdots & \mathrm{d}(f_k \circ \varphi)v_k \end{pmatrix}$$

$$= (\mathrm{d}(f_1 \circ \varphi) \wedge \cdots \wedge \mathrm{d}(f_k \circ \varphi))(p)(v_1,\ldots,v_k)\,.$$

(c) Falls $k = 0$ ist, ist $\omega = f$ eine Funktion auf U. Für eine beliebige ℓ-Form η gilt dann

$$\varphi^*(f \cdot \eta)(f \circ \varphi)\varphi^*\eta = \varphi^* f \wedge \varphi^*\eta.$$

Für $k \geq 0$ genügt es wegen der Linearität ω und η von der Form

$$\omega = f(p)\, dx_{i_1} \wedge \cdots \wedge dx_{i_k} \text{ und } \eta = g(p)\, dx_{j_1} \wedge \cdots \wedge dx_{j_\ell}$$

zu betrachten, wobei $f, g : U \to \mathbb{R}$ Funktionen sind. Wir können ω und η also als das äußere Produkt einer 0-Form mit einer k- bzw. ℓ-Form auffassen, so dass nach (a) und (b)

$$\varphi^*\omega = (f \circ \varphi)\, d\varphi_{i_1} \wedge \cdots \wedge d\varphi_{i_k} \text{ und } \varphi^*\eta = (d \circ \varphi)\, d\varphi_{j_1} \wedge \cdots \wedge d\varphi_{j_\ell},$$

wobei $\varphi_j = x_j \circ \varphi$ ist. Andererseits ist

$$\omega \wedge \eta = (f \cdot g)\, dx_{i_1} \wedge \cdots \wedge dx_{i_k} \wedge dx_{j_1} \wedge \cdots \wedge dx_{j_\ell}$$

und wenn man hier ebenfalls (b) anwendet, ergibt sich

$$\varphi^*(\omega \wedge \eta) = (\underbrace{(f \cdot g) \circ \varphi}_{=(f \circ \varphi) \cdot (g \circ \varphi)})\, d\varphi_{i_1} \wedge \ldots \wedge d\varphi_{i_k} \wedge d\varphi_{j_1} \wedge \cdots \wedge d\varphi_{j_\ell} = \varphi^*\omega \wedge \varphi^*\eta.$$

(d) Übungsaufgabe

$\square$

Beispiel: Polarkoordinaten

Wir betrachten auf $U = \mathbb{R}^2$ mit den üblichen kartesischen Koordinaten (x, y) die 2-Form $\omega(x, y) = dx \wedge dy$. Um diese in Polarkoordinaten darzustellen, soll ω mit der Abbildung $\psi : V \to U$ mit $\psi(r, \varphi) = (r\cos\varphi, r\sin\varphi)$ nach $V := (0, \infty) \times (0, 2\pi)$ zurückgezogen werden. Es gilt

$$d\psi_1(r, \varphi) = d(x \circ \psi)(r, \varphi) = \frac{\partial \psi_1}{\partial r}(r, \varphi)dr + \frac{\partial \psi_1}{\partial \varphi}(r, \varphi)d\varphi = \cos\varphi\, dr - r\sin\varphi\, d\varphi$$

und analog

$$d\psi_2(r, \varphi) = d(y \circ \psi)(r, \varphi) = \frac{\partial \psi_2}{\partial r}(r, \varphi)dr + \frac{\partial \psi_2}{\partial \varphi}(r, \varphi)d\varphi = \sin\varphi\, dr + r\cos\varphi\, d\varphi$$

und somit nach Teil (b) des vorigen Satzes

$$\begin{aligned}(\psi^*\omega)(r, \varphi) &= d\psi_1 \wedge d\psi_2(r, \varphi) \\ &= (\cos\varphi\, dr - r\sin\varphi\, d\varphi) \wedge (\sin\varphi\, dr + r\cos\varphi\, d\varphi) \\ &= r(\cos^2\varphi + \sin^2\varphi)dr \wedge d\varphi = r\, dr \wedge d\varphi\end{aligned}$$

oder kurz $\psi^*(dx \wedge dy) = r\, dr \wedge d\varphi$.

Bemerkung: Man kann auch Differentialformen auf einer n-dimensionalen Untermannigfaltigkeit M des $\mathbb{R}^N$ definieren, indem man Abbildungen $\omega : M \to \bigcup_{p \in M} \Lambda^k((T_pM)^*)$ betrachtet, so dass $\omega(p) \in \Lambda^k((T_pM)^*)$ liegt für jeden Punkt $p \in M$.

Insbesondere sind 0-Formen reellwertige Funktionen $f : M \to \mathbb{R}$. Die 1-Formen lassen sich wieder mit Vektorfeldern identifizieren, wobei ein Vektorfeld auf einer Mannigfaltigkeit eine Abbildung $v : M \to \bigcup_{p \in M} T_pM$ mit $v(p) \in T_pM$ ist. Jedem Punkt $p \in M$ wird also genau ein Tangentialvektor an M in diesem Punkt zugeordnet und eine 1-Form entsteht, indem man in p jeweils das Skalarprodukt mit $v(p)$ bildet.

Ist $\psi : U \to M$ eine lokale Karte, so bilden die k-Formen $\mathrm{d}x_{i_1} \wedge \cdots \wedge \mathrm{d}x_{i_k}$ mit $1 \leq i_1 < \cdots < i_k \leq n$ für jedes p im Bild von ψ eine Basis von $\Lambda^k((T_pM)^*)$. Ein Element $\omega \in \Omega^k M$ hat dort die Darstellung

$$\omega = \sum_{i_1 < \cdots < i_k} a_{i_1 \ldots i_k} \mathrm{d}x_{i_1} \wedge \cdots \wedge \mathrm{d}x_{i_k}$$

mit einer Funktion $a_{i_1 \ldots i_k} : \psi(U) \to \mathbb{R}$.

Auch die äußere Ableitung von k-Formen kann man mit dieser lokalen Darstellung definieren (um anschließend zu zeigen, dass die Definition unabhängig von der Wahl der Karte ist).

Das Zurückziehen von Differentialformen auf einer Mannigfaltigkeit mit der lokalen Parametrisierung $\psi : U \to M$ funktioniert ebenfalls, da die Vektoren $D\psi(p)v_j$, die in die Differentialform auf M eingesetzt werden, alle gerade im Tangentialraum $T_{\psi(x)}M$ liegen. Auch die Rechenregeln aus Satz A.8 gelten weiterhin.

Wir machen uns das Leben aber etwas einfacher und betrachten im folgenden nur k-Formen, die auf offenen Mengen des $\mathbb{R}^n$ definiert sind.

A.5. Integration von Differentialformen

Nun sollen k-Formen auf k-dimensionalen Untermannigfaltigkeiten des $\mathbb{R}^n$ integriert werden. Die Idee besteht darin, mit Hilfe einer Parameterdarstellung die k-Form in den $\mathbb{R}^k$ zurückzutransportieren und dort „wie gewohnt" zu integrieren.

Wir beginnen mit dem Fall $k = n$ und erklären zunächst das Integral einer n-Form auf einer offenen Teilmenge des $\mathbb{R}^n$.

Definition.
Sei $\omega = f\,\mathrm{d}x_1 \wedge \cdots \wedge \mathrm{d}x_n$ eine n-Form auf der offenen Menge $U \subseteq \mathbb{R}^n$. Wir definieren

$$\int_U \omega = \int_U f(x)\,\mathrm{d}x$$

sofern die rechte Seite als Lebesgue-Integral existiert.
Genauso definiert man für messbare Teilmengen $A \subset U$

$$\int_A \omega = \int_A f(x)\,\mathrm{d}x\,.$$

Definition. *(orientierungserhaltend/-umkehrend)*
Es seien $U, V \subseteq \mathbb{R}^n$ offen und $\chi : U \to V$ ein C^1-Diffeomorphismus. Wir nennen χ orientie-
rungserhaltend, *falls $\det D\chi(x) > 0$ für alle $x \in U$ und nennen orientierungsumkehrend, falls
$\det D\chi(x) < 0$ für alle $x \in U$. Wenn U „zusammenhängend" ist, d.h. nicht aus mehreren Teilgebieten
besteht, dann tritt stets einer dieser Fälle ein.*

Satz A.9.
*Seien $U, V \subseteq \mathbb{R}^n$ offen und $\varphi : U \to V$ ein C^1-Diffeomorphismus und $\omega = f(x)\,\mathrm{d}x_1 \wedge \ldots \wedge \mathrm{d}x_n$ sei
eine n-Form auf V. Dann gilt:*

(i) $(\varphi^*\omega)(y) = (f \circ \varphi)(y) \det D\varphi(y)\mathrm{d}y_1 \wedge \cdots \wedge \mathrm{d}y_n$

(ii) Für $A \subseteq U$ kompakt ist

$$\int_{\varphi(A)} \omega = \pm \int_A \varphi^*\omega \quad \text{mit} \quad \begin{cases} + & \text{falls } \varphi \text{ orientierungstreu} \\ - & \text{falls } \varphi \text{ orientierungsumkehrend} \end{cases}$$

Beweis:

(i) Zunächst ist nach Teil (a) von Satz A.8

$$\begin{aligned} \varphi^*\omega &= (f \circ \varphi)\varphi^*(\mathrm{d}x_1 \wedge \cdots \wedge \mathrm{d}x_n) \\ &= (f \circ \varphi)(\mathrm{d}\varphi_1 \wedge \cdots \wedge \mathrm{d}\varphi_n) \\ &= (f \circ \varphi)(\sum_{j=1}^{n} \frac{\partial \varphi_1}{\partial y_j}\mathrm{d}y_j) \wedge \ldots \wedge (\sum_{j=1}^{n} \frac{\partial \varphi_n}{\partial y_m}\mathrm{d}y_m). \end{aligned}$$

Dass daraus die im Satz angegebene Darstellung folgt, kann man für $k = 2$ und $n = 3$ explizit
nachrechnen. Im allgemeinen Fall ist die Darstellung eine Konsequenz von Satz A.2.

(ii) folgt nun aus der Transformationsformel

$$\int_{\varphi(A)} \omega = \int_{\varphi(A)} f\,\mathrm{d}x = \int_A (f \circ \varphi)(y)|\det D\varphi(y)|\,\mathrm{d}y = \pm \int_A \varphi^*\omega$$

□

Mit Hilfe des Pull-backs können wir auch Integrale von k-Formen auf dem $\mathbb{R}^n$ definieren. Diese
lassen sich dann über geeignete k-dimensionale Teilmengen von $\mathbb{R}^n$ integrieren.

Definition.
*Seien $V \subset \mathbb{R}^k$ und $U \subset \mathbb{R}^n$ offen mit $k \leq n$. Weiter seien $\omega \in \Omega_0^k(U)$ eine stetige k-Form und
$\varphi : V \to U$ eine stetig differenzierbare Abbildung. Dann ist $\varphi^*\omega \in \Omega_0^k(V)$ eine k-Form auf V. Für jede
messbare Teilmenge $A \subseteq V$ definieren wir*

$$\int_{\varphi(A)} \omega = \int_A \varphi^*\omega,$$

wobei die rechte Seite als Integral einer k-Form im $\mathbb{R}^k$ bereits definiert ist.

Beispiel: (Integrale von 1-Formen und Kurvenintegrale)
Sei $U \subset \mathbb{R}^n$ eine offene Menge und $\omega \in \Omega_0^1(U)$ eine stetige 1-Form. Für eine differenzierbare Kurve $\gamma : [a,b] \to U$ ist

$$\int_\gamma \omega = \int_{[a,b]} \gamma^* \omega.$$

Da $\gamma^* \omega$ eine 1-Form auf $[a,b] \subset \mathbb{R}^1$ ist, ist $\gamma^* \omega$ von der Gestalt $\gamma^* \omega(t) = f(t)\, \mathrm{d}t$ mit $t \in [a,b]$ und einer noch unbekannten Funktion $f : [a,b] \to \mathbb{R}^n$. Es ist dann

$$f(t) = \gamma^* \omega(t)(1) = \omega(\gamma(t)) D\gamma(t)(1) = \omega(\gamma(t))\dot\gamma(t)$$

Das Integral einer 1-Form α_f über die Kurve γ entspricht also genau dem Kurvenintegral $\displaystyle\int_\gamma f\, \mathrm{d}s$.

Um über eine ganz Mannigfaltigkeit zu integrieren, bedienen wir uns des üblichen Vorgehens. Die Mannigfaltigkeit wird von mehreren Karten überdeckt, über die wir genau wie in der vorhergehenden Definition integrieren können. Die Differentialform ω, die wir integrieren möchten, muss dazu mit Hilfe einer Zerlegung der Eins wieder in Summanden aufgespalten werden, die jeweils nur auf einer Karte nicht verschwinden.
Wichtig ist dabei, dass die Mannigfaltigkeit einheitlich orientiert werden kann.

Definition. *(Orientierbarkeit)*
*Wir nennen eine Mannigfaltigkeit M **orientierbar**, falls es einen Atlas mit Karten gibt, für den alle Kartenwechsel orientierungserhaltend sind. In diesem Fall nennen wir M mit diesem Atlas orientiert.*

Ist für M ein orientierter Atlas gegeben, dann existiert immer ein weiterer Atlas mit der entgegengesetzten Orientierung (zum Beispiel kann man für alle Karten x_1 durch $-x_1$ ersetzen). Alle Karten aus einem der beiden Atlas liefern einen Kartenwechsel mit positiver Determinante, Kartenwechsel zwischen Karten aus verschiedenen Atlanten haben dagegen eine Ableitung mit negativer Determinante.
Man kann zeigen, dass es keine weiteren Orientierungen gibt, d.h. wenn man eine weitere Karte betrachtet, dann kann diese immer zu einem der beiden Atlanten hinzugefügt werden. Für eine orientierbare Mannigfaltigkeit gibt es also genau zwei Orientierungen.

Bemerkung: Im $\mathbb{R}^n$ kann man eine *Standardorientierung* wie folgt definieren: Eine beliebige Basis $(b_1, b_2, \ldots, b_n)$ ist positiv orientiert, wenn $\det(b_1, b_2, \ldots, b_n) > 0$ ist. Insbesondere ist die Basis aus Standardeinheitsvektoren positiv orientiert.
Auch für $(n-1)$-dimensionale Untermannigfaltigkeiten M des $\mathbb{R}^n$ kann man noch eine anschauliche Beschreibung der Orientierung geben: Sei $U \subset \mathbb{R}^{n-1}$, $\psi : U \to \mathbb{R}^n$ eine Parametrisierung eines Kartengebiets und $\nu(\psi(x))$ der Normalenvektor an M im Punkt $\psi(x)$. Hier geht es darum, ob in jedem Punkt $x \in U$ die n Vektoren

$$\nu(x), D\psi(x)e_1, D\psi(x)e_2, \ldots, D\psi(x)e_{n-1}$$

eine positive Basis des $\mathbb{R}^n$ bilden.
Für Untermannigfaltigkeiten der Dimension $d \leq n-2$ im $\mathbb{R}^n$ gibt es eine solche anschauliche Interpretation nicht mehr. Es gibt dann einfach zwei unterschiedliche Orientierungen.
Wir werden zum Beispiel sehen, dass man im $\mathbb{R}^3$ den Einheitskreis in der x-y-Ebene als Rand der oberen Hemisphäre $\{x^2 + y^2 + z^2 = 1; z \geq 0\}$ und auch als Rand der unteren Hemisphäre $\{x^2 + y^2 + z^2 = 1; z \leq 0\}$ auffassen kann. Wenn diese Hemisphären „gleich" orientiert sind (also

mit einem auf der Sphäre nach außen zeigenden Normalenvektor) induziert das für den Rand in beiden Fällen eine unterschiedliche Orientierung.

Beispiel: Kann eine Mannigfaltigkeit durch eine einzige Karte beschrieben werden, dann ist sie orientierbar (und somit auch schon orientiert), denn außer der Identität gibt es dann keine Kartenwechsel.

Beispiel: Die Kreislinie $S^1 = \{(x,y) \in \mathbb{R}^2; \ x_2 + y^2 = 1\}$ ist orientiert: Wir wählen die beiden Kartenabbildungen $\phi_1 : (0, 2\pi) \to S^1 \backslash \{1\}, \phi_2 : (-\pi, \pi) \to S^1 \backslash \{-1\}$ mit $\phi_1(t) = \phi_2(t) = \begin{pmatrix} \cos t \\ \sin t \end{pmatrix}$.

Die Kartenwechselabbildung $\chi : (0, 2\pi) \cup (\pi, 2\pi) \to (-\pi, 0) \cup (0, \pi)$ ist dann gegeben durch

$$\chi(t) = \begin{cases} t & 0 < t < \pi \\ t - 2\pi & \pi < t < 2\pi \end{cases}$$

Somit ist $\det D\chi(t) = 1$ für alle t, wir haben also mit ϕ_1 und ϕ_2 einen orientierten Atlas für S^1.

A.6. Mannigfaltigkeiten mit Rand

Im Satz von Stokes spielen *Mannigfaltigkeiten mit Rand* eine entscheidende Rolle. Dieser Rand einer Mannigfaltigkeit ist allerdings nicht genau der (topologische) Rand der Menge M, den wir als die Menge aller Punkte p von M definiert hatten, für die jede noch so kleine Kugel um p sowohl Punkte aus M als auch Punkte aus dem Komplement von M enthält. Der Rand von Mannigfaltigkeiten entspricht dabei eher der „normalen" Anschauung.

Beispiele:

1. Sei $\overline{B_1(0)}$ der abgeschlossene Einheitskreis im $\mathbb{R}^2$. Der topologische Rand ist die äußere Begrenzungslinie der Kreisscheibe und wird gleichzeitig auch der Rand der Mannigfaltigkeit sein. Dagegen hat die offene Kreissscheibe $B_1(0)$ denselben topologischen Rand, aber als Mannigfaltigkeit überhaupt keinen Rand.

2. Sei $R = \{(x,y,z) \in \mathbb{R}^3; \ x^2 + y^2 = 1, -1 \leq z \leq 1\}$ eine Röhre bzw. ein Zylinder ohne oberen und unteren Deckel. Im bisherigen (topologischen) Sinne besteht ganz R aus Randpunkten, denn jede noch so kleine Kugel um einen Punkt von R enthält immer Punkte, die außerhalb von R liegen. Fasst man R aber als zweidimensionale Mannigfaltigkeit auf, dann sind die Kreislinien am oberen und unteren Deckels des Zylinders der Rand von R.

Wir brauchen also eine Definition des Randes einer Mannigfaltigkeit, die dieser geometrischen Vorstellung entspricht. Der Rand einer Mannigfaltigkeit soll ebenfalls eine Mannigfaltigkeit (mit einer um 1 niedrigeren Dimension) sein und bei einer orientierten Mannigfaltigkeit soll der Rand ebenfalls orientiert sein.

Dazu beginnen wir mit einem „Prototyp": So wie eine k-dimensionale Untermannigfaltigkeit des $\mathbb{R}^n$ an jeder Stelle lokal „wie der $\mathbb{R}^n$ aussieht", so sieht jeder Randpunkt lokal aus wie ein Halbraum.

Definition. *(Halbraum)*
*Der k-dimensionale **Halbraum** ist die Menge*

$$\begin{aligned} H^k &= \{(x_1, \ldots, x_k) \in \mathbb{R}^k; \ x_1 \leq 0\} \\ \partial H^k &= \{(x_1, \ldots, x_k) \in \mathbb{R}^k; \ x_1 = 0\} \end{aligned}$$

Dieser Halbraum spielt nun dieselbe Rolle bei der Definition von Mannigfaltigkeiten mit Rand, die der $\mathbb{R}^k$ für k-dimensionale Mannigfaltigkeiten ohne Rand hatte. Die Menge ∂H^k ist eine $(k-1)$-dimensionale Mannigfaltigkeit (ohne Rand) im $\mathbb{R}^k$.

Definition.
Eine Teilmenge $M \subset \mathbb{R}^n$ heißt k-dimensionale Untermannigfaltigkeit mit Rand, *falls zu jedem $p \in M$ eine Umgebung $W \subset \mathbb{R}^n$, eine offene Menge $V \subset \mathbb{R}^n$ und einen C^1-Diffeomorphismus $\varphi : W \to V$ gibt, so dass*

$$\varphi(W \cap M) = (H^k \times \{0_{n-k}\}) \cap V.$$

Die Punkte aus M, die auf ∂H^k abgebildet werden, bilden den Rand ∂M *von M.*

$$\varphi : W \cap M \to H^k$$
$$p \mapsto \varphi(p) = (\phi_1(p), \ldots, \phi_k(p))$$

nennt man eine Karte *von M um p.*

Bemerkung:

1. Ob ein Punkt auf dem Rand liegt oder nicht, hängt nicht von der Abbildung φ ab.

2. Eine Untermannigfaltigkeit M (ohne Rand) ist auch eine Untermannigfaltigkeit mit Rand. In diesem Fall ist einfach $\partial M = \emptyset$.

Satz A.10.
Sei M eine Mannigfaltigkeit mit Rand der Dimension k.

(i) ∂M ist eine $(k-1)$-dimensionale Mannigfaltigkeit ohne Rand.

(ii) Ist M orientierbar, dann ist auch der Rand ∂M orientierbar.

Beweisidee:

(i) Sei $p \in \partial M$ ein Randpunkt und $\psi : U \to M$ eine Parametrisierung um p. Wir betrachten die Menge $\widehat{U} := U \cap \partial H^k = \{u \in \mathbb{R}^{k-1}; \ (0,u) \in U\}$ mit $\widehat{\psi}(u) = \psi(0,u)$. Dann ist $\widehat{\psi} : \widehat{U} \to \partial M$ eine lokale Parameterdarstellung um $p \in \partial M$ als $(k-1)$-dimensionale Untermannigfaltigkeit. Da $\widehat{U}$ keine Randpunkte besitzt, sind auch in $\widehat{\psi}(\widehat{U}) \subset \partial M$ keine Randpunkte. Dies gilt für alle Parametrisierungen, also ist $\partial(\partial M) = \emptyset$.

(ii) beweisen wir nicht. Die Idee beruht darauf, dass man zu jedem Punkt $p \in H^k$ eine positiv orientierte Basis $(e_1, e_2, \ldots, e_k)$ betrachtet. Für Randpunkte $p \in \partial H^k$ ist e_1 der „nach außen weisende" Normalenvektor, daher ist die Basis $(e_2, \ldots, e_k)$ dort eine positiv orientierte Basis. Diese liefert dann eine Orientierung des Randes

$\square$

Der häufigste Fall ist $k = 2$, das heißt eine Fläche. Deren eindimensionaler Rand ist anschaulich so orientiert, dass man die „Rechte-Hand-Regel" anwenden kann: Zeigt der Daumen in Richtung des Normalenvektors und der Zeigefinger tangential in Richtung des orientierten Rands, dann weist der Mittelfinger zur Fläche hin.

A.7. Der Satz von Stokes

Der nächste Satz ist die Hauptaussage des Kapitels. Er verbindet auf knappe und elegante Weise die Integration über eine Mannigfaltigkeit und über ihren Rand. Er gilt für orientierbare Mannigfaltigkeiten mit Rand und man muss natürlich darauf achten, dass der Rand so orientiert ist, dass er zu der Orientierung der Mannigfaltigkeit passt.

Satz A.11. *(Satz von Stokes)*
Sei $M \subset \mathbb{R}^n$ eine orientierte k-dimensionale Untermannigfaltigkeit mit dem Rand ∂M, der die induzierte Orientierung trägt. Ferner sei ω eine stetig differenzierbare $(k-1)$-Form auf einer offenen Menge $V \subset \mathbb{R}^n$, die die Menge M enthält. Dann gilt:

$$\int_M d\omega = \int_{\partial M} \omega$$

Beweis: Wir betrachten zunächst den Fall $k = n$. Sei ω in der Standarddarstellung gegeben:

$$\omega = \sum_{j=1}^{k} (-1)^{j-1} \cdot f_j \cdot dx_1 \wedge \ldots \wedge \widehat{dx_j} \wedge \ldots \wedge dx_k$$

Hierbei bedeutet $\widehat{dx_j}$, dass dx_j weggelassen wird („Tarnkappe"). ω hat einen kompakten Träger, d.h. es existiert eine kompakte Menge $K \subseteq \mathbb{R}^n$, außerhalb derer alle f_j verschwinden. Dann gilt:

$$d\omega = \left(\sum_{j=1}^{n} \frac{\partial f_j}{\partial x_j} \right) \cdot dx_1 \wedge \ldots \wedge dx_n$$

Nach dem Satz von Gauß ist also

$$\int_M d\omega = \int_M \operatorname{div} f(x)\, dx_1 \ldots dx_n = \int_{\partial M} \langle f(x), \nu(x) \rangle dS.$$

Zu zeigen ist also noch, dass

$$\int_{\partial M} \langle f(x), \nu(x) \rangle dS = \int_{\partial M} \omega$$

wobei $\nu(x)$ den äußeren Normaleneinheitsvektor auf ∂M bezeichnet.
Als Parametrisierung sei $\psi : U \to \partial M$ mit $U \subset \partial H^n \subset \mathbb{R}^{n-1}$ mit den Koordinaten $(x_2, \ldots, x_n)$.
Es gilt

$$\nu_j(\psi(x)) \sqrt{\det(D\psi(x)^T D\psi(x))} = (-1)^{j-1} \det D\widehat{\psi_j} \qquad (*)$$

mit

$$\widehat{\psi_j} = (\psi_1, \psi_2, \ldots, \psi_{j-1}, \psi_{j+1}, \ldots, \psi_n)$$

Wir halten nun $x_0 \in U$ fest und bezeichnen die rechte Seite von $(*)$ mit

$$\eta_j = (-1)^{j-1} \det D\widehat{\psi_j}$$

Für einen zunächst noch beliebigen Vektor $\xi = (\xi_1, \ldots, \xi_n) \in \mathbb{R}^n$ betrachtet man die $n \times n$-Matrix

$$A_\xi = (\xi, \frac{\partial \psi}{\partial x_2}(x_0), \frac{\partial \psi}{\partial x_3}(x_0), \ldots, \frac{\partial \psi}{\partial x_n}(x_0)) = \begin{pmatrix} \xi_1 & \frac{\partial \psi_1}{\partial x_2} & \frac{\partial \psi_1}{\partial x_3} & \cdots & \frac{\partial \psi_1}{\partial x_n} \\ \xi_2 & \frac{\partial \psi_2}{\partial x_2} & \frac{\partial \psi_2}{\partial x_3} & \cdots & \frac{\partial \psi_1}{\partial x_n} \\ \vdots & \vdots & \vdots & & \vdots \\ \xi_n & \frac{\partial \psi_n}{\partial x_2} & \frac{\partial \psi_n}{\partial x_3} & \cdots & \frac{\partial \psi_1}{\partial x_n} \end{pmatrix}$$

Um die Determinante von A_ξ zu berechnen, entwickelt man nach der ersten Spalte und erhält

$$\det A_\xi = \sum_{j=1}^n (-1)^{j-1} \xi_j \cdot \det D\widehat{\psi}_j = \sum_{j=1}^n \xi_j \eta_j = \langle \xi, \eta \rangle$$

Daraus kann man zwei Schlussfolgerungen ziehen:

▶ Wählt man $\xi \in \text{Bild } D\psi(x_0)$, dann sind die Spalten der Matrix A_ξ linear abhängig. Also ist $\det A_\xi = 0$ und damit $\langle \xi, \eta \rangle = 0$.
Der Vektor η steht also senkrecht auf allen Vektoren aus Bild $D\psi(x_0)$. In Mathe 3 hatten wir aber gesehen, dass genau diese Vektoren den Tangentialraum an eine Mannigfaltigkeit (hier ∂M) im Punkt $\psi(x_0)$ aufspannen. Damit ist

$$\eta \perp T_{\psi(x_0)} \partial M.$$

Weil ∂M eine $(n-1)$-dimensionale Mannigfaltigkeit im $\mathbb{R}^n$ ist, muss η also ein Vielfaches des Normalenvektors $\nu(\psi(x_0))$ an ∂M sein.

▶ Setzt man $\xi = \eta$, dann ist $A_\xi = \langle \eta, \eta \rangle = \|\eta\|^2 > 0$.
Andererseits ist

$$A_\eta^T A_\eta = \begin{pmatrix} \|\eta\|^2 & 0 & \cdots & & 0 \\ \hline 0 & & & & \\ \vdots & & D\psi(x_0)^T D\psi(x_0) & & \\ 0 & & & & \end{pmatrix}$$

und damit

$$\det(A_\eta^T A_\eta) = \|\eta\|^2 \det(D\psi(x_0)^T D\psi(x_0)).$$

Vergleicht man diesen Ausdruck mit

$$\det(A_\eta^T A_\eta) = (\det(A_\eta))^2 = \|\eta\|^4$$

erhält man

$$\sqrt{\det(A_\eta^T A_\eta)} = \|\eta\|^2$$

aus dem man die Identität (*) folgert.

Wir kehren nun zurück zu unserer $(n-1)$-Form

$$\omega = \sum_{j=1}^n (-1)^{j-1} \cdot f_j \cdot dx_1 \wedge \ldots \wedge \widehat{dx_j} \wedge \ldots \wedge dx_n$$

und nehmen an, dass für den Träger von f gilt:

$$\text{supp } f \cap \partial M \subset \psi(U)$$

d.h. ω lässt sich mit Hilfe einer einzigen Parametrisierung $\psi : \partial H^n \to \mathbb{R}^n$ integrieren. Falls dies nicht der Fall ist, muss man wieder f mit Hilfe einer Zerlegung der Eins in einzelne Summanden aufspalten, die jeweils diese Bedingung erfüllen.

Dann ist

$$
\int_{\partial M} \langle f(x), \nu(x) \rangle \, \mathrm{d}S \;=\; \int_{\psi(U)} \langle f(x), \nu(x) \rangle \, \mathrm{d}S
$$

$$
= \int_{U} \langle f(\psi(x)), \nu(\psi(x)) \rangle \sqrt{D\psi(x)^T D\psi(x)} \, \mathrm{d}x_2 \ldots \mathrm{d}x_n \quad \text{nach Kapitel 22}
$$

$$
= \int_{U} \sum_{j=1}^{n} (-1)^{j-1} f_j(\psi(x)) \nu_j(\psi(x)) \sqrt{D\psi(x)^T D\psi(x)} \, \mathrm{d}x_2 \ldots \mathrm{d}x_n
$$

$$
\overset{(*)}{=} \int_{U} \sum_{j=1}^{n} f_j(\psi(x)) \det D\widehat{\psi}_j \, \mathrm{d}x_2 \ldots \mathrm{d}x_n
$$

$$
= \int_{U} \psi^*\omega = \int_{\psi(U)} \omega = \int_{\partial M} \omega
$$

wie gewünscht.

Im Fall $k < n$ betrachten wir wieder nur den Fall, dass der Träger $\mathrm{supp}\,\omega$ in einer einzigen Karte $\psi : U \to \mathbb{R}^n$ enthalten ist. Auch hier muss man ansonsten wieder mit einer Zerlegung der Eins arbeiten.

Es ist $\psi^*\omega \in \Omega^{k-1}(U)$. Wir setzen $\tilde{M} = \psi^{-1}(M)$ und $\partial\tilde{M} = \psi^{-1}(\partial M)$. Da $\psi^*\omega$ eine $(k-1)$-Form im $\mathbb{R}^k$ ist, ergibt sich aus dem oben bewiesenen Fall $k = n$

$$
\int_{\tilde{M}} \mathrm{d}(\psi^*\omega) = \int_{\partial\tilde{M}} \omega
$$

Da die äußere Ableitung mit dem Zurückziehen vertauscht, kann man statt über $\mathrm{d}(\psi^*\omega)$ auch über $\psi^*(\mathrm{d}\omega)$ integrieren. Nach der Definition ist dies aber

$$
\int_{\tilde{M}} \psi^*(\mathrm{d}\omega) = \int_{\psi(\tilde{M})} \mathrm{d}\omega = \int_{M} \mathrm{d}\omega = \int_{\partial M} \omega.
$$

$\square$

Ein wichtiger Spezialfall betrifft Mannigfaltigkeiten ohne Rand:

Satz A.12.
Sei $M \subset \mathbb{R}^N$ eine orientierbare n-dimensionale Untermannigfaltigkeit (ohne Rand). Ferner sei ω eine stetig differenzierbare $(n-1)$-Form auf einer offenen Menge $V \subset \mathbb{R}^N$, die die Menge M enthält. Dann gilt:

$$
\int_{M} \mathrm{d}\omega = 0.
$$

Beweis: Wegen $\partial M = \emptyset$ ist die rechte Seite im Satz von Stokes Null.

$\square$

Die klassischen Integralsätze

Der Satz von Stokes ist insbesondere aus der Vektoranalysis als Integralsatz bekannt, der Flussintegrale über Flächen im $\mathbb{R}^3$ mit Kurvenintegralen über den Rand dieser Flächen verknüpft. Diese Form ergibt sich nun als Spezialfall unseres allgemeineren Satzes, genauso wie wir auch den Satz von Gauß-Green als Spezialfall im Satz von Stokes wiederfinden können.

1. Sei $n = 2$ und $k = 2$. Betrachte die 1-Form

$$\omega = P(x,y)\,\mathrm{d}x + Q(x,y)\,\mathrm{d}y \quad \Rightarrow \quad \mathrm{d}\omega = \left(\frac{\partial Q}{\partial x} - \frac{\partial P}{\partial y}\right)\mathrm{d}x \wedge \mathrm{d}y$$

Daraus folgt der Satz von Gauß-Green im $\mathbb{R}^2$, den wir schon als Folgerung des Satzes von Gauß kennengelernt hatten:

$$\int_M \left(\frac{\partial Q}{\partial x} - \frac{\partial P}{\partial y}\right)\mathrm{d}x\,\mathrm{d}y = \int_{\partial M} (P\,\mathrm{d}x + Q\,\mathrm{d}y).$$

2. Sei $n = 3$ und $k = 2$. Wir betrachten wie in Abschnitt A.3

$$\begin{aligned}
\alpha_f &= f_1\,\mathrm{d}x + f_2\,\mathrm{d}y + f_3\,\mathrm{d}z \\
\Rightarrow \mathrm{d}\alpha_f &= \left(\frac{\partial f_3}{\partial y} - \frac{\partial f_2}{\partial z}\right)\mathrm{d}y \wedge \mathrm{d}z + \left(\frac{\partial f_1}{\partial z} - \frac{\partial f_3}{\partial x}\right)\mathrm{d}z \wedge \mathrm{d}x + \left(\frac{\partial f_2}{\partial x} - \frac{\partial f_1}{\partial y}\right)\mathrm{d}x \wedge \mathrm{d}y \\
&= \omega_{\mathrm{rot}\,f}
\end{aligned}$$

Daraus folgt nun der klassische Satz von Stokes im $\mathbb{R}^3$. Mit den Schreibweisen α_f und ω_f, die einem Vektorfeld eine 1- bzw. 2-Form zuordnen, ist dann

$$\int_M \langle \mathrm{rot}\,f, \nu \rangle\,\mathrm{d}S = \int_M \omega_{\mathrm{rot}\,f} = \int_M \mathrm{d}\alpha_f \overset{\text{Stokes}}{=} \int_{\partial M} \alpha_f = \int_{\partial M} f\,\mathrm{d}s$$

Das Flussintegral lässt sich also durch ein Kurvenintegral ersetzen.

Wir haben also den klassischen Satz von Stokes (Satz 23.11) als Spezialfall eines Satzes von Stokes über Integration von Differentialformen wiedergefunden. Dabei taucht die Rotation auf natürliche Weise als äußere Ableitung der einem Vektorfeld zugeordneten 1-Form im $\mathbb{R}^3$ auf.

Stichwortverzeichnis

www.ingramcontent.com/pod-product-compliance
Lightning Source LLC
Chambersburg PA
CBHW080828220526
45467CB00008B/2234